QUELQUES EXPÉRIENCES

D'ACOUSTIQUE

461F. — PARIS, IMPRIMERIE A. LAHURE

9, rue de Fleurus, 9

QUELQUES EXPÉRIENCES

D'ACOUSTIQUE

PAR

RUDOLPH KŒNIG

CONSTRUCTEUR D'APPAREILS D'ACOUSTIQUE

PARIS

27, QUAI D'ANJOU, 27

—

1882

QUELQUES EXPÉRIENCES

D'ACOUSTIQUE

I

SUR L'APPLICATION DE LA MÉTHODE GRAPHIQUE A L'ACOUSTIQUE.

En 1862, à l'Exposition universelle de Londres, j'ai exposé un Album contenant un grand nombre de phonogrammes, accompagnés du tracé des courbes théoriques correspondantes, et de photographies qui représentaient les appareils au moyen desquels j'avais obtenu les phonogrammes en question[1]. Quelques spécimens de ces tracés ont été insérés dans mon Catalogue de 1865[2], d'où ils ont passé dans un grand nombre de traités de physique, le plus souvent sans indication de leur origine. La collection entière contenue dans l'Album de 1862 comprenait sept sections, dans le cadre desquelles on peut encore maintenant faire entrer toutes les applications auxquelles la méthode graphique a donné lieu en acoustique. Dès lors j'ai cru pouvoir, dans ce qui suit, rattacher à une description succincte des feuilles de mon Album l'exposé de ces diverses applications, et quelques indications indispensables sur la manipulation des appareils qui servent à l'exécution des phonogrammes.

1. *Cosmos*, 1862. — Tresca, *Annales du Conservatoire des arts et métiers*, octobre 1864. — Pisko, Die *Neueren Apparate der Akustik*. Vienne, 1865.
2. Fig. 4, 8, 9, 15. Ces figures étaient gravées sur bois, tandis que les autres figures de ce mémoire, de 1 à 16, sont obtenues d'après les tracés originaux, par la photogravure.

I

**Détermination du nombre des vibrations par la méthode graphique.
Application du diapason à la mesure du temps.**

N° 1. Vibrations d'un diapason, enregistrées au moyen d'un style fixé à l'une de ses branches ; pointage d'un chronomètre qui marque toutes les six secondes.

Le tracé a été exécuté sur un cylindre mû par une vis sans fin, vis-à-vis duquel le diapason était disposé de manière que le plan des vibrations fût parallèle à l'axe du cylindre. La pointe du chronomètre se trouvait tout près de la branche qui portait le style, de sorte que les marques chronométriques étaient toujours très rapprochées de la sinusoïde tracée par ce dernier. Il est visible que la pointe, arrivée au contact du cylindre, commençait toujours par rebondir plusieurs fois, avant de tracer une ligne continue ; elle restait ensuite pendant quelques instants en contact avec le cylindre, puis le quittait en se redressant, pour retomber au bout de six secondes. Pour avoir le nombre des vibrations du diapason en six secondes, il fallait donc compter les vibrations depuis le point correspondant à un premier contact jusqu'au premier contact suivant, et, afin de mieux marquer ces points d'origine des signaux chronométriques, la pointe était munie d'une barbe de plume qui la dépassait d'environ 1 millimètre. Les petits chronomètres à pointage, qu'on employait d'habitude pour ces sortes d'expériences, convenaient plutôt à des démonstrations de cours qu'à des recherches très précises, car, en thèse générale, l'emploi des mouvements d'horlogerie soulève cette objection, que la régularité de leur marche peut être troublée par le choc de la pointe et son frottement sur le cylindre.

N° 2. Vibrations d'un diapason enregistrées à côté des marques d'un signal électrique, en communication avec un pendule interrupteur.

La pointe du signal était alternativement rapprochée et écartée du cylindre par la fermeture et l'ouverture successive du courant ; les chocs qu'elle éprouvait, et son frottement sur le papier enfumé, ne pouvaient donc en aucune façon influencer la marche du pendule interrupteur. Il va sans dire qu'ici encore il s'écoulait tou-

jours un certain temps entre l'instant où l'électro-aimant commençait à agir et celui où la pointe touchait le cylindre; cependant
il sera permis d'admettre que ce temps devait être à très peu près
le même pour deux contacts successifs, de sorte que le retard des
marques ne pouvait devenir une source d'erreur, sauf peut-être
le cas où la vitesse de rotation du cylindre aurait été très différente aux moments des deux contacts. Il sera toutefois généralement préférable de disposer le signal de manière que le style reste
constamment en contact avec le cylindre, sur lequel il trace une
hélice continue tant qu'il est au repos; il la quitte brusquement
au moment où le courant est fermé, et il y revient après la rupture
du courant.

C'est ce que montre la figure 1, qui représente la ligne brisée, tracée par le signal électrique, à côté de la courbe d'un diapason de
200 v. s., dans l'intervalle comprenant une clôture et une rupture

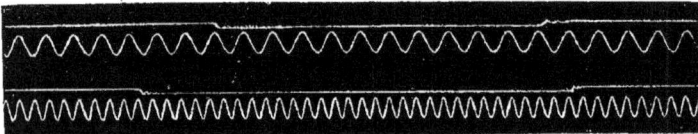

Fig. 1. Vibrations d'un diapason de 200 v. s., inscrites avec deux vitesses de rotation différentes du
cylindre, à côté des marques d'un signal électrique.

du courant, pour deux vitesses de rotation différentes du cylindre.

Telle était la disposition adoptée pour les deux signaux du chronographe dont M. Regnault a fait usage dans ses recherches sur
la propagation des ondes sonores.

Dans le principe, ces signaux électriques étaient loin de marquer
avec cette rapidité extraordinaire que l'on se croyait en droit d'en
attendre. Quand la vitesse de translation de la surface enfumée
était tant soit peu grande, on voyait parfaitement que l'action de
l'électro-aimant, au lieu d'être instantanée, se faisait sentir d'une
manière graduelle, car la ligne tracée par le style après la clôture
du courant, au lieu de faire un coude à angles droits avec la ligne
continue, s'en éloignait par une courbe assez douce avant d'atteindre l'écart maximum, de sorte qu'il était souvent impossible
de déterminer avec précision le point d'origine de la déviation du
style. Grâce aux travaux récents de M. Marcel Deprez [1], il est ce-

1. *Journal de physique*, IV, n° 38. — Marey, *la Méthode graphique*, p. 471.

pendant devenu possible de construire ces organes, si importants pour la chronographie, de telle façon qu'ils donnent des signaux d'une extrême rapidité.

M. Beetz [1], et plus tard M. A. Mayer [2], au lieu d'inscrire les secondes à côté des vibrations du diapason par des signaux particuliers, les ont marquées sur la courbe même du diapason, en perçant le papier enfumé par une étincelle électrique qui jaillissait entre le style du diapason et la surface métallique cachée sous le papier. M. Beetz employait à cet effet la décharge d'une bouteille de Leyde, M. Mayer l'étincelle d'induction.

J'ai aussi imaginé un procédé (qu'on trouve déjà indiqué dans mon Catalogue de 1865) pour déterminer le nombre des vibrations d'un diapason par la méthode graphique, sans avoir recours à l'enregistrement direct du temps.

A côté du diapason dont il s'agit de déterminer le nombre de vibrations, on installe un autre diapason plus grave, accordé de manière qu'il donne avec le premier exactement quatre battements par seconde (résultat qu'il est toujours facile d'obtenir avec une très grande précision). On compte ensuite les vibrations correspondantes sur les deux tracés parallèles. Lorsque n vibrations doubles du premier diapason coïncident avec $n-1$ vibrations doubles du second, l'intervalle qui les contient représente un quart de seconde, et l'on peut en conclure que les deux diapasons ont fait respectivement $4n$ et $4n-4$ vibr. d. par seconde.

L'inconvénient de ce procédé de détermination du nombre absolu des vibrations d'un diapason, c'est la difficulté qu'on éprouve à fixer les points où les sommets et les dépressions des deux courbes coïncident exactement. L'incertitude à cet égard subsiste généralement pour un espace plus ou moins étendu, qui comprend un nombre de vibrations d'autant plus grand que les deux diapasons sont plus élevés, que par conséquent le rapport entre les vibrations et le nombre des battements est plus considérable. Mais l'erreur qui peut naître de cette incertitude sur la détermination des coïncidences, s'élimine d'autant plus complètement que la durée de l'expérience est plus grande, et il convient dès lors d'opérer comme il suit. Après avoir fait faire au cylindre un ou deux tours avec une vitesse de rotation assez grande, on continue de tourner

1. *Electrisches Vibrations-chronoscop.* — *Annales de Poggendorff*, 1868.
2. Communication lue à l'Académie des sciences américaine, à Washington, avril 1876.

très lentement, et, arrivé au bout, on termine l'expérience, comme on l'avait commencée, par deux ou trois tours très rapides. Les tracés très allongés, obtenus par cette rotation rapide, permettent une détermination beaucoup plus précise des coïncidences que dans les parties intermédiaires, et l'on a, en même temps, l'avantage que le nombre des vibrations à compter entre les coïncidences extrêmes reste très grand.

En examinant les tracés simultanés de deux diapasons de 128 et de 120 v. s., j'ai trouvé que le nombre des vibrations doubles, comprises entre la vibration du premier diapason qui, avant la coïncidence, *suivait* indubitablement la vibration correspondante du second, et la vibration du premier qui *précédait* incontestablement la vibration correspondante du second, n'excédait jamais l'unité. Avec deux diapasons de 512 et de 504 v. s., le même nombre n'excédait jamais 4. En prenant le milieu des deux points où les vibrations du premier diapason étaient incontestablement d'abord en retard, puis en avance sur celles du second, on voit que, même pour les diapasons de 512 et 504 v. s., l'incertitude sur le lieu de la coïncidence absolue ne pouvait être de plus de 1 v. s. L'erreur résultant de cette incertitude était d'ailleurs relative au nombre total des vibrations inscrites entre les coïncidences extrêmes, et devait, par conséquent, être divisé par le nombre de secondes écoulées entre ces coïncidences, pour obtenir le maximum d'erreur que comportait la détermination du nombre absolu de vibrations du diapason en 1 seconde.

Les deux diapasons de 128 et de 120 v. s., en les faisant écrire avec les pointes métalliques de leurs styles, ont donné une fois, après 126 coïncidences, 2015 et 1889 v. d. en 31,5 secondes, soit 127,97 et 119,97 v. s. par seconde; — une autre fois, après 52 coïncidences, 831,5 et 779,5 v. d. en 13 secondes, soit 127,92 et 119,92 v. s. par seconde. La pointe métallique ayant été ensuite garnie d'une barbe de plume, afin de diminuer le frottement, j'ai trouvé avec les mêmes diapasons, après 112 coïncidences, 1793 et 1681 v. d. en 28 secondes, soit 128,06 et 120,06 v. s. par seconde.

Les résultats de quelques expériences faites avec des diapasons de 512 et de 504 v. s. ne présentent que des écarts de 0,25 v. s.

La figure 2 fait voir, pour les deux tracés associés *a*, la première coïncidence (coïncidence 0), à partir de laquelle on a compté les vibrations; pour les tracés *b*, les coïncidences 86, 87, 88, obtenues pendant la rotation lente du cylindre; enfin pour les tracés *c*, la dernière coïncidence (coïncidence 126). Ces tracés étaient fournis par deux diapasons de 128 et de 120 v. s.

L'application de la méthode graphique à la détermination du nombre absolu des vibrations d'un diapason a été quelquefois critiquée, avec une apparence.de raison, parce qu'elle exige l'emploi d'un style, qui par son poids, et par le frottement contre la surface enfumée (papier, métal ou verre), doit altérer les vibrations du diapason. Mais cette objection n'est pas sérieuse, car rien n'est plus facile que de déterminer avec précision cette petite altération que l'intervention du style fait subir au nombre des vibrations, soit par les battements avec un diapason auxiliaire, soit au moyen du comparateur optique, en observant le diapason d'abord lors-

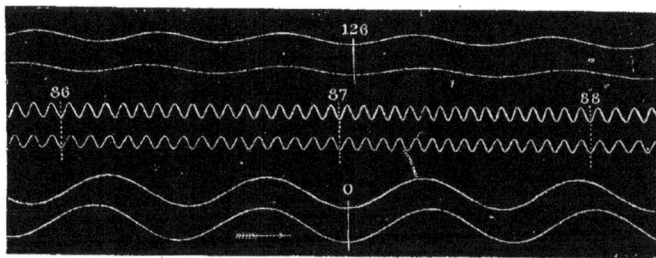

Fig. 2. Tracés parallèles des vibrations de deux diapasons, de 128 et de 120 v. s.

qu'il vibre librement, sans le style, ensuite lorsqu'il écrit, avec le style, sur le cylindre tournant.

Un petit style, formé d'une soie de porc qui porte à son extrémité une barbe de plume, étant fixé avec un peu de cire (juste autant qu'il en faut pour le faire tenir) sur un diapason ut_4 de 512 v. s., dont les branches ont 6 millimètres d'épaisseur, l'abaisse d'environ $\frac{1}{6}$ d'une vibration simple; mais je n'ai pu constater aucune influence du frottement de la barbe de plume. Au contraire, les styles en feuille de laiton mince, écrivant directement avec leur pointe qui ne porte pas de barbe de plume, produisent déjà un certain retard des vibrations, ainsi que le prouvent les expériences faites avec les diapasons de 128 et de 120 v. s., qui ont été citées plus haut.

N° 3. Inscription simultanée des vibrations de quatre diapasons (ut_3, mi_3, sol_3, ut_4).

Ces expériences ont été faites avec des vitesses de rotation très variables du cylindre, afin de montrer que l'influence de la vitesse de translation de la surface qui reçoit les tracés ne se manifeste que par l'allongement plus ou moins sensible des courbes, tandis que le rapport des nombres de vibrations des diapasons que l'on fait écrire simultanément reste toujours exactement le même; d'où il suit qu'on n'a pas besoin d'un cylindre à mouvement uniforme pour déterminer avec précision le nombre des vibrations d'un corps sonore par la comparaison avec celles d'un diapason d'une période connue, tracées à côté des premières, expérience qui se trouve réalisée dans les trois feuilles suivantes.

N°ˢ 4, 5, 6. Onze inscriptions des sons de la gamme tempérée ($la_3 = 870$ v. s.) à côté des vibrations d'un diapason $ut_3 = 512$ v. s.

Cette application du diapason à la détermination du nombre des vibrations des autres corps sonores, ou en général à celle des espaces de temps très courts, bien que déjà indiquée en 1807 par Th. Young[1], et réalisée en 1842 par Wertheim[2], était encore très peu répandue en 1862; mais, depuis cette époque, elle est entrée dans l'usage courant des physiciens et des physiologistes, qui ont constamment recours à ce moyen commode pour mesurer les durées de temps dans leurs expériences. On emploie des diapasons chronographes de tonalité très différente, suivant la nature des phénomènes qu'il s'agit d'étudier; mais d'ordinaire cette tonalité ne descend pas au-dessous de 10 v. d., et ne s'élève pas au-dessus

---

1. Th. Young, *A Course of lectures on natural philosophy and the mechanical arts*, 1807, t. I, p. 191. « By means of this instrument we may measure, without difficulty, the frequency of the vibrations of sounding bodies, by connecting them with a point, which will describe an undulated path on the roller. These vibrations may also serve in a very simple manner for the measurement of the minutest intervals of time; for if a body, of which the vibrations are of a certain degree of frequency, be caused to vibrate during the revolution of an axis, and to mark its vibrations on a roller, the traces will serve as a correct index of the time occupied-by any part of a revolution, and the motion of any other body may be very accurately compared with the number of alternations marked, in the same time, by the vibrating body. »

2. G. Wertheim, *Recherches sur l'élasticité*, 1ᵉʳ mém.

de 1000 v. d. — Vers 1000 v. d., l'inscription commence déjà à devenir difficile, à cause de la petitesse des vibrations et de la décroissance rapide des amplitudes quand le diapason vibre librement, et dans le cas où son mouvement est entretenu par l'électricité, parce que des interruptions aussi fréquentes entraînent plus facilement des perturbations. Il sera donc en général préférable de mesurer les durées très petites à l'aide d'un diapason un peu plus grave et en imprimant au cylindre une plus grande vitesse de rotation, afin d'obtenir des sinusoïdes suffisamment allongées pour qu'il soit facile de les subdiviser en un certain nombre de parties égales. La subdivision de chaque oscillation complète en parties égales ne pourrait évidemment conduire à des résultats tout à fait exacts que si la vitesse de rotation du cylindre était restée rigoureusement constante pendant toute la durée de l'inscription ; on peut cependant admettre que cette condition se trouve presque toujours remplie à très peu près, même pour un cylindre qu'on fait tourner à la main, à cause de la petitesse de cette durée. En tout cas, on pourra toujours déterminer l'accélération ou le retard que la vitesse de translation du papier aura subis pendant cette seule oscillation, en mesurant l'oscillation qui la précède et celle qui la suit, et l'on aura ainsi le moyen de faire les corrections nécessaires.

L'emploi des diapasons très graves, tels que celui de 10 v. d., auquel il faut recourir lorsque les expériences exigent une rotation tellement lente du cylindre que les vibrations écrites des diapasons plus aigus ne paraîtraient plus suffisamment séparées, donne lieu à d'autres difficultés. Lorsqu'on veut se servir d'un diapason d'une faible masse, les branches en sont si minces par rapport à leur longueur que la durée de la période d'oscillation peut déjà être influencée d'une manière sensible par l'amplitude. En outre, il arrive facilement que des battements se produisent entre les deux branches, notamment si l'on donne au diapason une position horizontale et un plan d'oscillation vertical, parce qu'alors la pesanteur, agissant sur les deux branches dans le même sens, accélère la vibration de l'une pendant qu'elle retarde celle de l'autre. Lorsque, au contraire, on fait usage de diapasons plus massifs, auxquels il faut alors donner des dimensions encombrantes, l'installation et la fixation de ces diapasons en regard du cylindre devient fort incommode, et il vaut alors mieux recourir à la disposition imaginée par M. Marey, qui, au lieu de les faire écrire directement, les fait agir sur un tambour à levier inscripteur [1]. A cet effet, on dispose, devant l'une des branches du diapason, une petite capsule fermée par une membrane, dont l'intérieur communique par un tuyau de caoutchouc avec l'air contenu dans le tambour à levier. La membrane de la capsule est reliée à la branche du diapason de manière qu'elle est forcée d'en suivre les mouvements. Le va-et-vient de la membrane se transmet, en agissant sur l'air de la capsule, jusqu'au tambour à levier, et la membrane qui porte le levier reçoit ainsi les mouvements opposés à ceux qui sont imprimés à la membrane de la capsule.

Les diapasons les plus habituellement employés par les physiologistes sont ceux de 50, de 100 et de 500 v. d., mais pour les expériences d'acoustique, on emploie de préférence les diapasons de 64, de 128 et de 256 v. d., qui tous les trois répondent à un *ut*, tonique d'une gamme.

Pour toutes les expériences dont la durée n'excède pas une minute, le plus simple sera toujours d'ébranler le diapason par un coup d'archet et d'inscrire ses vibrations pendant qu'il résonne encore. Mais lorsque les expériences doivent se prolonger pendant un temps plus long, il devient nécessaire d'entretenir les vibrations du diapason chronographe par des moyens artificiels empruntés soit à l'acoustique (par l'emploi d'un diapason auxiliaire), soit à l'électro-magnétisme.

Dans le premier cas, un diapason à l'unisson d'un diapason chronographe est fixé à côté ou un peu en avant de ce dernier, de façon qu'il ne reste qu'un petit intervalle entre les deux fourchettes et qu'elles n'occupent ensemble qu'un espace à peu près égal à celui que prendrait un seul diapason avec des branches d'une largeur double; en donnant alors un coup d'archet au diapason auxiliaire, on voit l'autre entrer également en vibration, et le coup d'archet étant répété de temps à autre, le diapason chronographe écrira d'une manière continue. En examinant les vibrations de ce dernier à l'aide du microscope d'un comparateur, je n'ai jamais constaté la moindre perturbation de leur isochronisme pendant les coups d'archet donnés au diapason auxiliaire, et l'observation des figures de Lissajous entre les deux diapasons à l'unisson et un troisième, tous les trois munis de miroirs, m'a toujours donné le même résultat. Il s'ensuit que ce moyen d'entretenir les vibra-

1. Marey, *la Méthode graphique*, p. 464.

tions du diapason chronographe par la communication des vibrations d'un diapason à l'unisson n'est pas seulement très commode,
mais particulièrement avantageux, parce que la période d'oscillation du diapason chronographe n'éprouve ici aucune perturbation.

La figure 3 représente le tracé des vibrations d'un diapason
$ut_3 = 512$ v. s., excité par l'influence d'un diapason auxiliaire à
l'unisson du premier.

Le diapason auxiliaire, destiné à exciter le diapason inscripteur,
peut en outre servir à vérifier le nombre absolu des vibrations de
ce dernier, par la méthode de l'inscription simultanée des vibrations de deux diapasons qui donnent ensemble des battements
(méthode indiquée plus haut), car il est toujours facile de le baisser de quelques vibrations doubles par l'application d'un peu de
cire.

Quand les vibrations d'un diapason sont entretenues par l'élec-

Fig. 3. Vibrations d'un diapason de 512 v. s., excitées par l'influence d'un diapason à l'unisson
du premier.

tricité, ce diapason étant chargé d'interrompre et de fermer lui-
même, à chacune de ses vibrations, le courant destiné à alimenter
l'électro-aimant qui le sollicite, l'isochronisme des vibrations n'é-
prouve d'ordinaire aucune perturbation, si l'intensité du courant
ne varie pas trop et que l'amplitude des vibrations reste, par conséquent, à peu près constante ; seulement le nombre absolu des
vibrations n'est plus exactement le même que dans le cas où le
diapason vibre librement, car il dépend, dans une certaine mesure,
de l'intensité du courant, de la grandeur des amplitudes, et aussi
du mode d'interruption employé. Pour déterminer d'une manière
générale la part d'influence de chacune de ces causes qui contri-
buent à modifier le nombre des vibrations du diapason, il faudrait
probablement recourir à de très nombreuses expériences, et en définitive on n'en serait pas moins obligé, pour éviter toute erreur,
de déterminer directement, dans chaque cas particulier, l'altération que l'influence électrique produit dans les vibrations du diapason avec lequel on travaille. Je me contenterai donc de citer

quelques chiffres qui suffiront à caractériser l'ordre de grandeur des quantités dont il s'agit ici.

Un diapason $ut_2 = 256$ v. s. dont les branches avaient une épaisseur de 10^{mm}, entretenu par l'électricité, avec contact à mercure, a été trouvé plus élevé de 0,033, de 0,036 et de 0,083 v. s. respectivement, quand ses amplitudes étaient de 1,5, de 3 et de 4 millimètres; le nombre des vibrations augmentait donc avec l'amplitude. En faisant, au contraire, usage d'électro-diapasons à interruption sèche, produite par un fil d'argent très flexible et une plaque de platine, l'élévation du nombre des vibrations n'augmentait pas toujours avec l'amplitude, et j'ai même plusieurs fois observé le contraire. Ainsi, tandis qu'un diapason $ut_3 = 512$ v. s., éprouvait une surélévation progressive allant de 0,16 à 0,33 v. s. pour des amplitudes de 0,25 à 2 millimètres, comme je l'avais constaté pour le diapason à contact de mercure, la surélévation d'un diapason $ut_2 = 256$ v. s. fut trouvée de 0,33, de 0,045 et de 0,0 v. s. pour des amplitudes de 0,5, de 1,5 et de 3 millimètres; et celle d'un autre diapason de 256 v. s. à branches plus minces, de 0,1, de 0,083 et de 0,05 v. s. pour des amplitudes de 0,5, de 1 et de 3 millimètres.

Ces résultats si irréguliers fournis par les différents diapasons dans des conditions en apparence identiques, s'expliquent probablement par ce fait que, lors de l'emploi d'un contact en platine, les vibrations du diapason sont soumises en même temps à deux influences différentes qui tendent à les modifier en sens contraires. En effet, tandis que l'intensité du courant tend à accélérer les vibrations, la résistance que la plaque de platine oppose au fil interrupteur, à chacune de leurs rencontres, tend à les ralentir et comme cette résistance augmente avec l'amplitude des vibrations, elle peut, pour des amplitudes croissantes, diminuer peu à peu la surélévation due à l'intensité du courant, jusqu'à l'annuler complètement, comme on l'a vu par l'un des exemples cités.

Dans le chronographe construit d'après M. Regnault, on évite la source d'erreurs qui peut naître des altérations du nombre normal des vibrations par de telles influences extérieures et passagères, en faisant interrompre le courant qui traverse l'un des signaux électriques par un pendule à secondes, de manière à faire marquer les secondes à côté des vibrations du diapason. Ce procédé offre un double avantage : il permet, d'une part, de lire tout de suite et directement sur le tracé le nombre absolu des vibrations du diapason pendant la durée de l'expérience, et il dispense, d'autre part, de compter les vibrations pour toutes les secondes successives, lorsqu'il s'agit d'expériences d'une certaine durée.

II

Composition de deux mouvements vibratoires parallèles, exécutés par deux corps différents.

N° 9-15. Vingt-neuf spécimens de la composition de deux mouvements vibratoires parallèles, comprenant tous les intervalles formés par les combinaisons des nombres naturels depuis 1 jusqu'à 8, puis encore les intervalles 8 : 9, 9 : 10, 15 : 16, 24 : 25, 80 : 81, 8 : 15 et $n : 2n + 1$. Quelques-uns de ces tracés sont représentés dans la figure 4.

L'inscription de ces mouvements combinés a été exécutée par la méthode que M. Desains avait indiquée en 1860, dans ses *Leçons de physique*. Elle consiste à fixer une plaque sur l'un des deux corps vibrants, et pendant qu'elle en partage tous les mouvements, à tracer sur elle les vibrations du second corps sonore. Pour la composition de deux mouvements vibratoires parallèles, que M. Desains a exécutée en commun avec M. Lissajous, la glace enfumée était fixée, avec un peu de cire, sur l'une des branches d'un gros diapason fixe, tandis que l'autre diapason qui portait le style traceur était tenu à la main et promené au-dessus du premier.

L'appareil que j'ai combiné pour ces expériences en 1862, et que j'ai depuis lors notablement perfectionné, permet d'effectuer, avec autant de facilité que de précision, non seulement la composition des mouvements vibratoires parallèles, mais encore celle de mouvements vibratoires se rencontrant sous un angle quelconque.

Dans l'appareil complet, le diapason qui porte la plaque de verre, et qui doit rester immobile pendant l'expérience, est fixé horizontalement dans un support qui peut tourner autour d'un axe vertical et, en outre, se déplacer sur la planchette qui porte le tout, en glissant dans une rainure où on l'arrête par un écrou.

La plaque de verre est saisie dans une sorte de pince qui permet de la maintenir, pour une inclinaison quelconque du diapason, parallèle à l'axe longitudinal de la planchette et au chemin de

fer sur lequel glisse le diapason mobile, afin que le style traceur
puisse la parcourir dans toute sa longueur. Le support du diapason
mobile peut également tourner autour d'un axe vertical; il est
construit de façon que le bloc de fer dans lequel est vissé le
diapason puisse, en outre, tourner autour d'un axe horizontal et
se déplacer en glissant dans une fente. Enfin, le rail qui doit gui-

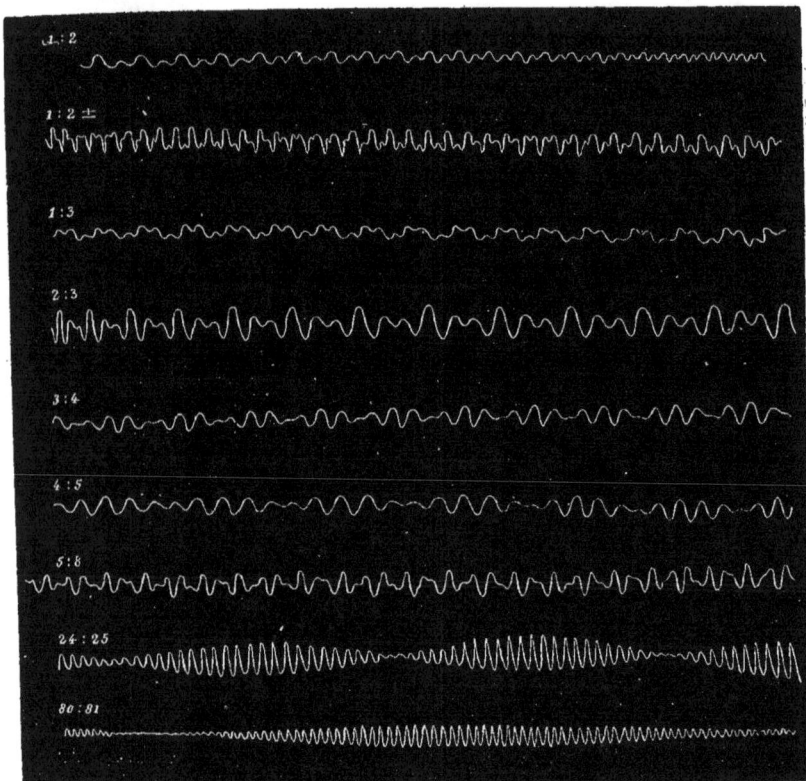

Fig. 4. Composition des mouvements vibratoires parallèles de deux diapasons.

der le support du diapason mobile peut être fixé en divers endroits,
toujours parallèlement à l'axe longitudinal du support entier.
Grâce à ces diverses dispositions, il devient possible d'employer
des diapasons de dimensions très différentes, de les incliner sous
un angle quelconque et de les placer à des distances appropriées
l'un par rapport à l'autre, d'établir d'une manière convenable le

contact du style flexible avec la plaque de verre, et enfin d'exécuter successivement plusieurs tracés sur la même plaque. L'appareil est d'ailleurs muni des dispositions nécessaires pour l'en-
tretien électrique de deux diapasons, mais l'on peut les garder
ou les enlever à volonté.

Lorsqu'on exécute la composition graphique des vibrations de
deux sons qui forment un intervalle pur, et qu'on désire donner
au diagramme des dimensions convenables, il faut imprimer au
diapason mobile une vitesse de translation assez considérable,
qui fasse parcourir au style toute la longueur de la plaque en un
temps très court, et il suffit alors d'ébranler les deux diapasons par
un coup d'archet au moment de commencer l'expérience. Mais
lorsqu'il s'agit d'écrire des intervalles légèrement inexacts, pour
en étudier les battements, de sorte que la forme de l'intervalle
même importe beaucoup moins que la transformation qu'elle
subit dans un certain espace de temps, il faut faire marcher le
diapason mobile très lentement; et si c'est l'un des diapasons
aigus qui accompagnent l'appareil, l'amplitude de ses vibrations
peut diminuer à tel point dans le temps que le style met à parcourir la plaque, que l'emploi de l'électricité peut devenir très
utile.

Il est facile de disposer l'appareil de façon que la plaque de
verre, dans toutes ses positions, puisse s'amener aisément devant
la lampe à projections, en vue de projeter sur un écran l'image des
tracés pendant qu'ils sont exécutés. Toutefois, comme dans
cette expérience la plaque vibre elle-même, l'image du tracé qui
s'y forme ne commence à devenir distincte sur l'écran que lorsque
la plaque est revenue au repos, et il s'ensuit qu'on pourrait tout
aussi bien introduire dans la lampe à projections le tracé tout
fait. Je ne mentionne donc cette qualité de l'appareil, de pouvoir
être disposé facilement devant la lanterne à projections, qu'à
cause de l'engouement maintenant très répandu pour les projections, qui fait souvent employer ce moyen même dans les cas où
il est parfaitement inutile.

Les diagrammes de la composition de deux mouvements vibratoires deviennent encore plus instructifs lorsqu'ils sont accompagnés des tracés simultanés des deux mouvements primaires. C'est
ce qui m'a engagé à disposer le même appareil pour l'inscription
simultané des mouvements primaires et du mouvement composé.
Les vibrations du diapason qui porte la plaque sont inscrites sur

cette dernière par un petit style fixé à l'extrémité d'une tige qui fait corps avec le support du diapason mobile.

Quant aux vibrations du diapason mobile, il est clair qu'elles ne pourraient s'écrire sur la même plaque, comme si elle était au repos; il faut donc les enregistrer sur une plaque auxiliaire,

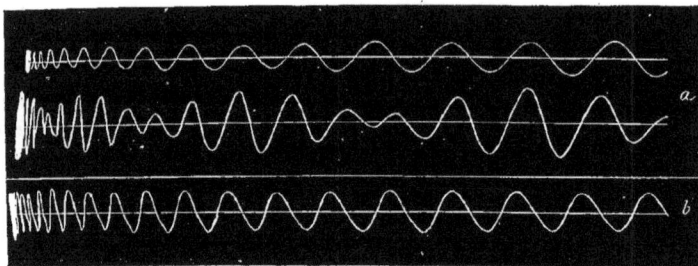

Fig. 5. Composition des mouvements vibratoires parallèles de deux diapasons, à côté des vibrations propres de chacun de ces diapasons.

fixée sur un support particulier, à côté de la première et dans le même plan. Le diapason mobile est alors muni de deux styles destinés à tracer l'un sur la plaque vibrante, l'autre sur la plaque fixe. L'inscription terminée, on met les deux plaques à côté l'une de l'autre dans le même cadre.

La figure 5 reproduit les diagrammes des sons 4 et 5, pris

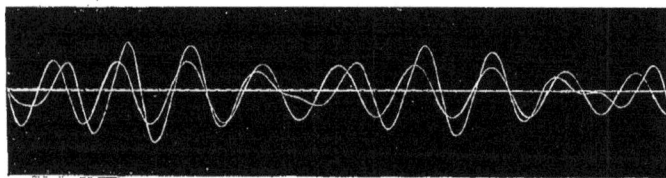

Fig. 6. Composition des mouvements vibratoires parallèles de deux diapasons et vibrations propres d'un de ces deux diapasons obtenues sur la même ligne.

séparément, et celui de leur combinaison, obtenus tous les trois en même temps.

Si l'on veut se contenter d'inscrire à côté de la composition des vibrations des deux diapasons seulement les vibrations du diapason porte-plaque, on peut disposer le style fixé à l'extrémité de la

tige qui fait corps avec le support du diapason mobile, sur la
même ligne et immédiatement derrière le style fixé sur le diapason inscripteur, et l'on obtient alors l'image de la superposition
des vibrations du diapason inscripteur à celles du diapason porte-
plaque, comme le montre la figure 6.

III

**Composition de deux ou de plusieurs mouvements vibratoires
parallèles dans un même corps.**

N° 17. Inscription des vibrations de cordes dont le son fondamental est accompagné
d'un ou de plusieurs harmoniques.

La figure 7 représente quelques tronçons d'un même tracé, trop
long pour être reproduit en entier.

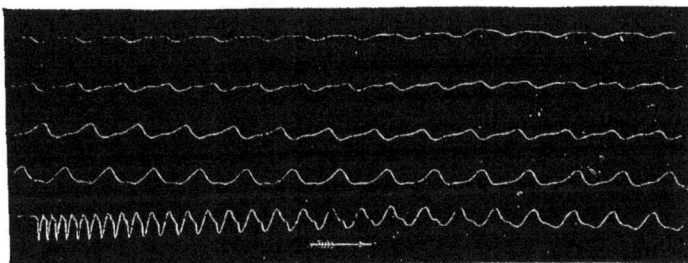

Fig. 7. Vibrations d'une corde dont le son fondamental est accompagné d'un harmonique.

Nᵒˢ 18-19. Inscriptions des vibrations d'un diapason à branches très minces, qui
montrent la coexistence, avec le son fondamental, du premier son partiel,
du second, et enfin du premier et du second à la fois (fig. 8).

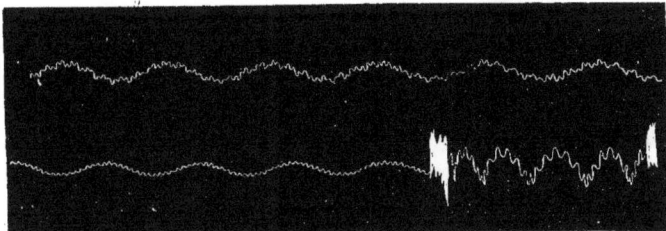

Fig. 8. Vibrations d'un diapason à branches minces, dont le son fondamental est accompagné d'un
ou de deux harmoniques.

IV

Composition de deux mouvements vibratoires rectangulaires dans deux corps différents.

Nᵒˢ 21, 22; 23. Dix tracés des intervalles 1:1; 1:1∓; 1:2; 1:2∓; 1:3; 1:3∓; 1:4; 2:3; 3:4; 4:5. Quelques-uns de ces tracés sont reproduits dans la figure 9.

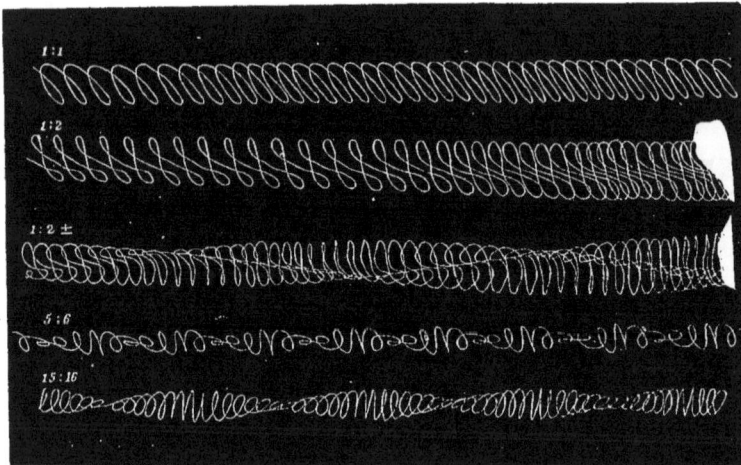

Fig. 9. Composition des mouvements vibratoires rectangulaires de deux diapasons.

Ils ont été obtenus avec le même appareil et par le même procédé que les inscriptions de la composition de deux mouvements vibratoires parallèles (§ II).

La figure 10 montre, à côté de la composition rectangulaire des mouvements vibratoires de deux diapasons, les vibrations de ces diapasons séparément et simultanément inscrites.

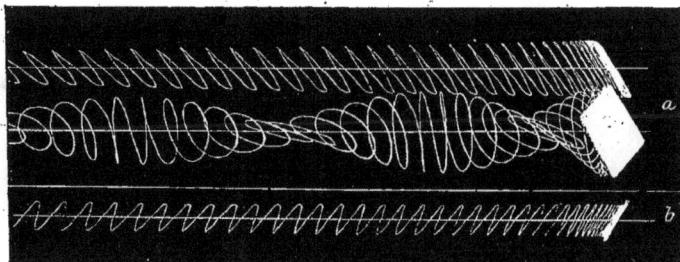

Fig. 10. Composition des mouvements vibratoires rectangulaires de deux diapasons, à côté des vibrations propres de chacun de ces diapasons.

V

Composition de deux mouvements vibratoires rectangulaires dans le même corps.

N°⁵ 25-31. Inscriptions des mouvements exécutés par des verges de Wheatstone (caléidophones).

Les extrémités libres de ces verges parcourent les mêmes orbites que, dans les expériences de Lissajous, le point lumineux réfléchi par deux miroirs qui vibrent à angles droits. On rend ces orbites visibles en garnissant les extrémités des verges de petites sphères d'acier poli ou de charbons ardents. Mais l'on peut aussi réaliser la projection de ces sillons brillants ; il suffit pour cela de fixer à l'extrémité de chaque verge, et perpendiculairement à son axe longitudinal, un petit miroir destiné à réfléchir un point lumineux.

Pour cette expérience, la verge doit être vissée dans un bloc qui peut tourner autour d'un axe horizontal sur un lourd support de fonte, ce qui permet d'envoyer le rayon réfléchi dans une direction voulue. Le même support sert encore à disposer la verge caléidophone en face du cylindre tournant ou de telle autre sur-

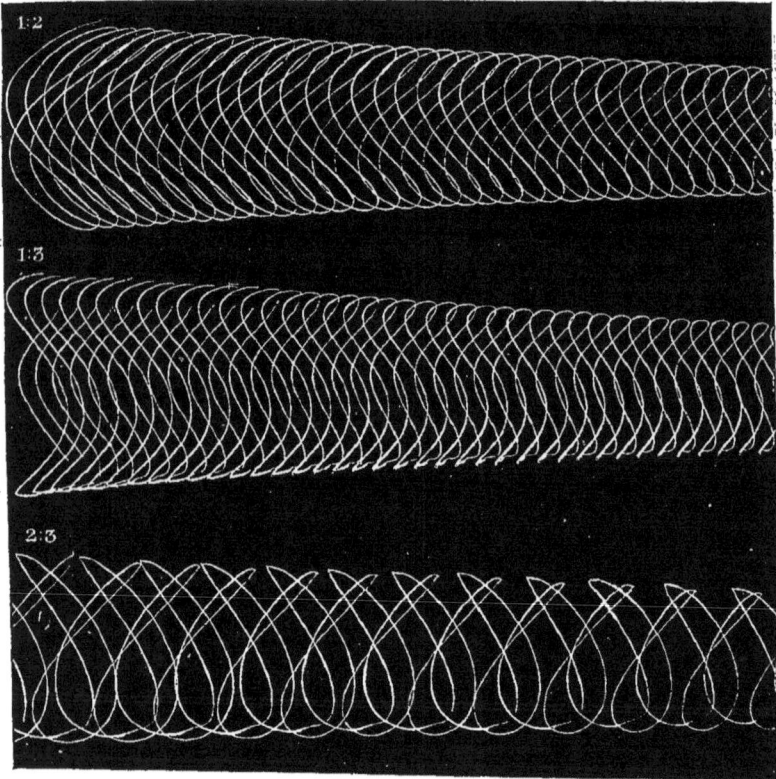

Fig. 11. Composition de deux mouvements vibratoires rectangulaires dans les verges de Wheatstone.

face mobile, en vue de l'inscription graphique de ses mouvements. Les feuilles de l'Album contiennent les diagrammes des intervalles 1:1; 1:1∓; 1:2; 1:2∓; 1:3; 1:3∓; 1:4; 2:3; 3:4; 4:5.

Les figures 11 et 12 en reproduisent quelques-uns.

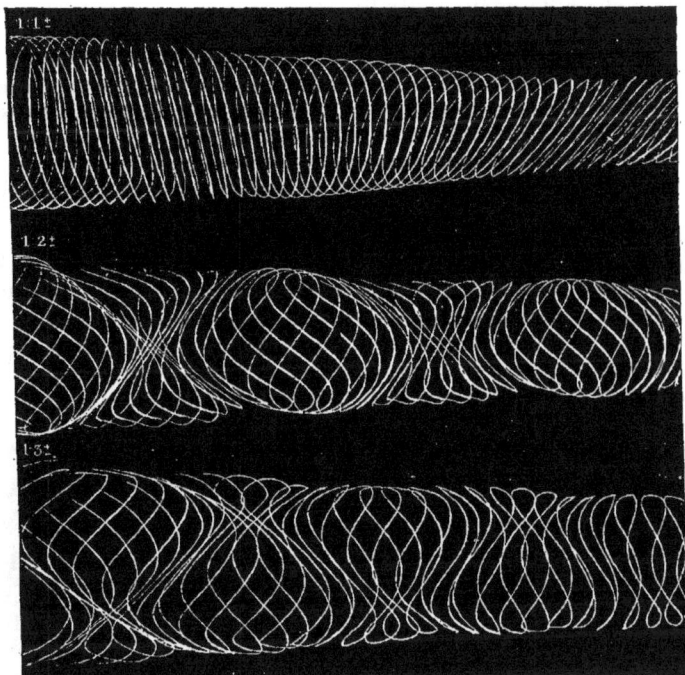

Fig. 12. Composition de deux mouvements vibratoires rectangulaires dans les verges de Wheatstone.

VI

Vibrations excitées par influence.

N° 33. Vibrations de deux cordes tendues sur la même table d'harmonie, dont l'une avait été fortement pincée, pour faire entrer l'autre en vibrations par influence. Le diagramme montre que le son fondamental de cette dernière était accompagné de plusieurs harmoniques.

N° 34. Vibrations de deux diapasons $ut_3 = 512$ v. s., fixés à côté l'un de l'autre, dont l'un avait été ébranlé par un coup d'archet, et dont l'autre vibrait par influence.

Les vibrations du diapason influencé ne tardent pas à atteindre l'amplitude de celles du diapason ébranlé directement, puis les

amplitudes communes des deux diapasons décroissent d'une manière graduelle et parfaitement uniforme jusqu'à l'extinction complète, sans aucune fluctuation.

Nᵒ 35. Vibrations de deux diapasons $ut_3 = 512$ v. s., fixés à côté l'un de l'autre, qui
étaient légèrement désaccordés, et dont un seul avait été ébranlé directement.

Tandis que les vibrations du diapason influencé augmentent
peu à peu jusqu'à un maximum d'amplitude, celles du diapason
ébranlé directement diminuent jusqu'à un minimum, après quoi
elles augmentent de nouveau, tandis que les autres diminuent,
et ainsi de suite. En un mot, chacun des deux diapasons vibre avec
des amplitudes qui changent périodiquement, et ces périodes
s'adaptent dans les deux diapasons de telle façon que toujours le

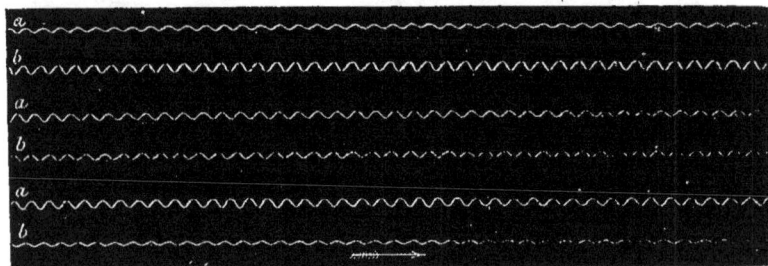

Fig. 13. Vibrations de deux diapasons qui s'éloignent très peu de l'unisson, l'un étant ébranlé
directement et l'autre vibrant par influence.

maximum d'amplitude de l'un répond au minimum de l'autre,
ainsi que Savart l'avait déjà observé pour deux cordes tendues
sur le même instrument ou sur la même table d'harmonie.

Dans la figure 13, les tracés a ont été fournis par le diapason
ébranlé directement, les tracés b par le diapason influencé. On
voit qu'au début les vibrations a sont plus fortes que les vibrations b, qu'ensuite elles deviennent à peu près égales, et que, finalement, les vibrations b l'emportent sur les vibrations a. Les trois
tronçons reproduits dans la figure 13 occupaient sur le tracé
complet des positions équidistantes, séparées par des intervalles
d'environ 350 v. s.

Nº 36. Vibrations de deux diapasons $ut_5 = 512$ v. s., qui s'écartaient de l'unisson un
peu plus que les précédents, et dont l'un seulement avait été ébranlé par un
coup d'archet.

Les vibrations du diapason influencé n'atteignent plus l'amplitude de celles du diapason ébranlé directement, et ne réagissent
plus avec assez de force sur ce dernier pour y provoquer, d'une
manière sensible, le changement périodique d'amplitude constaté dans l'expérience précédente. Les périodes en question ne
sont visibles que chez le diapason influencé; les vibrations de
l'autre paraissent décroître d'une manière régulière et continue
jusqu'à l'extinction complète.

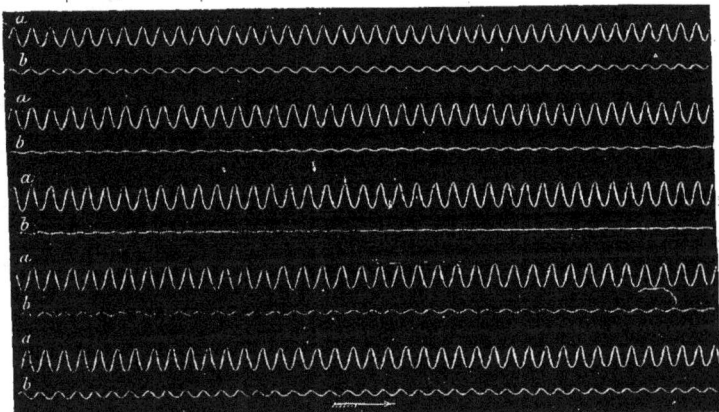

Fig. 14. Vibrations de deux diapasons qui s'éloignent un peu plus de l'unisson.

Dans la figure 14, les tracés a représentent encore les vibrations
du diapason ébranlé directement, et les tracés b celles du diapason
influencé, qui seules changent périodiquement d'amplitude. Les
cinq tronçons reproduits dans la figure 14 étaient encore équidistants sur le tracé primitif; ils y étaient séparés par des intervalles
d'environ 340 v. s. des diapasons, correspondant à une rotation
complète du cylindre.

Les vingt et une feuilles suivantes (nºs 38-59) contiennent toutes des inscriptions obtenues à l'aide du phonautographe de
Scott, qui écrit les vibrations sonores par l'intermédiaire d'une

membrane munie d'un style flexible, ce qui rend possible l'inscription des vibrations de l'air.

Nº 38. Sons d'un tuyau d'orgue, inscrits au moyen du style planté sur la membrane.

Dans mon Mémoire sur *les flammes manométriques*, p. 2, j'ai déjà fait remarquer qu'une membrane ne vibre pas seulement à l'unisson de ses sons propres et des sons très voisins, mais qu'il est toujours possible de lui imposer en quelque sorte un mouvement vibratoire quelconque, pourvu que la force qui agit sur elle l'emporte de beaucoup sur la résistance qu'elle est capable de lui opposer. Dans ce cas, les mouvements de la membrane reproduiront évidemment les variations de la force en question d'une manière beaucoup plus fidèle que lorsque ses sons propres se font plus ou moins sentir à côté des vibrations qui lui sont imposées ; seulement elle ne vibre alors qu'avec des amplitudes assez petites, tandis qu'elle peut prendre des amplitudes considérables sous l'influence de sons relativement faibles qui répondent assez bien à l'un de ses sons propres.

La membrane du phonautographe n'est que fort rarement dans le cas de vibrer par contrainte; elle vibre le plus souvent par influence, c'est-à-dire en vertu de ses sons propres, et c'est grâce à cette circonstance qu'elle devient capable d'écrire directement les vibrations des sons qu'on produit devant elle, avec des amplitudes suffisantes qui n'ont plus besoin d'être agrandies après coup. Or il n'est jamais difficile d'amener la membrane à vibrer à l'unisson d'un son quelconque, en lui donnant une tension convenable, et on y arrive d'autant plus facilement que le son propre de la membrane n'a pas besoin, pour être excité par influence, d'approcher aussi près de l'unisson du son excitateur, que cela est nécessaire pour d'autres corps lorsqu'on veut qu'ils agissent l'un sur l'autre par influence.

La tension de la membrane du phonautographe peut être modifiée de deux manières différentes. En premier lieu, on peut la tendre également dans tous les sens, en serrant l'anneau qui lui sert de cadre; en second lieu, on peut produire une action locale, en appuyant sur un point quelconque de sa surface la pointe émoussée d'une vis soutenue par une tige qu'un écrou permet de fixer dans une position voulue. La pression exercée par la pointe ne sert

pas seulement à donner à la membrane la tension convenable, elle
est encore utile pour modifier au besoin le sens des vibrations du
style, et parfois aussi lorsque la membrane se partage en conca-
mérations, pour les disposer de telle sorte que le style se trouve
sur une plage favorable à ses vibrations.

Ce style, que l'on fixe avec une goutte de cire à cacheter, à peu
près au centre de la membrane, dans une position légèrement inclinée, et qui consiste en une soie de porc, garnie à son extrémité
d'une barbe de plume, contribue aussi à faciliter l'inscription des
vibrations avec des amplitudes suffisantes, d'abord par sa légèreté,
par la faiblesse du frottement, et ensuite par la propriété de la petite
plume de faire des excursions relativement grandes au moindre
mouvement de la soie de porc. Quand le style vibre bien sous l'influence d'un son donné, on trouve facilement par quelques tâton-
nements, en faisant tourner la membrane, la position où il fournit
des tracés convenables, qui consistent ordinairement en sinusoïdes régulières ou légèrement déformées, à moins que le son à
reproduire ne soit accompagné d'harmoniques exceptionnellement
forts.

N° 40. Tracés parallèles des vibrations de deux diapasons, $ut_3 = 512$ v. s., accordés
avec soin pour donner l'unisson, écrivant l'un directement, l'autre par l'intermédiaire de la membrane.

Il s'agissait de savoir si le nombre des vibrations inscrites par la
membrane du phonautographe est toujours exactement égal à celui des vibrations du son qui agit sur elle. J'ai donc répété assez
souvent, à cette époque, l'expérience, déjà faite avant moi par
M. Lissajous, dont cette feuille offre un spécimen. Toutes les inscriptions de ce genre ont toujours donné le même résultat, à savoir que les nombres des vibrations des styles fixés, l'un sur la
membrane et l'autre sur le diapason à l'unisson, étaient identiques, même lorsque le même son était inscrit avec des tensions
différentes de la membrane; il est bien entendu qu'on ne devait
pas dépasser la limite où la membrane cessait de répondre au son
en question.

Il pourrait, sans doute, arriver dans certains cas que la membrane fût aussi ébranlée fortement par l'un des harmoniques du
son destiné à l'influencer, et qu'en conséquence elle inscrivît les
vibrations de cet harmonique à la place de celles du son fonda-

mental; mais alors, grâce à la différence très sensible qui existe
entre les courbes de deux sons, un coup d'œil suffirait pour reconnaître l'erreur. Dès lors nous pourrons admettre, en thèse générale, que la membrane reproduit fidèlement le nombre des vibrations du son qui agit sur elle.

Nos 41-50. Neuf inscriptions de la composition de deux sons donnés par des tuyaux d'orgue qui représentent les intervalles $1:2$, $8:15$, $3:5$, $2:3$, $3:4$, $4:5$, $5:6$, $8:9$, et $n:n+1$, à côté des vibrations d'un diapason chronographe.

Lorsqu'on veut faire dessiner par la membrane la courbe qui répond au concours de deux sons, il faut lui donner une tension où le style vibre à peu près avec la même amplitude sous l'influence de chacun des deux sons pris séparément. Il arrive alors, le plus souvent, que le style ne vibre pas, pour les deux sons, dans le même sens, de sorte qu'il faut donner à la membrane une position différente pour obtenir le meilleur tracé possible de l'un ou de l'autre; pour l'inscription de la combinaison des deux sons, on lui donnera dans ce cas une position intermédiaire entre les deux précédentes.

Nos 51-54. Inscriptions de la composition de trois ou de quatre sons (ut_5, mi_5, sol_5, et $ré_5$; fa_5, sol_5, — ut_5, mi_5, sol_5, ut_4, et $ré_5$; fa_5, sol_5, si_5), à côté des vibrations d'un diapason chronographe ut_5.

Lorsqu'il s'agit d'inscrire un accord formé de plusieurs sons, on n'est pas toujours maître de donner à la membrane la tension voulue pour qu'elle écrive chacun de ces sons, pris séparément, avec la même intensité; de plus, il arrive souvent qu'on ne puisse trouver une position du style où les sinusoïdes des divers sons éprouvent les mêmes déformations. Il importe donc ici, encore bien plus que dans le cas de deux sons, que l'on commence toujours par écrire chaque son séparément, afin de se rendre un compte exact de ce que représente au juste le tracé final. En effet, il ne faut pas oublier que ce tracé ne représente pas, au fond, la composition des sons tels que nous les entendons, mais bien celle des sinusoïdes que tracerait la membrane, prise à la même tension et dans la même position, sous l'influence de chacun de ces sons. Attendu toutefois que les inclinaisons différentes des sinusoïdes des divers sons se confondent finalement en une seule lors de leur composition, les diagrammes de la composition de trois ou quatre sons ne diffèrent pas, en réalité, des théoriques plus que n'en diffèrent les diagrammes fournis par deux sons, c'est-à-dire qu'on y retrouve exactement les changements d'amplitude des

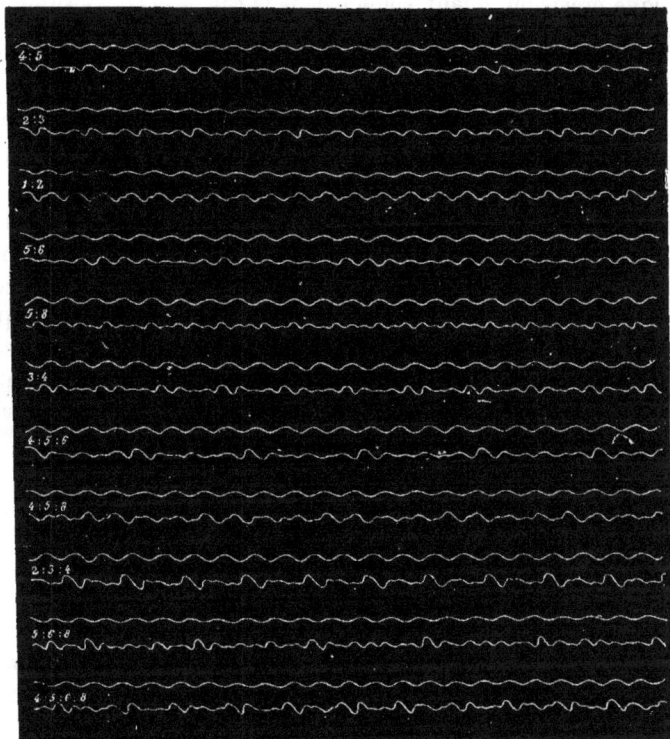

Fig. 15. Vibrations de la membrane du phonautographe sous l'influence des sons d'une série de tuyaux d'orgue, inscrites à côté des vibrations d'un diapason chronographe de 512 v. s.

courbes, pendant la période qui représente l'intervalle ou l'accord donné; mais la forme de toutes ces ondulations se montre toujours plus ou moins inclinée d'un même côté, comme on le voit dans la figure 15.

N°s 54, 55, 56. Inscription d'une mélodie n'excédant pas une octave, formée de sons simples et d'intervalles simples, et exécutée avec des tuyaux d'orgue, à côté des vibrations d'un diapason chronographe $ut_3 = 512$ v. s.

Lorsqu'on veut faire écrire à la membrane une mélodie avec quelque précision, il faut, comme dans le cas de la composition de plusieurs sons, s'assurer préalablement qu'elle écrit d'une manière satisfaisante chacune des notes qui existent dans la mélodie. Dans le cas actuel, ces notes étaient les suivantes : ut_3, $ré_3$, mi_3, fa_3, sol_3, la_3, ut_4. La traduction des vibrations enregistrées en notes musicales s'obtient naturellement en les comparant au tracé du diapason. S'il s'agit, par exemple, de traduire la quatrième ligne en descendant (fig. 15), il faudra d'abord y compter toutes les ondulations comprises entre deux coïncidences, sans égard à leurs amplitudes, et les comparer au nombre des vibrations du diapason comprises entre les mêmes coïncidences; on trouverait alors que ces nombres sont dans le rapport de 3 : 2, et comme le diapason représente le son 2 (ut_3), les ondulations en question répondent à la note sol_3. Mais ces ondulations n'ont pas toutes la même hauteur, et elles changent périodiquement d'amplitude; on peut en conclure que le sol_3 était accompagné d'une autre note, et, comme chaque période formée d'un maximum et d'un minimum d'amplitude contient six ondulations, il s'ensuit que les deux notes qui s'y trouvent associées sont dans le rapport de 5 : 6; par conséquent les deux notes cherchées sont le mi_3 et le sol_3.

La durée de chacune des notes qui composent la mélodie est donnée par le nombre des vibrations du diapason que l'on compte depuis le point où le style de la membrane commence à écrire cette note jusqu'au point où il cesse de la tracer.

N° 57. Inscription de huit sons de même force, donnés par huit tuyaux d'orgue accordés par la gamme $ut_3 - ut_4$, la membrane étant toujours à la même tension.

Comme les vibrations de la membrane ont d'autant plus d'amplitude que le son qui la sollicite est plus rapproché du son propre de cette membrane, des sons différents, de même intensité, y provoqueront des vibrations d'amplitude très inégale, et il s'ensuit que les amplitudes des tracés fournis par le style de la membrane ne sont nullement proportionnelles aux intensités des sons qui agissent sur elle. Ainsi, dans les tracés de la feuille 57, l'intensité apparente de l'ut_5 est assez modérée, celle du re_5 plus faible, celle du mi_5 encore plus faible, celle du fa_5 à peu près la même ; au contraire l'intensité du sol_5 est très prononcée ; celle du la_5 est presque nulle, et elle se relève un peu pour le si_5 et l'ut_4.

N° 58. Quatre inscriptions différentes des sons de quatre tuyaux d'orgue (ut_5, mi_5, sol_5, ut_4) résonnant toujours avec la même force, exécutées en donnant à la membrane quatre tensions.

Ces diagrammes prouvent, comme les précédents, que les amplitudes des tracés fournis par la membrane ne répondent pas exactement aux intensités relatives des sons. En effet, les intensités des quatre sons restant toujours les mêmes, les amplitudes obtenues sont, avec la première tension de la membrane, assez prononcées et à peu près les mêmes pour les notes ut_5 et mi_5, presque nulles pour sol_5 et ut_4 ; avec la seconde tension, modérées pour ut_5 et mi_5, fortes pour sol_5 ; un peu moins prononcées pour ut_4 ; avec la troisième tension, modérées pour ut_5, plus faibles pour mi_5, fortes pour sol_5, tout à fait faibles pour ut_4 ; avec la quatrième, tout à fait faibles pour ut_5, modérées pour mi_5, très faibles pour sol_5, et un peu plus fortes pour ut_4.

N° 59. Inscription du son soutenu d'un tuyau d'orgue pendant que la vitesse de rotation du cylindre varie plusieurs fois dans des limites assez larges.

En dehors de la tension de la membrane, d'autres circonstances peuvent avoir une certaine influence sur les amplitudes des tracés ; c'est ainsi qu'elles dépendent de la vitesse de rotation du cylindre, qui influe sur la pression et le frottement du style. Les tracés obtenus avec des vitesses plus grandes ne sont pas seulement plus allongés, comme il fallait s'y attendre, mais ils présentent aussi des amplitudes plus prononcées.

Cette inexactitude dans la reproduction de l'intensité des sons fait que l'inscription fidèle du timbre d'un son ou d'un bruit, qui l'un et l'autre sont composés de plusieurs sons d'intensités déterminées, serait encore impossible par l'intermédiaire du phonautographe sous sa forme actuelle, si la nature du style permettait d'obtenir les contours des ondulations sans les déformations dont il a été parlé, et si la barbe de plume, qui balaye le noir de fumée comme ferait un petit pinceau, pouvait, comme les pointes métalliques, dessiner la courbe de chaque ondulation avec des détails plus délicats.

VII

Vibrations de l'organe de l'ouïe.

N° 61. Vibrations du tympan, tracées par un style fixé sur le marteau.

N° 62. Vibrations du tympan, tracées par un style fixé sur l'apophyse descendante de l'enclume.

N° 63. Vibrations du tympan d'une oie, tracées par un style fixé sous la base de l'étrier.

Ces inscriptions avaient été exécutées dans le cours de l'été de 1861, en collaboration avec M. le docteur Politzer; M. Politzer s'étant chargé principalement de fournir les préparations anatomiques, tandis que j'étais chargé moi-même des inscriptions.

Fig. 16. Vibrations du tympan sous l'influence de deux tuyaux d'orgue, enregistrées à l'aide d'un style fixé sur le marteau.

Pour ces expériences, nous avons toujours employé deux tuyaux d'orgue qui donnaient à peu près le si_2 et l'ut_3, et qui faisaient entendre des battements très sensibles. Les sons de ces tuyaux agissaient, par l'intermédiaire d'un résonateur qui les renforçait à peu près également et qui était fixé dans le conduit auditif, sur l'oreille interne, où ils imprimaient aux osselets des vibrations qui étaient recueillies par le moyen de styles fixés sur ces derniers.

N° 64. Vibrations du tympan, excitées par la transmission des vibrations d'un diapason à travers les parties osseuses de la tête.

Cette inscription avait été réalisée chez moi et à l'aide de mes instruments, mais sans ma coopération, par M. le docteur Lucæ.

II

APPAREIL POUR LA MESURE DE LA VITESSE DU SON
A PETITE DISTANCE.

(Comptes rendus de l'Acad. des sciences, 13 octobre 1862.)

Cet appareil repose sur le principe des coïncidences déjà proposé par M. Bosscha. Il consiste essentiellement dans deux compteurs intercalés dans le même circuit électrique, lesquels battent
simultanément les dixièmes de seconde sous l'influence d'un
interrupteur d'une construction spéciale. Sur la lame vibrante de
l'interrupteur est fixé un miroir, en face du miroir d'un diapason
de 40 vibrations doubles, encastré dans un support isolé. Une
petite boule d'acier poli se réfléchit d'abord dans le miroir de
l'interrupteur, ensuite dans le miroir du diapason; tant que la
figure optique que décrit le rayon réfléchi reste immobile, on sait
que l'interrupteur fait exactement ses dix vibrations par seconde;
si la figure vient à varier, cela veut dire que l'intensité du courant
n'est plus la même et que sa variation a influencé la marche de
l'interrupteur.

En faisant alors tourner une petite manivelle, on agit sur une
espèce de petit laminoir qui raccourcit ou rallonge la partie vibrante de la lame de l'interrupteur; on peut de cette façon à
volonté accélérer ou ralentir ses oscillations, sans l'arrêter dans
sa marche, et on arrive ainsi très facilement à compenser les perturbations occasionnées par le travail irrégulier de la pile.

Les coups secs donnés par les deux compteurs coïncident d'a-
bord et s'entendent comme des coups simples, quand ces compteurs sont placés tout près l'un de l'autre, ils se dédoublent à
mesure que les deux compteurs s'éloignent l'un de l'autre, et ils
coïncident de nouveau toutes les fois que les distances des comp-

teurs à l'observateur sont des multiples exacts de l'espace que le son franchit en un dixième de seconde.

L'observation de ces coïncidences fournit donc un moyen très simple de mesurer la vitesse du son dans un espace relativement petit.

Dans l'appareil primitif, l'interrupteur était formé par un diapason de 20 v. s. qui portait sur les deux branches deux poids curseurs, qui permettaient de régler son nombre de vibrations, mais les branches de ce diapason étant nécessairement très minces, il était toujours excessivement difficile de les mettre rigoureusement à l'unisson l'une avec l'autre, pour éviter des battements entre elles, et de plus, chaque fois que la marche du diapason se trouvait un peu dérangée par la force variable du courant de la pile, on était obligé de l'arrêter; c'est pour ces raisons que j'ai dû le remplacer par le nouvel interrupteur dont on peut régler la marche pendant qu'il fonctionne.

EXPÉRIENCES RELATIVES A L'EXPLICATION DES FIGURES DE CHLADNI DONNÉE PAR WHEATSTONE.

(Comptes rendus de l'Acad. des sciences, 27 mars 1864.)

Les *Philosophical transactions* de 1833 renferment un grand Mémoire de Wheatstone sur les figures que Chladni avait obtenues sur des plaques de forme carrée, et dont il avait publié la description en 1817, dans ses *Nouvelles contributions à l'acoustique*. L'illustre physicien anglais a montré, dans ce travail, comment les figures de Chladni se déduisent de la coexistence de plusieurs sons, à l'unisson entre eux, mais dont les vibrations possèdent des directions différentes. En effet, si une plaque carrée offrait des vibrations transversales simples, avec des lignes nodales parallèles entre elles, comme on en voit sur les verges vibrantes, le même son qui correspond à cette division de la plaque serait aussi donné par la même plaque si elle était divisée par un système de nodales identique, et incliné par rapport à la même dimension sous le même angle, mais du côté opposé. De même, puisque les deux dimensions d'une plaque carrée sont égales entre elles, on obtiendrait encore le même son avec le même système de nodales, incliné sous le même angle, d'un côté ou de l'autre, de la seconde dimension. Par conséquent, la même plaque donnerait toujours quatre sons identiques, appartenant à quatre directions différentes, qui se réduisent à deux quand les directions sont parallèles aux deux dimensions de la plaque. Or, dans un corps qui se trouve dans ces conditions, on ne saurait exciter un son primaire sans provoquer en même temps les trois autres symétriques, ainsi que l'a montré aussi M. Terquem par ses expériences sur les verges [1]; et

---

1. M. Terquem a démontré les faits suivants :
Si le son longitudinal est également éloigné des deux sons harmoniques transversaux

toutes les figures se déduisent simplement de la coexistence de ces sons qui appartiennent à des directions symétriques.

Après avoir démontré l'accord des figures construites par cette théorie avec celles que donne l'observation, Wheatstone a encore vérifié la même théorie par la belle expérience qu'il a faite sur les plaques de bois. Si elles sont taillées en sorte que les fibres du bois soient parallèles à l'une de leurs dimensions, l'élasticité n'est pas la même dans les deux dimensions, et il s'ensuit que le son qui correspond à deux nodales parallèles à la longueur de la plaque carrée n'est pas à l'unisson de celui qui donne deux nodales parallèles à sa largeur. Par conséquent, sur une plaque carrée en bois, on ne peut pas produire la figure que donnerait la coexistence de ces deux directions de vibrations, à savoir, les diagonales croisées. Mais l'on obtient cette figure sur une plaque rectangulaire dont les deux dimensions sont choisies en sorte que la même division donne à très peu près le même son dans le sens de la largeur et dans celui de la longueur.

Si une plaque carrée est taillée dans le bois de façon que les fibres du bois soient parallèles à la diagonale du carré, deux lignes nodales parallèles à un côté, faisant le même angle avec les axes d'élasticité que deux lignes parallèles à l'autre côté, les deux sons correspondants sont à l'unisson, et la figure qui en résulte est formée par les deux diagonales. On obtient aussi le même résultat avec une plaque carrée en bois, qui est formée par deux plaques semblables, taillées en sorte que les fibres du bois soient parallèles à un de ses côtés, et superposées de façon que les fibres dans les deux se croisent sous un angle droit.

J'ai repris les expériences de Wheatstone en construisant cinq plaques rectangulaires en cuivre, dans lesquelles un système de

que peut rendre la verge, on obtient par ébranlement transversal les lignes nodales de chacun des deux sons transversaux nettement dessinées, mais l'ébranlement longitudinal ne donne aucune ligne bien définie.

Si le son longitudinal se rapproche plus d'un des harmoniques transversaux, on obtient par l'ébranlement transversal les lignes qui conviennent à cet harmonique nettement dessinées, et en ébranlant la verge longitudinalement on voit se dessiner des lignes qui correspondent aux lignes du son transversal, mais qui sont alternatives. Cette disposition montre déjà la coexistence des deux mouvements vibratoires.

Si le son longitudinal est très voisin d'un son transversal, la disposition des lignes nodales est la même pour les deux modes d'ébranlement, c'est-à-dire que les lignes nodales correspondent aux lignes du son transversal, mais qu'elles sont alternatives.

Si les deux sons se trouvent à l'unisson parfait, l'ébranlement de la verge devient très difficile.

nodales parallèles à la longueur est à l'unisson d'un autre système, parallèle à la largeur. Toujours j'ai vu se former, dans mes
expériences, les figures de nodales qui résultaient de la construction théorique.

Dans le tableau ci-joint, la première série horizontale renferme
les dessins des plaques avec les divisions dans le sens de leur
longueur, la deuxième, les mêmes plaques divisées dans le sens
de leur largeur. Ces divisions simples ne pouvant guère être

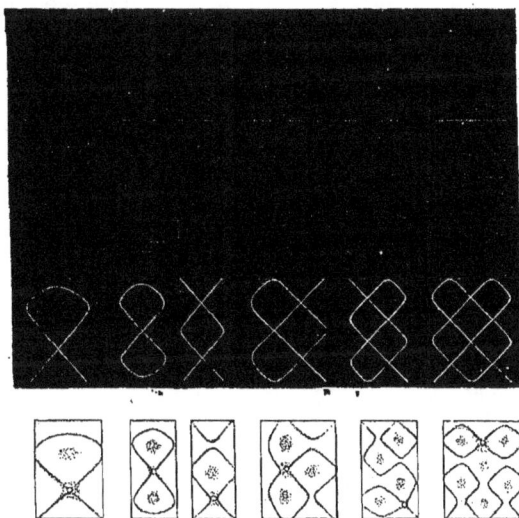

Fig. 17. Construction théorique des figures de Chladni sur des plaques rectangulaires, et figures
obtenues expérimentalement sur ces mêmes plaques.

obtenues directement, j'ai déterminé la position des nodales, dans
chacun des deux sens, sur des plaques auxiliaires, dont les dimensions parallèles aux nodales étaient beaucoup plus petites que dans
la plaque donnée, tandis qu'elles avaient la même dimension que
celle-ci dans l'autre sens. Les intervalles des nodales, observés
sur les plaques auxiliaires, furent ensuite transportés sur les
plaques données.

La troisième série horizontale contient les figures résultantes
qu'on obtient par la combinaison des deux systèmes orthogonaux

en supposant leur existence simultanée. Les nodales devaient évidemment passer par les points où une direction positive de l'un des systèmes coïncide avec une direction négative de l'autre, de manière à produire une interférence.

La quatrième série est formée par les figures observées directement ; je les ai imprimées sur du papier humide et collées sur une planche, qui a servi à les photographier. On voit que ces figures sont celles que donne la combinaison rectangulaire de deux mouvements vibratoires, dont la différence de phase est telle que les deux moitiés de la courbe résultante peuvent se superposer.

Malgré les dimensions de ces plaques (0m,20 de longueur), qui suffisent pour la production d'un grand nombre de figures, la figure pour laquelle chacune est accordée apparaît toujours instantanément au premier coup d'archet, si l'on a eu soin de fixer la plaque dans l'un des points d'intersection des courbes que l'on désire provoquer.

Pendant que je construisais ces plaques, j'ai aussi cherché à constater si elles offrent le phénomène observé par M. Terquem sur les verges vibrantes, à savoir qu'il est presque impossible de produire un son donné quand les sons primaires sont entre eux à l'unisson parfait. J'ai donc accordé la plaque (2:3) de telle sorte que le système de trois nodales correspondait à une série de sons successifs qui variait depuis un ton plus grave jusqu'à un ton plus haut que l'unisson, par rapport au son symétrique.

J'ai constaté de cette manière que le son propre de la plaque apparaissait avec le plus de pureté et que la figure se dessinait avec le plus de netteté, quand la différence entre les sons primaires était d'un ton entier. Alors on ne sent plus rien de forcé dans la production du phénomène, le moindre coup d'archet détermine l'apparition des courbes, et la plaque fait entendre un son clair prolongé, intermédiaire entre les sons primaires symétriques.

Wheatstone a cherché à expliquer l'observation de Strehlke, dont les expériences très précises ont montré que les nodales ne se coupent pas, ce qu'elles devraient faire d'après l'explication donnée de leur origine. Il pense que ce désaccord provient des défauts d'homogénéité et de régularité de la plaque, mais je crois qu'il faut conclure de l'expérience précitée, que si on arrivait à l'unisson parfait des sons primaires pour deux systèmes orthogonaux donnés de nodales, la figure théorique n'apparaîtrait pas du tout.

Cette circonstance remarquable, que les deux sons primaires dont la coexistence donne naissance aux figures acoustiques ne sont point à l'unisson parfait entre eux, peut aussi expliquer pourquoi les lignes de ces figures n'ont pas une position rigoureusement déterminée, mais qu'elle varie dans une certaine latitude, sans cependant que la figure éprouve un changement essentiel. Le second tableau montre les transformations successives que la même figure subit suivant qu'on fixe la plaque en tel

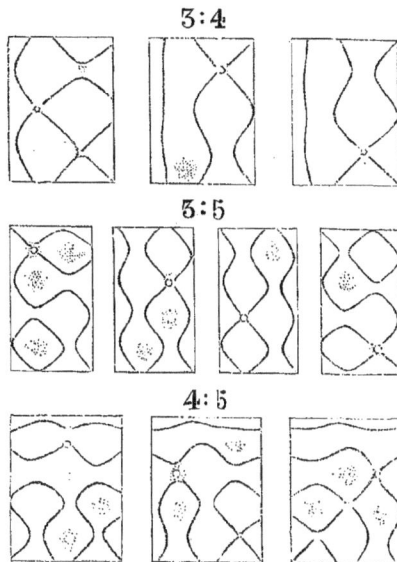

Fig. 18. Transformations successives qu'une même figure subit suivant qu'on fixe la plaque en tel ou tel point d'intersection des nodales.

ou tel point d'intersection des nodales. Ces migrations des nodales n'entraînent aucun changement dans la tonalité du son résultant, lequel est toujours compris entre les deux sons des divisions primaires.

Sur la plaque 2:4, pour laquelle la théorie indique deux figures, j'ai trouvé que le son de la première se rapproche davantage du son primaire du système de quatre nodales, celui de la seconde du son des deux nodales.

Il me semble que ces expériences confirment au plus haut degré la vérité de la théorie de Wheatstone. J'ai seulement une remarque à présenter sur un détail d'exécution. Wheatstone dit que, si un système donné de nodales pouvait prendre successivement toutes les inclinaisons par rapport à un axe donné, il en résulterait, sur une plaque carrée, un nombre indéfini de figures par une série de transformations continues. Mais l'expérience montre le contraire; il paraît donc que ces figures seules sont possibles, qui se composent de vibrations primaires pour lesquelles des maxima de vibrations coïncident avec les angles de la plaque. Ceci n'a rien d'étonnant puisqu'on observe aussi toujours des maxima de vibration aux deux extrémités d'une verge libre. Mais Wheatstone ajoute que la distance entre le coin et la première nodale est la moitié de l'intervalle moyen des nodales, tandis que, sur une verge libre, la distance de la première nodale à l'extrémité n'est point égale à la moitié de l'intervalle moyen des nodales, il est donc probable que les inclinaisons calculées par Wheatstone pour les nodales des plaques carrées devront subir quelques changements, dont l'influence sur les figures résultantes serait d'ailleurs peu sensible.

Remarques sur la communication des vibrations entre différents sons qui existent dans le même corps.

Si les expériences précédentes avec les plaques, et celles de M. Terquem avec les verges, montrent que plusieurs sons à l'unisson dans le même corps s'influencent et s'excitent l'un l'autre exactement comme le font des sons à l'unisson dans différents corps, il est à remarquer que des sons qui sont dans des rapports harmoniques dans le même corps, s'influencent quelquefois d'une autre façon que des sons harmoniques donnés par différents corps. Un son fondamental ne peut exciter dans d'autres corps que des sons qui appartiennent à la série harmonique supérieure, et jamais un de ses harmoniques au grave, tandis que M. Terquem a prouvé que le son grave qu'une longue verge fait souvent entendre quand on la fait vibrer longitudinalement, et qui est généralement connu sous le nom du son rauque, n'est autre qu'un son transversal à l'octave grave du son longitudinal, excité par ce dernier, et qu'il ne se produit jamais dans une verge dans laquelle aucun des sons transversaux n'est à l'octave grave du son longitudinal. J'ai aussi moi-même plus tard pu démontrer que le premier harmonique longitudinal peut également exciter un son transversal à son octave grave, si l'on observe quelques précautions en expérimentant [1]. Il se produit dans ces cas quelque chose d'analogue comme dans l'expérience de M. Melde quand une corde est fixée par un de ses bouts à une branche d'un diapason qui vibre dans le sens de sa longueur : la corde exécute alors aussi des vibrations transversales dont le nombre dans un temps donné est la moitié du nombre de vibrations du diapason.

1. Il faut poser la verge, qui est accordée de façon que le premier harmonique longitudinal se trouve à l'octave aiguë d'un son transversal, sur deux chevalets au quart de sa longueur, la frotter longitudinalement pendant qu'on la tient dans sa position en appuyant sur l'endroit où se forme l'un des deux nœuds du son harmonique longitudinal (qui sont placés alors au-dessus des chevalets), puis abandonner la verge à elle-même quand le son longitudinal est bien sorti. Si on continuait d'appuyer, on étoufferait les vibrations du son transversal, car les lignes nodales qui lui correspondent ne coïncident jamais avec les nœuds de l'harmonique longitudinal.

IV

NOUVEAU STÉTHOSCOPE.

(*Annales de Poggendorff*, 1864.)

Il se compose d'une petite capsule hémisphérique dans laquelle s'enfonce un anneau recouvert de deux membranes en caoutchouc. Une ouverture percée dans l'anneau permet de gonfler, par insufflation, ces deux membranes, de manière à leur donner la forme d'une lentille. La capsule est surmontée à son sommet d'un petit tube destiné à recevoir un tuyau en caoutchouc, qui doit mettre en communication directe avec l'oreille la masse d'air intérieure.

Fig. 19. Stéthoscope représenté en coupe.

La membrane extérieure ainsi gonflée s'applique sur le corps sonore qu'il s'agit d'examiner. Elle se modèle sur la forme de ce corps, en reçoit les vibrations et les communique à la membrane opposée par l'intermédiaire de l'air emprisonné ; la deuxième membrane les communique ensuite au tympan par la masse d'air comprise dans la capsule et le tuyau.

On peut fixer cinq tubes à la capsule sans nuire à la netteté avec laquelle les bruits arrivent à l'oreille, et alors cinq personnes à la fois peuvent étudier les sons dont il s'agit.

Je crois que ce petit appareil sera aussi dans la plupart des cas

préférable aux cornets acoustiques, car tous les sons que l'on produit devant la membrane parviennent à l'oreille avec une force
étonnante; cependant la clarté de la prononciation est toujours
plus ou moins altérée par l'emploi de l'appareil.

Les résultats qu'on obtient avec cet instrument sont encore
plus surprenants, quand on applique la lentille gonflée directement contre la table d'harmonie d'un piano dont on veut entendre les sons. En ce cas, il se présente seulement cette circonstance
fâcheuse, que les sons des cordes qui se trouvent juste au-dessus
de l'endroit de la table d'harmonie où on applique l'instrument,
sont perçus avec une intensité beaucoup plus grande que les autres; mais on peut éviter cet inconvénient en disposant en différents points de la table d'harmonie trois ou quatre instruments
montés sur un même support creux, et c'est de l'intérieur de ce
support que le tube de caoutchouc doit aller à l'oreille. La longueur de ce tube est d'ailleurs indifférente, car, en substituant
des tubes de 4 mètres au petit tube de 70 centimètres, je n'ai pu
reconnaître le moindre affaiblissement dans les sons transmis.

V

EXPÉRIENCES POUR CONSTATER L'INFLUENCE DU MOUVEMENT
DE LA SOURCE DU SON SUR SA HAUTEUR.

(Catalogue illustré de 1865.)

Si la source d'où partent les vibrations d'un son se rapproche
ou s'éloigne de l'oreille, le nombre de vibrations qui arrivent à
l'oreille est augmenté dans le premier cas, et diminué dans l'autre.
Pour s'en convaincre, on met deux diapasons ut_4 et $ut_4 + 4\,v.d.$, montés sur leurs caisses de résonance et donnant exactement quatre
battements par seconde, l'un à côté de l'autre, à quelque distance de
l'oreille ; puis, ayant constaté d'abord qu'ils donnent bien les quatre battements par seconde, on rapproche le plus grave des deux
de l'oreille, d'environ 60 centimètres, tout en continuant de compter les battements. L'oreille reçoit alors de ce diapason une vibration double de plus, pendant le temps employé à le déplacer, et
l'on constate la perte d'un battement dans le même temps. Si c'est
le plus aigu des deux diapasons que l'on rapproche de l'oreille,
on obtient un battement de plus.

Si on tient l'un des diapasons à la main, les yeux fixés sur un
pendule qui bat les secondes, on arrive sans peine à lui donner un
mouvement de va-et-vient, tel qu'on entende toujours alternativement trois et cinq battements par seconde. J'ai enfin fait l'expérience en mettant les deux diapasons à une certaine distance l'un
de l'autre, et en promenant entre eux, soit l'oreille elle-même, soit,
ce qui est de beaucoup préférable, un résonateur ut_4, mis en communication avec l'oreille par un tube en caoutchouc.

Je ferai encore observer qu'on arrive, par le même procédé, à
déterminer approximativement la longueur d'onde d'un son et sa
hauteur.

VI

SUR LES NOTES FIXES CARACTÉRISTIQUES DES DIVERSES
VOYELLES.

(Comptes rendus de l'Académie des sciences, 25 avril 1870.)

D'après les recherches de MM. Donders et Helmholtz, la bouche,
disposée pour l'émission d'une voyelle, a une note de plus forte
résonance qui est fixe pour chaque voyelle, quelle que soit la note
fondamentale sur laquelle on la donne. Un léger changement dans
la prononciation modifie assez sensiblement les notes vocales pour
que M. Helmholtz ait pu proposer aux linguistes de définir par
ces notes les voyelles appartenant aux différents idiomes et dia-
lectes. Il y a donc un grand intérêt à connaître exactement la
hauteur de ces notes pour les différentes voyelles. M. Donders a
tenté d'y arriver par l'observation du frôlement ou sifflement
que produit le courant d'air dans la bouche lorsqu'on donne les
voyelles en chuchotant; les notes qu'il a trouvées diffèrent beaucoup de celles que donne M. Helmholtz. Ce dernier s'est servi
d'une série de diapasons, qu'il faisait vibrer devant la bouche
disposée pour articuler une voyelle. Toutes les fois que le son était
renforcé par l'air enfermé dans la cavité buccale, cette masse
d'air était évidemment à l'unisson du diapason. Par ce procédé,
plus exact que le premier, M. Helmholtz a trouvé que la voyelle A
était caractérisée par la note fixe $(si\flat)_4$, O par $(si\flat)_3$, E par $(si\flat)_5$, et
ces résultats paraissent effectivement incontestables. Comme il ne
disposait pas de diapasons assez aigus pour la voyelle I,
M. Helmholtz a essayé d'en déterminer la note caractéristique par
le moyen déjà employé par M. Donders, et il a trouvé le $ré_6$. Si
l'on accorde un diapason pour cette note, on constate, en effet,
qu'elle est renforcée pendant que la bouche passe de E à I; seulement, j'ai pu m'assurer que le renforcement a lieu avant que la

bouche soit exactement disposée pour l'I. La véritable. caractéristique de l'I devait donc être plus élevée. En construisant des diapasons de plus en plus aigus, je constatai que j'approchais de
cette note ; elle s'est trouvée, en définitive, être le $(si\,{}^b)_6$; avec des
diapasons encore plus élevés, on sent tout de suite que la limite a
été dépassée.

» Pour l'OU, M. Donders avait donné le fa_3. Cette note peut sans
doute être renforcée par la bouche, mais c'est seulement en s'écartant très peu de la position O, et l'on sent que la note de l'OU doit
être beaucoup plus grave. Aussi M. Helmholtz assigne-t-il à l'OU
le fa_2. Toutefois, un diapason fa_2 ne résonne pas devant la bouche
disposée pour l'OU, ce que M. Helmholtz explique par la petitesse
de l'ouverture de la bouche ; mais il m'avait semblé que cette petitesse de l'ouverture, tout en rendant impossible un renforcement
très énergique, devait pourtant encore permettre une augmentation de l'intensité du son assez appréciable. Ayant d'ailleurs constaté les rapports simples qui existent entre les notes des voyelles
O, A, E, I, échelonnées par octaves, j'ai pensé que cette loi s'éten-
drait à la voyelle OU. J'ai vérifié cette hypothèse d'une manière
minutieuse, à l'aide d'un diapason dont je pouvais faire varier la
hauteur par des curseurs ; j'ai pu ainsi m'assurer que la note
caractéristique de l'OU (tel que je le prononce ordinairement) était
réellement le $(si\,{}^b)_2$, car le maximum de résonance avait toujours
lieu entre 440 et 460 vibrations simples.

Pour la prononciation des Allemands du Nord (à laquelle se
rapportent aussi les expériences de M. Helmholtz), les voyelles
sont donc caractérisées comme il suit :

OU	O	A	E	I
$(si\,{}^b)_2$	$(si\,{}^b)_3$	$(si\,{}^b)_4$	$(si\,{}^b)_5$	$(si\,{}^b)_6$

soit, en nombres ronds de vibrations simples, 450, 900, 1800, 3600,
7200.

Il me paraît plus que probable qu'il faut chercher dans la
simplicité de ces rapports la cause physiologique qui fait que nous
retrouvons toujours à peu près les mêmes cinq voyelles dans les
différentes langues, quoique la voix humaine en puisse produire
un nombre indéfini, comme les rapports simples entre les nombres de vibrations expliquent l'existence des mêmes intervalles
musicaux chez la plupart des peuples.

Comme les nombres indiqués ici ne se rattachent pas à des nombres de vibration usités, je les ai remplacés plus tard par les nombres suivants qui s'en éloignent très peu, et qui peuvent être considérés comme tout aussi exacts :

$$448, 896, 1792, 3584, 7168 \text{ v. s.}$$

Ces nombres représentent l'harmonique 7 des notes ut_{-1}, ut_1, ut_2, ut_3, ut_4. (Voyez p. 64.)

Touchant la note caractéristique de la voyelle OU, M. Helmholtz dit (*Théorie physiol.*, 4ᵉ éd., p.179) : « Le caractère grave attribué par moi à la voyelle OU ayant été révoqué en doute, j'ajouterai que, si j'applique à l'oreille un résonateur accordé pour la note fa_3 et que, chantant un fa_2 ou un si^b_1 comme son fondamental, je cherche la voyelle voisine d'un OU qui donne la plus forte résonance, le résultat ne répond pas à un OU sourd, mais à un OU qui se rapproche d'un O. » Cette expérience prouve simplement que la note que M. Donders assigne à l'OU, à savoir le fa_3, est trop élevée, mais elle ne prouve pas que le fa_2 de M. Helmholtz ne soit pas trop grave.

Ayant répété ces expériences avec des résonateurs accordés pour le fa_2 et pour la note que j'ai indiquée moi-même (448 v. s., note voisine du $la\sharp_2$), j'ai trouvé, en chantant l'octave grave et la douzième de ces notes, qu'indépendamment des voyelles choisies, elles existaient toujours dans le timbre même de la voix, et provoquaient dans le résonateur une résonance tellement forte qu'il était difficile de constater d'une manière certaine une variation de leur intensité correspondant aux différentes voyelles de la voix. Les deux résonateurs m'ont été au contraire fort utiles pour observer l'énergie de la résonance dans la cavité buccale pendant que divers diapasons étaient approchés de la bouche disposée pour la voyelle OU. En appliquant à l'oreille le résonateur fa_2 pendant que je chuchotais devant le diapason les diverses voyelles, ou que je me contentais de disposer la bouche pour l'émission de ces voyelles, la voyelle OU ne paraissait presque pas renforcée ; mais quand j'arrivais au diapason 448, le résonateur correspondant étant appliqué à l'oreille, ce dernier résonnait fortement si la bouche était disposée pour l'OU.

Dans ces expériences, il ne faut pas faire vibrer les diapasons trop fortement, afin que leurs sons n'agissent pas sur les résonateurs directement par l'air, sans être renforcés par la cavité buccale.

Cette méthode qui consiste à introduire un résonateur dans l'oreille pendant qu'on fait vibrer le diapason devant la bouche, se recommande aussi pour la détermination des sons propres très graves de la bouche qui correspondent aux voyelles E et I. Pour l'I, la résonance du fa_2 reste, à la vérité, douteuse même avec cette méthode ; mais le fa_3 résonne alors distinctement en chuchotant l'E, pourvu qu'on observe la précaution indiquée par M. Helmholtz, d'approcher le diapason aussi près que possible de l'ouverture de la cavité située derrière les dents supérieures.

Si, au lieu de se servir de diapasons pour la recherche des notes caractéristiques des voyelles dans la cavité buccale, on veut les mettre en évidence en les faisant résonner directement, le courant d'air que l'on chasse, sous une assez forte pression, par la fente de l'embouchure universelle, doit passer sur l'ouverture de la bouche, pendant qu'on la dispose tour à tour pour les diverses voyelles, et ces dernières s'entendent alors exactement comme si elles étaient chuchotées. En soufflant d'en bas contre la rangée de dents supérieure, on peut même faire résonner la masse d'air de la bouche aussi fortement qu'un tuyau d'orgue ; on y réussit facilement pour les voyelles O et A ; seulement, pour obtenir les sons exacts qui répondent au timbre de ces voyelles, il faut un peu corriger avec la langue, à cause de la masse d'air située entre les dents et les lèvres, qui ne peut plus, dans ce cas, agir comme lorsque le courant d'air passe sur les lèvres ; il est aussi à supposer que le son de la cavité buccale s'élève un peu sous l'action d'un fort courant d'air, comme cela arrive pour les tuyaux d'orgue.

Je n'ai jamais pu, par ce procédé, mettre en évidence les sons propres graves des voyelles Æ, E, I, même lorsque je parvenais à en faire résonner fortement les notes propres élevées, au moyen d'un puissant courant d'air dirigé contre les dents supérieures. Il est donc probable que ces notes graves ne jouent, par rapport aux notes plus élevées, qu'un rôle secondaire comme caractéristiques des voyelles en question. L'absence des notes graves dans cette expérience est d'autant plus singulière qu'en soufflant dans un petit tuyau en communication avec une cavité on obtient toujours aisément à la fois les deux sons propres, celui du tuyau et celui du système entier, comme j'ai pu m'en assurer par un grand nombre d'expériences.

En effet, voulant étudier de plus près les vibrations des masses d'air confinées dans une cavité dont les trois dimensions diffèrent

peu entre elles et dans un tuyau, j'ai fait des expériences avec une
série de 15 résonateurs sphériques, dont les diamètres variaient
de 13 à 3 centimètres, mais qui avaient tous le même orifice,
de sorte qu'un petit tube qui s'adaptait à cet orifice pouvait être
introduit dans tous ces globes. En ajoutant un tube d'un calibre
de 9 millimètres et de 41 millimètres et demi de longueur, accordé
pour le son de 7168 v. s., le résonateur le plus grave (fa_1) était
baissé d'une quinte, à peu près jusqu'au $la\,b_{-1}$; pour les résonateurs suivants, l'abaissement produit par l'addition du tube était
de plus en plus sensible, et le dernier ($ré_3$), dont le diamètre n'était
que de 30 millimètres, était baissé d'une dixième, sa note descendant jusqu'au $si\,b_3$. Au contraire, le son propre du tuyau restait le
même avec tous les résonateurs graves, et ce n'est qu'avec ceux
dont le diamètre n'était plus que de quelque 30 millimètres, qu'on
pouvait constater un faible abaissement de sa note propre, qui
pouvait aller à un demi-ton avec le plus petit ($ré_3$).

Une autre série d'expériences, entreprise avec un tube additionnel de 67 millimètres de longueur et d'un calibre de 11 millimètres
($ré_6$), a donné des résultats analogues; seulement, à cause de sa
longueur plus grande, ce tube a produit un abaissement plus sensible des notes des résonateurs, dont le plus grave a été baissé à
peu près d'une sixte, et le plus aigu de près d'une douzième
(depuis le $ré_3$ jusqu'au $sol\#_3$). Ici encore, l'altération de la note du
tube ne s'est fait sentir qu'avec les résonateurs les plus petits, où
elle a atteint un demi-ton.

VII

LES FLAMMES MANOMÉTRIQUES.

(Annales de Poggendorff, 1872.)

Au commencement de l'année 1862, j'avais imaginé une méthode nouvelle d'observation ayant pour but de rendre sensibles
à l'œil les ondes sonores, en d'autres termes, les variations de
densité de l'air quand il est traversé d'ondes engendrées par les
vibrations d'un autre corps ou quand il vibre lui-même, comme
d'autres méthodes employées en acoustique jusque-là permettaient
d'étudier les vibrations des corps d'où naissent les ondes sonores.
Le premier appareil basé sur cette méthode figurait déjà à l'exposition de Londres en 1862; depuis j'ai construit sur le même
principe toute une série d'appareils dont la description se trouve
pour les uns, d'abord dans les *Annales de Poggendorff* (t. CXXII,
pages 242 et 660 ; 1864), pour d'autres, en abrégé, dans mon Catalogue de 1865. Dans les pages suivantes je décrirai tous ces appareils comme les nouveaux qui ont été construits depuis la publication du catalogue de 1865, ainsi que les expériences auxquelles ils donnent lieu.

La petite disposition sur l'emploi de laquelle repose essentiellement ma méthode, et que j'appelle « capsule manométrique »,
consiste en une cavité pratiquée dans une planchette de bois et
fermée par une mince membrane; deux tubes s'y engagent, dont
l'un peut amener du gaz d'éclairage, et l'autre, terminé par un
bec, donne issue à ce gaz et permet de l'allumer. Maintenant supposons que l'air se condense ou se dilate brusquement devant la
membrane; dans le premier cas, la membrane chassée vers l'intérieur de la capsule comprime le gaz qui s'y trouve, et par suite
la flamme s'allonge ; dans le second, la membrane est tirée au

dehors, la cavité s'agrandit, et par suite de la raréfaction du gaz, la flamme aspirée devra se raccourcir. On sait que, comme tous les corps élastiques, une membrane ne possède qu'une série déterminée de sons propres, et l'on pourrait croire d'après cela que la capsule manométrique ne donnerait de résultats que lorsque le son qui agit sur elle est à l'unisson d'une des notes propres de la membrane; il n'en est rien, car outre les vibrations qu'un corps exécute en vertu de son élasticité, on peut évidemment lui imprimer n'importe quel mouvement, pourvu que la force employée l'emporte de beaucoup sur la résistance dont il est capable. Prenons, par exemple, une corde mince, longue, accordée pour un son fondamental de 100 vibrations et mettons-la par son milieu en communication avec la branche d'un diapason massif et épais, de 110 vibrations par seconde; aussitôt que ce dernier vibrera, la corde sera naturellement obligée d'aller et de venir 110 fois par seconde, bien que par elle-même elle ne puisse exécuter que 100 oscillations, ou bien 200, 300, etc. Dans ce cas elle ne vibre donc pas, à proprement dire; elle est seulement tour à tour poussée et tirée d'une façon purement mécanique. C'est précisément ce qui a lieu pour la capsule manométrique, qui est construite de façon que sa résistance aux condensations et dilatations alternatives de l'air puisse être considérée comme insignifiante. Une seule et même capsule est donc en réalité également impressionnable à tous les sons possibles, et des capsules dont les membranes ne sont pas concordantes donnent sous l'influence du même son les mêmes résultats.

Si plusieurs capsules sont alimentées par le même réservoir et qu'on en fasse marcher une, les flammes des autres se mettent aussi en mouvement. Lorsque, par exemple, la membrane est chassée vers l'intérieur de la capsule, le gaz comprimé ne fait pas seulement monter la flamme correspondante, mais, cette pression se propageant aussi par les tubes de conduite jusque dans le réservoir commun, et de là arrivant aux autres capsules, allonge aussi les flammes de celles-ci, bien que d'une quantité moindre. De même un mouvement imprimé à la membrane en sens contraire produit des effets opposés. Quand on emploie plusieurs capsules en même temps, il faut donc avant tout se mettre à l'abri de cette influence réciproque. Dans une première tentative faite pour la neutraliser, je plaçai, entre le réservoir et les capsules, des tubes en caoutchouc longs et minces, mais le résultat fut encore insuffisant. Enfin, j'eus recours à un autre moyen qui me réussit complètement. Avant de conduire le gaz du réservoir commun dans les capsules manométriques, je le fis passer par des capsules isolantes, pareilles aux autres, et consistant comme elles en une cavité fermée par une membrane très mince. La pression exercée sur le gaz qui se trouve dans la capsule manométrique se transmet alors par le tube de conduite jusqu'au réservoir, et elle vient s'amortir sur la membrane isolante qui cède au choc. L'expérience démontre que lorsque plusieurs capsules sont isolées de cette façon, on peut imprimer à l'une d'elles un mouvement aussi énergique qu'on voudra sans que les autres s'en ressentent le moins du monde.

I

État de l'air aux nœuds et aux ventres d'une colonne d'air sonore.

Pour faire voir d'abord que la densité de l'air change alternativement aux nœuds et reste invariable aux ventres d'une colonne d'air sonore, je me sers d'un tuyau d'orgue ouvert (fig. 20) construit de manière qu'il rende à volonté, soit le son fondamental qui lui est propre, soit le premier harmonique, c'est-à-dire l'octave.

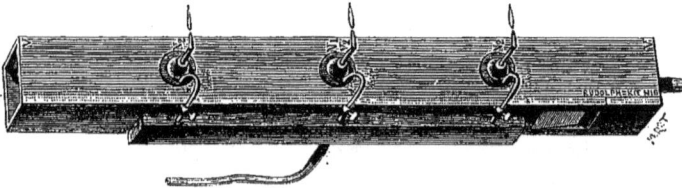

Fig. 20. Tuyau d'orgue ouvert à trois flammes manométriques.

Au nœud du son fondamental et aux deux nœuds de l'octave sont pratiqués sur une face du tuyau trois trous recouverts chacun d'une capsule manométrique telle que la membrane, de même diamètre que l'ouverture, la ferme exactement. Les trois flammes que l'on règle au moyen d'un robinet, sont alimentées par un réservoir commun, muni de capsules isolantes.

Si, après avoir donné aux trois flammes une hauteur de 15 à

20 centimètres, on donne l'octave, les deux flammes extrêmes sont
si violemment agitées qu'elles s'allongent, s'amincissent et deviennent bleues, en cessant d'être lumineuses à cause de la quantité
d'air qu'elles entraînent dans leur mouvement de va-et-vient;
quant à celle du milieu, elle reste presque immobile, vu qu'elle
se trouve à un ventre, où l'air glisse simplement devant elle
dans un mouvement de va-et-vient. Quand le tuyau rend le son
fondamental, la flamme du milieu, étant située au nœud, est vivement agitée, tandis que les deux autres qui se trouvent entre
ce nœud et les ventres placés aux deux extrémités du tuyau ne
sont que très faiblement agitées; comme il ne s'agit alors que de
reconnaître une différence d'intensité dans le mouvement comparé
des flammes, il est bon de n'expérimenter que sur de petites
flammes; celle du milieu est alors toute bleue, tandis que les
deux autres restent encore jaunes à leur sommet. Avec une longueur de flammes égale à 8 ou 10 millimètres, le son fondamental
éteint la flamme du milieu, tandis que l'octave éteint les flammes
voisines.

Ces expériences réussissent aussi avec un tuyau d'orgue fermé
qui rend le son fondamental et le premier harmonique. Il faut
alors que l'une des flammes soit à l'extrémité du tuyau, au point
où se trouvent à la fois et le nœud du son fondamental et un des
nœuds de l'harmonique. Pour une petite longueur des flammes,
c'est d'abord la flamme extrême qui s'éteint lorsqu'on donne le
son fondamental, puis celle du milieu comme étant plus près
du nœud que du ventre qui se forme à l'embouchure du tuyau
d'orgue. Si l'on fait rendre le premier harmonique, la douzième
du son fondamental, c'est la flamme du milieu qui reste invariable, tandis qu'on voit s'éteindre les deux autres.

II

Moyen de comparer et de combiner plusieurs sons.

Nous n'avons montré jusqu'ici que les effets d'ensemble de
séries entières de vibrations successives; mais, si l'on fait tomber
l'image de ces flammes sur un miroir tournant, ce miroir dessine
à la fois toutes les phases de leurs mouvements, et on peut non
seulement constater le nombre absolu des oscillations de diffé-

rents sons et leurs rapports, mais encore observer les images produites par la combinaison de plusieurs sons.

L'appareil qui sert à ces recherches consiste en une série de tuyaux d'orgue dont chacun est muni au nœud du son fondamental d'une capsule manométrique, que l'on peut mettre en communication au moyen de tubes de caoutchouc avec des becs

Fig. 21. Appareil pour la comparaison et la composition des vibrations de deux colonnes d'air sonores, par la méthode des flammes manométriques.

portés par un support. Ces becs sont placés vis-à-vis d'un miroir tournant, composé de quatre glaces argentées. Un petit sommier destiné à recevoir deux tuyaux d'orgue porte deux tubes dont le plus gros reçoit l'air envoyé par une soufflerie, et le plus mince conduit le gaz dans un réservoir muni de deux robinets reliés aux capsules des tuyaux d'orgue par des tubes de caoutchouc.

Quand la flamme est tranquille, son image apparaît dans le

miroir tournant sous la forme d'une bande lumineuse aussi large
que la flamme est haute; si maintenant on fait parler le tuyau
d'orgue qui est en rapport avec cette flamme, cette bande est
remplacée par une série d'images qui se suivent dans un ordre
régulier et dont les sommets s'infléchissent dans un sens opposé
à celui de la rotation du miroir. Si maintenant on dispose deux
becs de façon à ce qu'ils donnent dans le miroir deux bandes parallèles placées l'une sous l'autre, et qu'on les mette en rapport
avec deux tuyaux d'orgue dont l'un est à l'octave de l'autre, on
remarque que la bande correspondant à la note la plus élevée se
compose de deux fois plus d'images que l'autre, ce qui démontre
que le rapport des vibrations des deux sons est de 1 : 2 (fig. 22).
Fait-on parler des tuyaux d'orgue dont les intervalles sont la quinte

Fig. 22. Comparaison des vibrations de deux tuyaux d'orgue par les flammes manométriques.

et la quarte, on obtient respectivement des nombres de flammes
qui sont dans le rapport de 2 : 3 pour la quinte, de 3 : 4 pour la
quarte, etc. etc. La grande rapidité avec laquelle les flammes
exécutent leurs mouvements donne à leurs images une netteté
extraordinaire; mais, en raison de leur faible durée, il serait
difficile de distinguer par ce procédé de légères altérations des
intervalles justes, car autant il est aisé de reconnaître que l'une
des séries compte toujours environ deux fois plus d'images que
l'autre, autant il serait difficile de constater que environ 200 de
l'une correspondent à 101 de l'autre. On y arrive cependant de la
manière la plus exacte et la plus satisfaisante en mettant les
deux capsules des deux tuyaux d'orgue en relation avec une seule
et même flamme.

Si l'on fait parler deux tuyaux d'orgue qui sont rigoureusement à l'octave l'un de l'autre pendant que le courant de gaz se rend des deux capsules dans le même bec, l'image ressemble exactement à une flamme qui en envelopperait une autre plus petite et immobile. Pour peu que l'intervalle s'écarte de l'octave, la petite flamme entre en vibration, on la voit s'élever et s'abaisser périodiquement dans la plus grande, chacun de ces mouvements doubles, résultant d'un allongement et d'un raccourcissement alternatifs, indique un battement, c'est-à-dire un écart d'une vibration double pour l'octave aiguë, ou d'une vibration simple pour l'octave grave.

La quinte (2 : 3) donne trois languettes étagées l'une au-dessus de l'autre; la quarte (3 : 4) en donne quatre; on en trouve cinq pour la tierce (4 : 5); quand l'intervalle reste parfaitement juste, la situation relative de ces images ne change pas, mais la moindre altération de l'intervalle fait monter ou descendre alternativement chaque sommet, ce qui produit l'aspect d'un mouvement de vagues. On peut aisément, pour tous ces intervalles, régler la hauteur de la flamme de façon que tous les sommets isolés paraissent très brillants, très nettement définis, et séparés par des espaces bleus non lumineux.

Cependant, lorsque les intervalles se compliquent, il devient souvent difficile de les étudier tous; dans ce cas, l'état de la flamme permettra au moins de juger de la pureté de l'intervalle : est-elle en repos, l'intervalle est juste; il est altéré si la flamme est en mouvement.

Cette propriété des flammes manométriques d'accuser dans un intervalle le moindre désaccord, fait qu'on peut les employer avec succès dans beaucoup de cas pour accorder, puisqu'il n'est nullement indispensable que les deux sons qu'il s'agit d'amener à un intervalle donné soient produits par des tuyaux d'orgue à capsules manométriques. Il suffit que les sons émanés de n'importe quelle source sonore soient rendus en face de résonateurs appropriés influençant deux capsules manométriques dont les tuyaux aboutissent à un même bec; l'intervalle le plus commode à observer étant 1 : 2, la meilleure manière d'accorder une série de diapasons pour la même note est de prendre le diapason étalon à l'octave grave ou aiguë.

Pour observer complètement les phénomènes de vibration sur ces flammes soumises à l'influence simultanée de deux sons, il faut encore employer le miroir tournant. L'octave parfaite donne lieu à une série d'images telle qu'une plus petite en suit toujours une plus grande, les plus petites étant toutes égales entre elles et les grandes aussi (fig. 23). S'il y a des battements, on voit s'élever et s'abaisser périodiquement les sommets des petites flammes

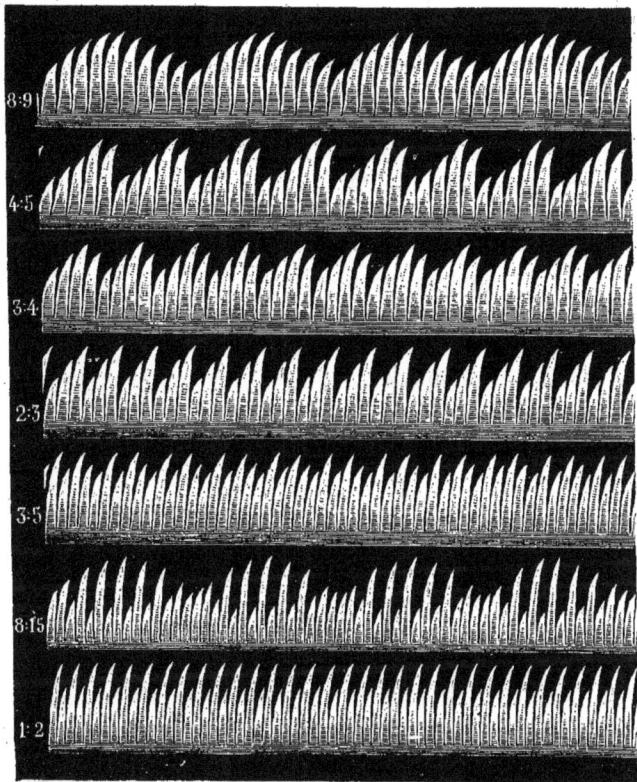

Fig. 23. Composition des vibrations de deux tuyaux d'orgue par les flammes manométriques.

ainsi que des grandes, seulement les mouvements sont renversés; à la même place où la hauteur des grandes flammes est la plus grande, on a les minima des petites, et réciproquement.

Dans le tableau (fig. 23) l'image de la septième (8 : 15 ou bien 8 : 16 — 1) montre ce phénomène, avec une période très courte à la vérité. La quinte (2 : 3) offre une période de trois, la quarte (3 : 4) une période de quatre, la tierce (4 : 5) une de cinq, et la seconde (8 : 9) une de neuf languettes, avec un seul maximum et un seul minimum par période. Quand l'intervalle ne rentre pas dans la formule (N : N + 1), la période complète offre non pas seulement un maximum et un minimum, mais la courbe des sommets présente un nombre de creux et de saillies égal à la différence des deux termes de l'intervalle. L'image de la sixte (3 : 5) (fig. 23) en montre un exemple.

Plus l'intervalle de deux sons est compliqué, plus on doit s'appliquer à le produire rigoureusement, résultat qui a lieu lorsque la flamme vue directement paraît immobile; autrement, en raison du changement dans la différence de phase, la période s'altère sans cesse à mesure qu'elle se reproduit, et on a peine à la bien distinguer. Cette condition de l'accord préalable devient plus nécessaire encore, quand on combine plus de deux sons en les faisant agir sur la même flamme. On constate d'ailleurs par ces expériences la difficulté qu'il y a à faire rendre à des tuyaux d'orgue des sons mathématiquement constants, même avec une soufflerie munie d'un bon régulateur.

III

Coexistence de deux sons dans la même colonne d'air.

L'étude des images obtenues par la combinaison de notes connues d'avance est surtout utile en ce qu'elle apprend à reconnaître dans un mélange de sons de composition inconnue, par les images qu'il donne, les sons qui le composent. Comme transition naturelle à cette analyse d'un mélange de sons, tel que nous le présente par exemple un timbre quelconque, étudions la combinaison, dans une même colonne d'air, d'un son fondamental avec un harmonique supérieur connu.

Le tuyau d'orgue fermé agissant sur deux flammes, cité plus haut, et à l'extrémité duquel se trouvent à la fois le nœud du son fondamental et celui du premier harmonique, convient très bien à cette expérience. Si l'on ne donne d'abord, en soufflant faiblement, que le son fondamental (1), l'image de ses vibrations se dessine dans le miroir; chacune de ces images est remplacée par trois languettes dès qu'on produit l'harmonique (3) en forçant le courant. Pour un courant d'air un peu moins fort, les deux sons (1 : 3) se forment en même temps, et chaque flamme correspondant à une vibration du son fondamental est toujours surmontée de trois dentelures (fig. 24). Ainsi plusieurs sons coexistant dans la même colonne d'air donnent la même image que la combinaison de ces mêmes sons, dont chacun serait rendu par un tuyau à part.

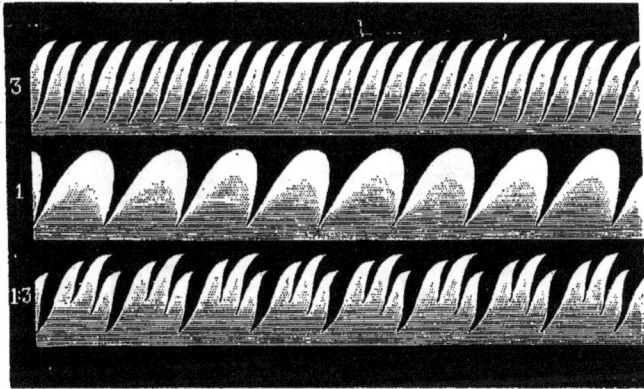

Fig. 24. Composition des vibrations de deux sons dans la même colonne d'air par les flammes manométriques.

IV

Représentation des divers timbres.

L'appareil dont on se sert à cet effet consiste simplement en une capsule manométrique disposée de telle sorte que, devant sa membrane, se trouve une petite cavité où vient s'engager un bout de tube (fig. 25). Les sons qu'on veut représenter, doivent y arriver en conservant autant que possible leur intensité première et sans avoir subi en route la moindre altération.

Les images du timbre de tous les sons du même instrument ne sont jamais identiques; chaque vibration des sons graves donne lieu à des groupes de flammes bien plus considérables et plus

compliqués que ceux des sons aigus ; car les harmoniques supérieurs dont la présence se reconnaît encore dans le timbre des
sons graves de l'instrument, disparaissent à mesure qu'on élève
le son fondamental. En effet, plus une note est élevée, plus les
dimensions du corps sont relativement faibles ; or si ces dimensions deviennent très petites , les vibrations se simplifient en
même temps, surtout parce que les corps de faibles dimensions
perdent la propriété de se subdiviser en parties aliquotes quand
ils vibrent, propriété qui est une cause principale, sinon exclusive,
de la résonance multiple.

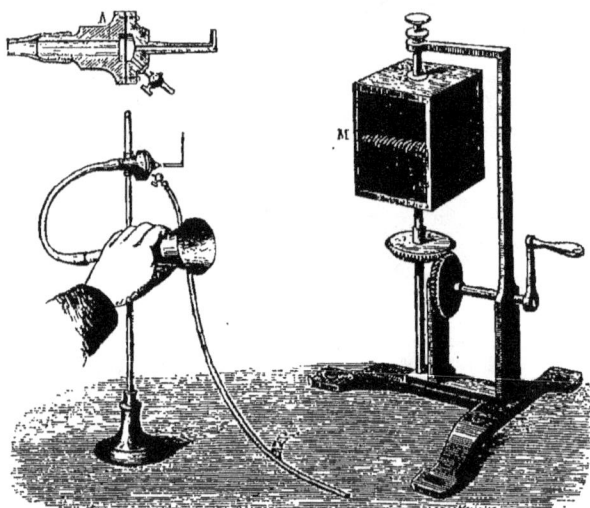

Fig. 25 Appareil pour la production des images des voyelles.

Une autre raison, qui s'applique notamment au cas où le son
est produit, non par les vibrations d'un corps élastique, mais par
les chocs de l'air, comme dans la sirène ou les tuyaux à anche,
c'est que les notes harmoniques supérieures qui font partie du
timbre d'un son grave, tombent, si la note fondamentale monte,
dans une région si élevée de l'échelle musicale qu'elles ne peuvent plus impressionner, ni l'oreille, ni les membranes artificielles.
Par exemple le son le plus grave du violon est le *sol*$_2$ (384 vibrations) ; son huitième harmonique, le *sol*$_5$, de 3072 vibrations, reste
donc encore dans la portée de l'instrument et correspondrait, sur
la corde *sol*, à une longueur de 4 centimètres, sur la corde *mi* à

une longueur de 13 et demi environ. Qu'on prenne maintenant le sol_3 lui-même comme son fondamental, la longueur de corde correspondant à son huitième harmonique ne devrait plus être sur la corde mi que de 17 millimètres, et ce son, qui atteindrait 24576 vibrations simples, dépasserait alors de deux octaves le son le plus élevé employé dans la pratique, ce qui explique pourquoi on ne peut pas le découvrir dans le timbre du sol_3. Du reste, à cause de la hauteur des sons, je n'ai réussi que fort imparfaitement à figurer le timbre du violon, à l'exception des notes allant de sol_2 à ut_3 sur la corde sol, je n'ai obtenu pour toutes les autres que les vibrations du son fondamental. Afin de faire arriver les sons à la membrane avec le plus d'intensité possible, ou bien je mettais en communication la masse d'air de l'intérieur du violon avec le petit appareil à flammes par l'intermédiaire d'un tube de caoutchouc engagé dans l'une des fentes en f; ou bien j'avais recours à mon stéthoscope, en appliquant la membrane convexe sur le fond du violon, à l'endroit de l'âme, et en reliant le tube à l'appareil à flammes. Dans ce dernier cas, le sol_2, rendu par la corde sol, présentait l'image de l'octave sous la forme de flammes faibles et ondulées, qui jusqu'à si_2 se changeaient en d'autres très nettes et profondément découpées, puis vers ut_3 elles se confondaient brusquement en une seule ligne large, courte et diffuse, où l'on ne retrouvait une faible trace de l'octave qu'à la condition de donner de très vigoureux coups d'archet. Sur la corde $ré$, je n'obtenais déjà plus qu'une suite de flammes simples aux contours arrondis et ondulés, pour les notes $ré_3$, mi_3, fa_3, sol_3, mais de faibles elles redevenaient plus marquées pour la_3. Sur la corde la, le la_3 donnait des flammes très hautes à dentelures profondes, le si_3 des flammes plus intenses encore, mais vers ut_4 elles tombaient encore brusquement et devenaient très faibles. Sur la corde mi, en arrivant à sol_4 et la_4, je voyais disparaître la dernière trace des dentelures que les dernières notes aiguës produisaient encore. Lorsqu'on fait communiquer l'air de la caisse avec l'appareil, l'image de l'octave, diffuse pour sol_2, se transforme vers si_2 en une flamme simple et nettement tracée, puis pour ut_3 elle atteint une hauteur telle, qu'on la dirait produite par les vibrations d'un tuyau muni en son nœud d'une capsule manométrique. Pour $ré_3$, l'image présente encore une série de flammes hautes et bien nettes, mais qui disparaissent au mi_3, pour faire place jusqu'au la_3 à des lignes à ondulations arrondies. Cette apparition subite de flammes très hautes dans le voisinage de ut_5 s'explique par cette circonstance que le son propre le plus grave de la masse d'air de la caisse du violon est précisément l'ut_3. Les notes plus élevées m'ont fourni les mêmes résultats qu'avec le stéthoscope, c'est-à-dire que la_3 et si_3 accusaient des vibrations bien plus intenses que mi_3, fa_3, sol_3, et que les notes plus aiguës ut_4, $ré_4$, mi_4, etc., de sorte que le deuxième son propre de la masse d'air du violon, ou plutôt du système entier qu'il constitue, semble tomber dans la région voisine de la_3 et si_3.

En ce qui concerne le timbre, nous n'avons pu, dans ce cas, que rendre sensible à l'œil le passage de la figure optique de l'octave dans celle du son simple, mais la disparition successive des harmoniques supérieurs d'un timbre musical, quand on élève de plus en plus la note fondamentale, peut se démontrer beaucoup mieux à l'aide de la sirène. A cet effet, je reçois le courant d'air au-dessus du disque mobile dans une rainure circulaire qui s'élargit en un petit tube et recouvre exactement une partie des trous, puis je fais réagir ce courant sur la flamme, tandis qu'en forçant la pression, je fais croître la vitesse de rotation du disque de son minimum à son maximum. On voit alors les sons les plus graves produire dans le miroir des groupes de flammes nombreuses, mais diffuses, qui, vers le milieu de la gamme d'ut_1 se dessinent plus vigoureusement et figurent de longues ondulations dentelées, à 5 sommets d'abord, puis vers ut_2 et $ré_2$, à 4 seulement. Ce nombre n'est plus que de 3 vers sol_2 et la_2; s'abaisse à 2 pour ut_3 et $ré_3$; et enfin, au la_3, toute trace de l'octave disparaît du timbre; ensuite, les notes les plus élevées ne donnent plus que des images simples.

Les résultats changent très notablement lorsqu'on fixe une caisse de résonance au-dessus du disque percé de trous. Le son propre à cette caisse renforce d'abord les harmoniques supérieurs du timbre, puis les graves et, enfin, le son fondamental lui-même; et, par suite, les groupes de flammes, au lieu de se simplifier successivement et avec une régularité parfaite à mesure que le ton s'élève, montrent des changements de forme qui apparaissent assez brusquement pour s'évanouir de même. Ainsi, le timbre d'une sirène dont le disque était surmonté d'une caisse de résonance ayant le son propre ut_4, après avoir, pour une vitesse de rotation assez faible, donné lieu d'abord à quelques images complexes, mais diffuses, produisit nettement, une fois arrivé au

son propre ut_2 une grande flamme correspondant au son fondamental et ayant quatre dentelures dues à la coïncidence du quatrième son partiel avec le son propre de la caisse. En faisant
tourner le disque encore plus vite, on voyait cette image se ré-
duire successivement jusqu'au fa_2 à une flamme très simple, ce
qui accusait nécessairement l'absence du son partiel 3 dans le
son de cette sirène. A peine avait-on dépassé le fa_2, qu'il appa-

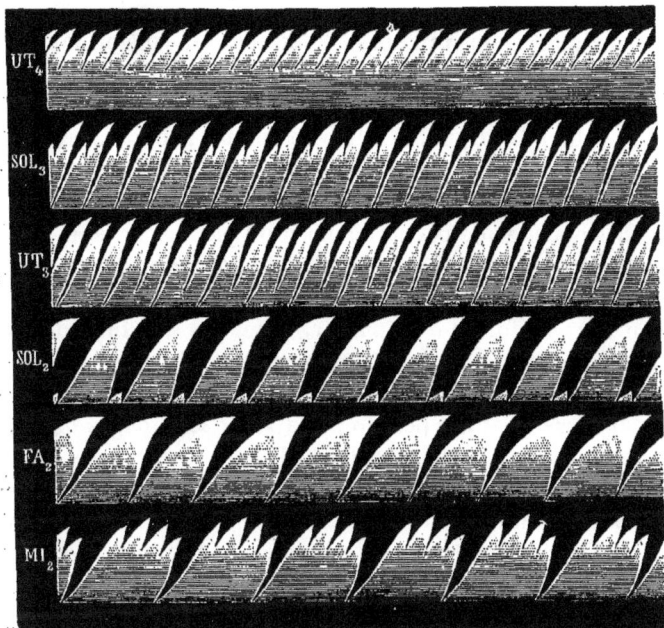

Fig. 26. Sons de sirène de différente hauteur, passant par la même boîte de résonance, représentés
par des flammes manométriques.

raissait un groupe composé d'une flamme très petite, mais d'une
netteté parfaite, située entre deux grandes; cette petite, grandis-
sant toujours, finissait vers ut_3 par atteindre la hauteur des
autres : nouvelle preuve que la caisse de résonance était à l'u-
nisson du deuxième harmonique du timbre de la sirène.

Au-dessus de ut_3, la flamme la plus petite s'approchait de plus
en plus de la plus grande et finissait par disparaître dans celle-ci

vers la_5. Les notes plus aiguës ne montraient plus alors que des successions de flammes simples.

Pour faire agir très fortement le son sur la capsule, j'avais adapté un tube sur la boîte de résonance, et j'en avais mis l'intérieur en communication directe avec l'appareil à flammes.

Ces expériences où les impulsions de la sirène ne peuvent se répandre dans l'atmosphère qu'après avoir traversé un résonateur qui reste invariable pour toutes les notes fondamentales du timbre, représentent exactement ce qui se passe dans la formation des voyelles ; on sait en effet que la masse d'air renfermée dans la cavité buccale résonne toujours à l'unisson d'une même note quand on parle ou qu'on chante la même voyelle sur différentes notes, et qu'ainsi la bouche doit réagir sur les ondes sonores qui ont pris naissance dans le larynx, exactement comme la boîte de résonance réagit sur les impulsions de l'air qui s'échappe de la sirène. Toutefois la série des images dues à une même voyelle chantée sur toutes les notes de deux octaves ne subit pas les brusques transformations auxquelles on pourrait s'attendre à *priori*.

Pour produire les images des voyelles, je les chante dans une embouchure en forme d'entonnoir, reliée par un tube de caoutchouc à l'espace vide qui se trouve en avant de la membrane, et le son arrive ainsi très intense jusqu'à la capsule (fig. 25).

J'avais dessiné et fait peindre, dès 1867, les images que j'avais obtenues en chantant les voyelles OU, O, A, E, I, sur les notes des deux gammes de ut_1 à ut_3. Voici comment j'opérais : pour m'assurer qu'en passant d'un ton à un autre je n'altérais pas la voyelle, je commençais par vérifier avec un diapason le son propre de la cavité buccale ; un peintre dessinait la figure des flammes pendant que je chantais dans l'appareil. Je la dessinais de mon côté, et, si nos deux épreuves correspondaient, je les tenais pour bonnes à servir de modèles, sinon je recommençais l'expérience jusqu'à réussite complète. Aucune des reproductions n'a été discutée ou corrigée après coup, car je m'attachais avant tout à ne dessiner d'abord que des images de la plus scrupuleuse exactitude.

Malheureusement les cinq tableaux peints qui représentaient les images ne purent, faute d'être prêts, figurer à l'Exposition universelle ; cependant je les ai présentés au Congrès des savants, qui eut lieu à Dresde en 1868, et des spécimens isolés ont été insérés dans plusieurs traités de physique depuis 1867. Si j'en ai retardé jusqu'à ce moment la publication complète, c'était pour

les soumettre à une revision sévère ; mais l'état de mon larynx,
qui m'interdit désormais de pareilles fatigues, m'en a encore em-
pêché. Aujourd'hui, ne pouvant guère espérer d'amélioration, j'ai
vérifié l'exactitude des images comme je le pouvais, et si les dessins que je publie ne sont pas la perfection même, du moins c'est
ce que j'ai pu faire de mieux. Il est beaucoup plus difficile qu'on
ne pourrait le croire, de dessiner ces groupes, surtout ceux de
grande dimension pour les sons graves ; cela tient tant à l'instabilité de l'image qu'à la position relative des dentelures qui, au lieu
de se suivre se trouvent souvent en partie les unes sous les autres,
comme s'il y avait là des groupes différents se pénétrant ou par-
tiellement superposés. Or, ces flammes, qui se projettent en quelque sorte sur un fond formé aussi de flammes, échappent aisément au regard, surtout si celles du fond ne sont pas assez hautes
et celles du devant assez basses pour que les dentelures de celles-
ci se détachent nettement sur la partie inférieure et bleue de celles-
là. Il est vrai que, par une rotation plus rapide du miroir, on peut
isoler toutes les dentelures, mais alors le groupe, en raison de sa
longueur et de la grande inclinaison des flammes, devient difficile
à observer.

Malgré les imperfections de détail de ces dessins, ils n'en sont
pas moins, dans leurs traits généraux, la représentation très fidèle
des images obtenues.

Ainsi, par exemple, si l'image de la voyelle A chantée sur la note
ut_1 donne lieu à un groupe où une flamme très élevée et lumineuse
ressort à côté d'une autre un peu moins haute et très bleue et où
ces deux flammes sont suivies d'une sorte de monticule formé par
une série de sommets très régulièrement dentelés, il se peut que
ce monticule se compose en réalité de 9 sommets, tandis que la
figure n'en porte que 8, car il m'a semblé que ce chiffre de 8 était
dépassé à certains jours où je pouvais émettre cette note très grave
avec plus de force et de pureté que d'habitude ; mais cela n'altère
en rien le caractère du groupe entier, qu'il est impossible de confondre avec ceux des voyelles OU, O, E, I, chantées sur la même
note. Ces images me paraissent donc offrir l'exactitude nécessaire
pour représenter aussi bien les nuances si diverses du timbre des
cinq voyelles chantées sur la même note que la transformation
des images de la même voyelle lorsqu'on la chante en passant
d'une note à l'autre ; or c'est là le point important, et c'est probablement tout ce que l'appareil peut donner avec certitude, car en

raison de sa sensibilité même, on ne doit pas compter sur une précision absolue.

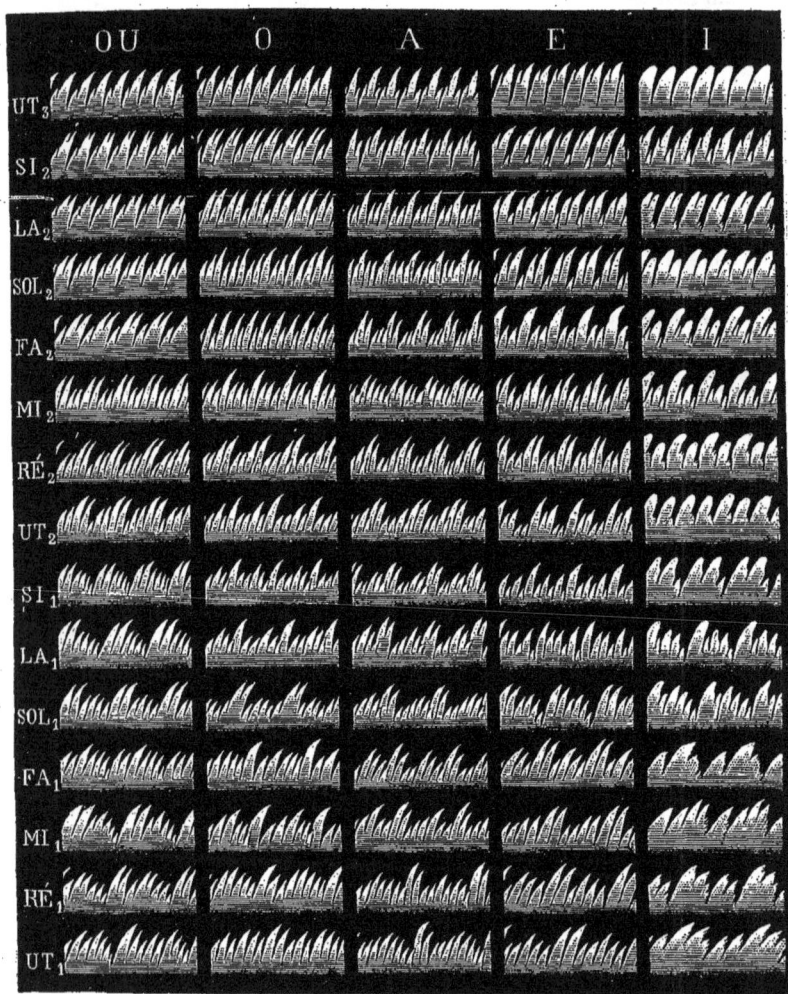

Fig. 27. Voyelles chantées sur différentes notes, représentées par des flammes manométriques.

En effet, on voit déjà se produire des variations de détail impor-
tantes, non seulement lorsque des voix différentes chantent sur la
même note une même voyelle, mais encore lorsque la même voix

émet cette voyelle et cette note avec des intensités variables. Un faible changement dans la voix entraîne également une modifica·tion notable des images; ainsi par exemple, ai-je la gorge fatiguée, l'OU que je chante sur mi_2 se réduit à l'ensemble d'une petite flamme et de deux larges flammes plus hautes, ces dernières remplaçant les quatre flammes accouplées deux à deux qui se voient dans la figure, des changemeuts du même genre se laissent aussi observer dans les groupes de flammes de tous les autres sons.

Pour voir d'abord quelle influence les notes fixes de la cavité buccale pouvaient exercer sur les images de flammes, je vais indiquer dans un tableau d'ensemble, pour chacune des voyelles chantées sur toutes les notes des deux octaves de ut_1 à ut_3, de quel harmonique supérieur le ton caractéristique qui lui correspond se rapproche et combien de vibrations l'en séparent.

Pour les voyelles O, A, E, j'adopte les tons caractéristiques $si\flat_3$, $si\flat_4$, $si\flat_5$, donnés par M. Helmholtz; pour OU et I, au contraire, j'ai trouvé des résultats en désaccord avec les premières déterminations de M. Donders et de M. Helmholtz, à savoir $si\flat_3$ et $si\flat_6$, de sorte que les cinq voyelles principales diffèrent toujours l'une de l'autre d'une octave, et que le ton caractéristique de la voyelle la plus grave, c'est-à-dire de l'OU, coïncide avec la note la plus grave que la bouche puisse encore sensiblement renforcer par· résonance.

On n'a pas besoin pour ces sons de déterminer le nombre des vibrations avec une précision absolue; ainsi, quand je trouve que pour la voyelle OU le renforcement maximum par la bouche a lieu entre 440 et 460 vibrations, je puis évidemment adopter aussi bien 448 que 450 vibrations comme représentant la note caractéristique de l'OU. Je fais cette remarque à dessein parce que, dans une communication faite à l'Académie des sciences de Paris (25 avril 1870) qui avait trait à la nouvelle détermination des notes caractéristiques de l'OU et de l'I, citée plus haut, j'ai admis en nombres ronds pour OU, O, A, E, I, les chiffres 450, 900, 1800, 3600, 7200, tandis que partout ailleurs, et dans le tableau suivant, j'emploie les nombres suivants tout aussi justes, 448, 896, 1792, 3584, 7168 : les premiers sont plus faciles à retenir, il est vrai, mais ne répondent exactement à aucune note usitée; les derniers au contraire représentent le 7me ton partiel des notes ut_{-1}, ut_1, ut_2, ut_3, ut_4, $(ut_3 = 512$ v. s.$)$.

Dans les tableaux qui suivent, la première colonne renferme la note sur laquelle la voyelle est chantée; les autres colonnes renferment les numéros d'ordre et la désignation des deux tons partiels de cette note entre lesquels tombe la note caractéristique de la voyelle, ainsi que les écarts, indiquant de combien de vibrations cette note est plus grave (—) que l'un des deux harmoniques, et plus aiguë (+) que l'autre.

Voyelle OU (448 v. s.).

NOTE CHANTÉE	TON PARTIEL	ÉCART	ÉCART	TON PARTIEL
Ut_1	3 (Sol_2)	— 64	+ 64	4 (Ut_3)
$Ré_1$	3 (La_2)	— 16	+ 128	4 $(Ré_3)$
Mi_1	2 (Mi_2)	— 128	+ 32	3 (Si_2)
Fa_1	2 (Fa_2)	— 107	+ 64	3 (Ut_3)
Sol_1	2 (Sol_2)	— 64	+ 128	3 $(Ré_3)$
La_1	2 (La_2)	— 22	+ 192	3 (Mi_3)
Si_1	1 (Si_1)	— 208	+ 32	2 (Si_2)
Ut_2	1 (Ut_2)	— 192	+ 64	2 (Ut_3)
$Ré_2$	1 $(Ré_2)$	— 160	+ 128	2 $(Ré_3)$
Mi_2	1 (Mi_2)	— 128	+ 192	2 (Mi_3)
Fa_2	1 (Fa_2)	— 106,7	+ 234,6	2 (Fa_3)
Sol_2	1 (Sol_2)	— 64	+ 320	2 (Sol_3)
La_2	1 (La_2)	— 21,4	+ 405,2	2 (La_3)
Si_2	. . . .	. . . .	+ 32	1 (Si_3)
Ut_3	. . . .	. . . .	+ 64	1 (Ut_3)

Voyelle O (896 v. s.).

NOTE CHANTÉE	TON PARTIEL	ÉCART	ÉCART	TON PARTIEL
Ut_1	7	0	0	7
$Ré_1$	6 (La_3)	— 32	+ 112	7
Mi_1	5 $(Sol_3 \#)$	— 96	+ 64	6 (Si_3)
Fa_1	5 (La_3)	— 42,6	+ 128	6 (Ut_4)
Sol_1	4 (Sol_3)	— 128	+ 64	5 (Si_3)
La_1	4 (La_3)	— 42,6	+ 170,6	5 $(Ut_4 \#)$
Si_1	3 $(Fa_3 \#)$	— 176	+ 64	4 (Si_3)
Ut_2	3 (Sol_3)	— 128	+ 128	4 (Ut_4)
$Ré_2$	3 (La_3)	— 32	+ 256	4 $(Ré_4)$
Mi_2	2 (Mi_3)	— 256	+ 64	3 (Si_3)
Fa_2	2 (Fa_3)	— 213,4	+ 128	3 (Ut_4)
Sol_2	2 (Sol_3)	— 128	+ 256	3 $(Ré_4)$
La_2	2 (La_3)	— 42,6	+ 384	3 (Mi_4)
Si_2	1 (Si_3)	— 416	+ 64	2 (Si_3)
Ut_3	1 (Ut_3)	— 384	+ 128	2 Ut_4

Voyelle A (1792 v. s.).

NOTE CHANTÉE	TON PARTIEL	ÉCART	ÉCART	TON PARTIEL
Ut_1	14	0	0	14
$Ré_1$	12 (La_4)	− 64	+ 80	13
Mi_1	11	− 32	+ 128	12 (Si_4)
Fa_1	10 (La_4)	− 86	+ 85	11
Sol_1	9 (La_4)	− 64	+ 128	10 (Si_4)
La_1	8 (La_4)	− 86	+ 128	9 (Si_4)
Si_1	7	− 112	+ 128	8 (Si_4)
Ut_2	7	0	0	7
$Ré_2$	6 (La_4)	− 64	+ 224	7
Mi_2	5 $(Sol_4\sharp)$	− 192	+ 128	6 (Si_4)
Fa_2	5 (La_4)	− 85	+ 256	6 (Ut_5)
Sol_2	4 (Sol_4)	− 256	+ 128	5 (Si_4)
La_2	4 (La_4)	− 86	+ 341	5 $(Ut_5\sharp)$
Si_2	3 $(Fa_4\sharp)$	− 352	+ 128	4 (Si_4)
Ut_3	3 (Sol_4)	− 256	+ 256	4 (Ut_5)

Voyelle E (3584 v. s.).

NOTE CHANTÉE	TON PARTIEL			
Ut_1	28	»	»	»
Ut_2	14	»	»	»
Ut_3	7	»	»	»

Voyelle I (7168 v. s.).

NOTE CHANTÉE	TON PARTIEL			
Ut_1	56	»	»	»
Ut_2	28	»	»	»
Ut_3	14	»	»	»

On voit que pour OU la note caractéristique (448) se rapproche du troisième son partiel de $ré_1$ (432 v. s.) et de mi_1 (480 v. s.), le premier étant plus grave de 16 et le second plus aigu de 32 vibrations. Il s'approche aussi du deuxième son partiel de la_1 et de si_1 et des sons fondamentaux la_2 et si_2; or ces deux sons fondamentaux sont aussi les deuxièmes tons partiels de la_1 et si_1, et les troi-

sièmes tons partiels de $ré_1$ et mi_1, et on remarque en effet que
dans les images de la_2 et de si_2, le son fondamental prédomine sensiblement, tandis que les images de la_1 et de si_1 accusent un partage distinct en deux groupes principaux, et celles de $ré_1$ et de
mi_1, un partage en trois groupes.

Pour O, l'écart le plus faible (excepté pour ut_1) est encore d'un
demi-ton ; aussi la note caractéristique s'accuse-t-elle ici très peu
dans les images. En la_2, où elle approche du deuxième ton partiel,
et en $ré_2$, où elle est voisine du troisième, on observe bien un partage en deux et trois groupes, mais dans les images de la_1, fa_1,
$ré_1$, qui sont bien plus compliquées, il est impossible de mettre
en évidence les tons 4, 5, 6 ; résultat facile à comprendre, la masse
d'air renfermée dans la bouche ne pouvant résonner que bien
peu, si le son déjà assez faible qui l'influence diffère d'un demi-
ton de celui de la cavité buccale.

Entre la note caractéristique de la voyelle A et l'harmonique le
plus rapproché, la différence est encore de 32 vibrations, excepté
pour ut_1 et ut_2, où la concordance a lieu avec le quatorzième et le
septième ton partiel, sans toutefois que les images en révèlent
l'existence, probablement parce que ces harmoniques d'un ordre
si élevé sont trop faibles dans le son émis par le larynx pour
communiquer à la cavité buccale des vibrations capables d'agir
sur les flammes.

Quant aux voyelles E et I, leurs notes caractéristiques sont trop
élevées pour exercer sur les flammes la moindre influence. C'est
ainsi que E chanté sur la note ut_3 ne donne que l'image d'un son
fondamental faiblement accompagné de son octave, au lieu de
donner un groupe à sept dentelures. Pour I, chanté sur la même
note, on n'obtient qu'une traînée de flammes simples, qui semble
représenter un son simple. Pourtant cette simplicité n'est qu'apparente, car les flammes très larges, grandes et peu nombreuses,
qui composent les différents groupes, forment la plupart du temps
de véritables faisceaux ; lorsque le son n'est pas très fort, ces faisceaux ressemblent à des flammes simples, un peu brouillées ;
mais s'il devient très intense et surtout au moment où on l'entonne,
les images sont parsemées de points lumineux, indices certains
de la présence de tons partiels élevés. Il est du reste excessivement fatigant de produire la voyelle I sur les notes graves en la
chantant à haute voix.

Dans une autre expérience, je plaçai le tube destiné à recevoir le son, non plus au-devant, mais au fond de l'arrière-bouche, afin de voir si les images en seraient modifiées, et je chantai la voyelle A sur fa_x; mais, à part la différence d'intensité, j'obtins les mêmes résultats.

L'action des voyelles chuchotées sur la flamme n'est qu'insignifiante. La traînée lumineuse ressemble alors à un ruban à stries alternativement sombres et claires, irrégulièrement découpé par de petites dentelures ; le tout si vague et si diffus, qu'il me fut impossible de reconnaître la moindre différence entre les diverses voyelles.

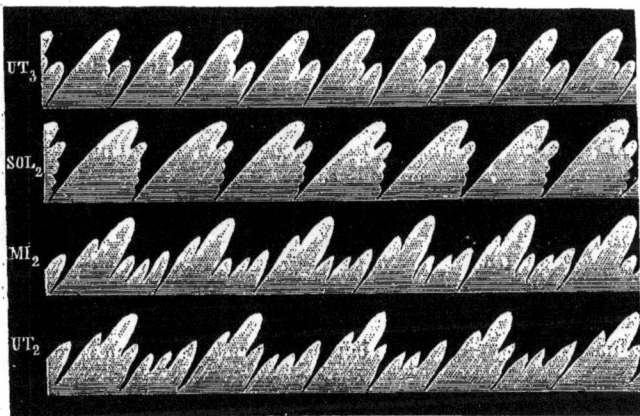

Fig. 28. Semi-voyelles *m* et *n*, chantées sur différentes notes, représentées par des flammes manométriques.

Je n'ai pu, tant elles se ressemblaient, distinguer entre elles les images produites par les demi-voyelles M et N : j'ai dessiné celles des notes ut_3, sol_2, mi_2, ut_2 (fig. 28); les notes plus graves fournissaient des périodes plus longues, mais sans forme définie et manquant de netteté dans les contours; il va sans dire que dans ces expériences c'était le nez et non la bouche que je mettais dans l'embouchure de l'entonnoir.

Le son tremblé R, émis sans voix, trace sur le miroir une série de larges flammes de différentes hauteurs assez régulièrement fendues ou dentelées. Dans le miroir tournant que j'emploie d'habitude et dont les faces ont 15 centimètres de largeur, ces flammes paraissent se suivre fort irrégulièrement; mais avec un miroir large de 40 centimètres, j'ai pu constater l'existence d'une période régulière, car le groupe se répétait alors de quatre à cinq fois dans la largeur du miroir.

C'est simplement le courant d'air qui donne naissance aux dentelures dont toutes ces flammes larges sont hérissées; ce qui le prouve, c'est que si, au lieu de faire vibrer la langue contre le palais, on l'en éloigne un peu et que par l'espèce de canal étroit ainsi formé on chasse vivement l'air de la bouche, la raie lumineuse paraît encore dentelée, mais on ne voit plus de sommets se détacher et faire saillie hors de la raie.

Si la voix résonne avec l'R, l'image propre du son qu'elle produit se compose avec celle de l'R muet et donné lieu à une série

Fig. 29. Consonne r muet, représentée par des flammes manométriques.

si compliquée de flammes simples et de groupes entiers de hauteurs et de formes différentes, qu'il serait difficile de les débrouiller, surtout aussi à cause de l'instabilité des images.

J'ai essayé de reproduire dans la figure 29 l'image caractéristique de l'R muet.

Les explosives P, T, K donnent des images très caractéristiques. A la lettre P, la flamme s'élève subitement et en pente raide à une hauteur considérable au-dessus de la ligne droite; elle montre deux ou trois élancements de hauteur à peu près égale, suivis de quelques flammes plus arrondies et dont l'élévation décroît rapidement. Ces flammes hautes ou basses, offrent, comme dans le cas de l'R, des dentelures produites par le courant d'air.

A la lettre T, l'allongement est plus faible et moins brusque, et l'on ne remarque pas non plus ces découpures profondes qui en

P, au commencement, accusent deux ou trois élancements successifs très vifs et très rapides.

A la lettre K, dont l'articulation s'opère encore plus vers l'arrière de la bouche, les changements de la flamme sont aussi moins brusques et moins convulsifs. L'image commence par une onde qui monte et descend avec une sorte de régularité et se continue par d'autres ondes, de forme à peu près pareille et de grandeur rapidement décroissante. Les dentelures s'y observent partout comme pour P et T.

Si l'on émet plusieurs fois de suite une de ces consonnes en faisant continuellement tourner le miroir, il arrive rarement que l'on puisse bien voir l'image; aussi vaut-il mieux disposer le miroir de façon à ce que l'image apparaisse juste à un de ses angles et que, pour un petit arc décrit, elle soit obligée de parcourir une face tout entière. Lorsque l'on n'émet la consonne qu'à l'instant précis où l'on commence ce mouvement avec la main, on réussit presque toujours à observer le commencement de l'image, c'est-à-dire la phase la plus intéressante. Afin de poursuivre avec succès ce genre d'expériences, il serait peut-être bon d'employer un miroir oblique, c'est-à-dire incliné sur son axe de rotation; alors on verrait l'image non plus sous forme de bandes intermittentes, mais comme un cercle continu.

Les sifflantes F, S et CH ne donnent, comme les voyelles chuchotées, que des résultats peu satisfaisants; les bandes de lumière sont coupées de parties obscures effacées, dont je n'ai pu déterminer le caractère.

V

Décomposition d'un timbre en sons élémentaires

Les résonateurs de M. Helmholtz, qui servent à l'analyse du timbre par l'oreille, peuvent également être employés pour la décomposition du timbre par le moyen des flammes.

Mon appareil se compose de 8 résonateurs accordés pour les harmoniques de ut_2, et qui communiquent chacun avec une flamme manométrique (figure 30). Ces 8 flammes placées obliquement l'une sous l'autre produisent, dans un miroir parallèle à la ligne qui les joint, 8 bandes de lumière parallèles, si les flammes sont immobiles; et des bandes ondulées si elles sont agitées.

Chaque flamme doit naturellement être indépendante des autres, et ne vibrer que si le résonateur correspondant se met à vibrer lui-même à l'unisson d'un ton; de plus aucun son non compris dans la série des résonateurs ne doit influencer ces flammes. Je m'assure que cette condition est remplie au moyen d'une série

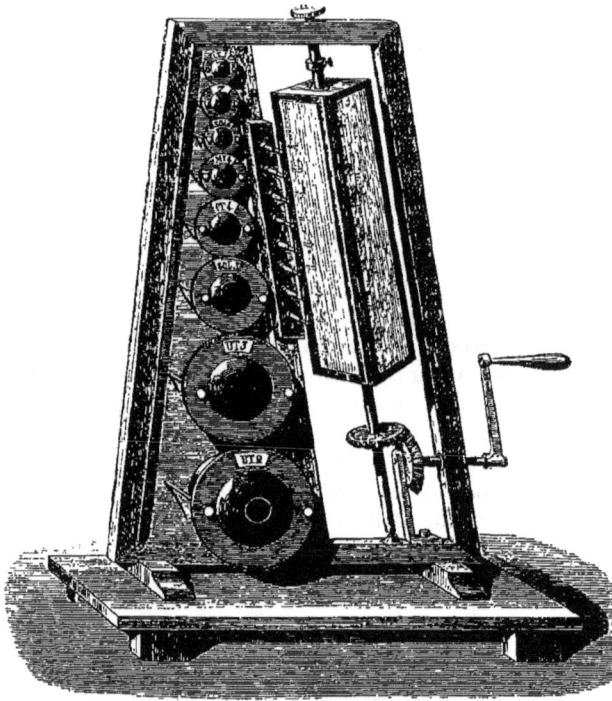

Fig. 30. Appareil pour analyser le timbre d'un son (*ut₂*), par les flammes manométriques.

de diapasons montés sur leurs caisses, et qui rendent à peu près des sons simples, surtout quelques instants après qu'on les a ébranlés. Je commence par faire parler successivement les diapasons qui sont à l'unisson des différents résonateurs et constate que chacun d'eux n'influence que la bande de la flamme qui lui correspond, de telle sorte qu'il faut produire plusieurs sons simples pour denteler plusieurs raies. Ensuite, je démontre qu'un son, même intense, produit par un diapason qui n'est pas à l'unisson des résonateurs n'agit pas sur les flammes. Il est vrai qu'un son d'une intensité extrême peut quelquefois influencer toutes les flammes à la fois à travers les résonateurs, mais dans ce cas il n'y a pas d'erreur possible, car toutes les séries d'images seraient identiques, tandis que par l'action des résonateurs on obtient des sinuosités dont le nombre croît de bas en haut, comme 1, 2, 3,.... et la largeur décroît naturellement dans un rapport inverse.

L'appareil ainsi vérifié, je produis devant lui un son dont la note fondamentale est l'ut_2, et les traînées de lumière dentelées révèlent alors la nature et l'intensité relative des harmoniques de cette note.

Lorsqu'on donne devant l'appareil le sol_2 du violon, qui n'est renforcé lui-même par aucun des résonateurs, l'octave sol_3 vibre très fortement; l'ut_3 du violon influence à la fois les flammes ut_3 et ut_4. Un tuyau d'orgue ouvert pas trop large et à l'unisson de l'ut_2, dans lequel on souffle fortement, fait vibrer les 5 premières flammes et les vibrations du son 3 (douzième) sont bien plus intenses que celles du son 2 (octave). Pour un tuyau fermé, ayant le même son fondamental que l'ouvert, la douzième s'accuse très nettement, et le son 5 (la dix-septième) très faiblement.

Une anche libre sans pavillon permettait de reconnaître les six premiers harmoniques avec une intensité assez régulièrement décroissante. Quand on chante un OU, outre le ton fondamental, l'octave accuse des vibrations assez intenses, et parfois, mais rarement, on remarque une action très faible sur le troisième ton.

O influence énergiquement la flamme du troisième et du quatrième ton, tandis que l'octave vibre plus faiblement que pour OU. L'O produit encore des dentelures sur la cinquième traînée, mais elles sont très faibles. Le maximum d'intensité pour O A remonte encore plus haut, c'est au quatrième et au cinquième ton que les bandes sont ici le plus profondément découpées, tandis que les harmoniques graves s'affaiblissent. L'action de la voyelle A s'étend jusqu'à la septième flamme, et c'est la quatrième, la cinquième et la sixième qui vibrent avec le plus d'intensité.

Lorsqu'on chante un E, le ton fondamental est accompagné de l'octave et de la douzième, la première faible, l'autre très intense; la double octave et sa tierce vibrent avec une intensité moyenne, et la flamme n° 7 accuse une faible trace du septième ton.

I chanté sur ut_2 imprime au ton fondamental et à l'octave seuls de très fortes vibrations, tandis que les autres flammes restent immobiles.

Les résonateurs 7 et 8 (ut_5) ne font vibrer leurs flammes qu'avec difficulté; il faut pour cela que les sons aient une certaine intensité. C'est ici évidemment la limite, passé laquelle les flammes ne peuvent plus s'employer utilement.

Comme cet appareil ne permet pas de choisir à volonté le ton

Fig. 31. Appareil pour analyser le timbre d'un son quelconque par les flammes manométriques.

fondamental de la voyelle ou de tout autre son soumis à l'analyse, il convient plutôt à la démonstration qu'à des recherches, mais j'en ai construit un autre qui répond à toutes les exigences (figure 32). Les huit résonateurs sphériques y sont remplacés par 14 résonateurs universels de forme cylindrique. Le diamètre de ces cylindres égale à peu près leur longueur, et ils sont composés de deux tubes qui entrent à frottement l'un dans l'autre, comme le montre la figure 32.

Le tube extérieur se termine par un hémisphère avec un appendice destiné à l'oreille, comme dans le résonateur sphérique; l'extrémité opposée du tube intérieur est fermée par une plaque percée en son milieu par une ouverture, que met en communication la masse d'air intérieure avec l'air ambiant; grâce à cette disposition, on peut, en étirant les tubes, augmenter le volume du résonateur et baisser d'une tierce environ le son propre de la masse d'air. Des divisions tracées sur le tube intérieur indiquent le volume qu'il faut donner au cylindre étiré, pour obtenir les différentes notes. Les résonateurs graves sont construits de

Fig. 32. Résonateur à son fixe et résonateur à son variable.

façon que le ton le plus élevé de l'un arrive toujours au ton le plus grave du suivant, de dimensions immédiatement inférieures. Cette disposition n'aurait pas suffi pour les résonateurs des tons aigus, car les sixième, septième et huitième harmoniques sont déjà si rapprochés, qu'il pouvait arriver qu'on fût obligé d'en produire deux avec le même résonateur; c'est pour cette raison que les sons les plus élevés des résonateurs les plus graves de cette série s'élèvent d'un ton entier au-dessus des tons les plus bas des résonateurs suivants.

Voici donc les tons contenus respectivement dans la série des résonateurs :

I $Sol_1 — Si_1$	II $Si_1 — Ré_2\#$	III $Ré_2\# — Fa_2\#$	IV $Fa_2\# — La_2$
V $La_2 — Ut_3$	VI $Ut_3 — Mi_3$	VII $Mi_3 — Sol_3\#$	VIII $Sol_3\# — Ut_4$
IX $Ut_4 — Mi_4$	X $Ré_4 — Fa_4$	XI $Mi_4 — Sol_4\#$	XII $Fa_4 — La_4$
XIII $Sol_4\# — Mi_5$	XIV $Ut_5 — Mi_5$		

Les harmoniques des diverses notes des deux octaves comprises entre ut_1 et ut_3 sont donc renforcés par les résonateurs indiqués en regard de chaque note dans le tableau ci-après.

NOTES	RÉSONATEURS	NOTES	RÉSONATEURS
Ut_1	II IV V VI VII VIII IX X	Ut_2	II V VII VIII IX XI XIII XIV
$Ré_1$	II IV VI VII VIII IX X XI	$Ré_2$	II VI VIII IX X XII XIII XIV
Mi_1	III V VI VII VIII IX X XI	Mi_2	III VI VIII IX XI XIII XIV
Fa_1	III V VII VIII IX X XI XII	Fa_2	III VII VIII XI XII XIII
Sol_1	I IV VI VII VIII IX X XI	Sol_2	IV VII IX XI XIII
La_1	I IV VI VIII IX X XI XII	La_2	V VIII IX XII XIV
Si_1	I V VII VIII IX XI XII XIII	Si_2	V VIII XI XII
		Ut_3	V VIII XI XIII

Les résonateurs font défaut pour les sons fondamentaux de ut_1 à fa_1; en revanche on peut alors observer jusqu'à l'harmonique 9 du timbre. Pour les sons de sol_1 à $ré_2$, les résonateurs vont jusqu'à l'harmonique 8; à partir de là, ils commencent à manquer pour les derniers harmoniques. Pour mi_2 on n'a plus que six, pour fa_2 cinq, et pour ut_3 que trois harmoniques qu'on puisse observer.

J'ai dit plus haut qu'une marque spéciale indique sur chaque résonateur la quantité dont il faut étirer le tube intérieur pour les différentes notes; toutefois, pour assurer l'exactitude des résultats, surtout lorsque la note fondamentale du son à analyser ne coïncide pas tout à fait avec une des notes indiquées, il est bon d'employer le procédé suivant qui permet d'accorder rigoureusement les résonateurs. Après avoir accordé une corde du sonomètre avec le ton fondamental du son donné, on lui fait rendre successivement tous les harmoniques ; à chaque son, on met en rapport le résonateur respectif non plus avec une capsule manométrique, mais avec l'oreille, au moyen du tube de caoutchouc dont il est muni, puis en étirant plus ou moins, on trouve aisément la place où le renforcement est maximum.

Après avoir mis huit de ces résonateurs à l'unisson de l'ut_2 et de ses harmoniques, je répétai avec ce nouvel appareil les expériences déjà faites avec l'appareil à résonateurs sphériques, et j'obtins des résultats identiques ; la sensibilité des flammes était exactement la même. Cet appareil me semble donc convenir parfaitement à des recherches plus précises et plus étendues sur les sons en général et sur la voix humaine en particulier, du moins dans la limite des harmoniques qui ne dépassent pas ut_5. Remarquons à ce propos que l'emploi des résonateurs communiquant directement avec l'oreille ne donne de bons résultats qu'en deçà des mêmes limites. Ayant acquis la certitude que l'état de ma voix ne me permettait pas de continuer ce genre d'expériences, comme j'en avais l'intention, j'ai dû me borner ici à démontrer les qualités et le fonctionnement de l'appareil. J'en ferai autant plus loin en décrivant le procédé pour analyser les voyelles par l'élimination d'un ou de plusieurs harmoniques à la fois.

VI

Phénomènes d'interférence.

En exposant les résultats qu'on obtient par la combinaison des sons de deux tuyaux d'orgue, j'ai omis le cas de deux tuyaux à l'unisson. Cette combinaison offrant un intérêt particulier à cause de la communication des vibrations et des phénomènes d'interférence qui en résultent, j'ai préféré réserver la description de cette expérience, afin de la rapprocher ici d'autres expériences du même genre.

Si deux tuyaux d'orgue à l'unisson sont mis en relation avec deux flammes manométriques et qu'on en fasse parler un seul, la colonne d'air de l'autre entre en vibration par influence, comme le montre la flamme correspondante, et cela, même lorsque l'unisson n'est pas rigoureux et qu'il se produit des battements, quand on fait parler les deux tuyaux ensemble.

Toutefois ce ne sont plus dans ce dernier cas les vibrations propres du tuyau influencé que l'on observe, mais des vibrations qui sont rigoureusement à l'unisson de l'autre tuyau, de sorte que ni l'œil par les flammes, ni l'oreille, ne perçoivent de battements. Si alors on fait parler aussi le second tuyau en le forçant à exécuter ses propres vibrations, celles-ci se combinent avec les vibrations dues à la résonance, et la flamme révèle par ses élancements des battements que l'oreille perçoit à son tour distinctement.

J'appelle l'attention sur cette production isolée des vibrations de résonance dans la colonne d'air, parce qu'elle n'a pas lieu dans le cas de deux cordes tendues sur la même caisse d'harmonie, par exemple, et qui s'influencent mutuellement; la corde influencée, même sans qu'on l'ait frottée ou pincée, combine toujours ses vibrations propres avec celles qui sont dues à la résonance. On sait que les battements de deux cordes placées dans ces conditions s'établissent de façon que l'amplitude des oscillations de l'une soit maxima lorsqu'elle est minima pour l'autre corde; de même, si deux tuyaux s'influencent, la flamme manométrique de l'un s'élève tandis que celle de l'autre baisse; la seule différence est que l'on doit faire parler les deux tuyaux ensemble, tandis qu'on n'a besoin de faire vibrer qu'une seule des deux cordes.

Lorsque les tuyaux sont rigoureusement à l'unisson, leurs vibrations propres s'établissent comme les battements le faisaient tout à l'heure, de telle sorte qu'il y ait au même instant condensation au nœud de l'un des tuyaux et dilatation au nœud de l'autre, et les flammes figurent nettement le phénomène, pourvu qu'on les place verticalement l'une sous l'autre. Leurs oscillations n'en sont pas affaiblies, mais les images isolées des flammes sur les deux bandes alternent dans le miroir au lieu d'être superposées.

Fait-on agir les deux tons sur la même flamme, celle-ci est naturellement bien plus agitée par les battements que ne l'était chacune des deux flammes. C'est que dans la première expérience, les battements résultent du concours des vibrations directes et influencées, par conséquent d'intensité très inégale; ici, au contraire, ils résultent de deux sons produits directement dans deux colonnes d'air égales, et par suite de même intensité. En rapprochant peu à peu les deux tons de l'unisson, on s'aperçoit qu'on ne peut ralentir les battements à volonté comme pour les diapasons ; passé une certaine limite, ils disparaissent subitement, et les deux colonnes d'air vibrent comme un système, c'est-à-dire comme deux corps peu éloignés de l'unisson, liés étroitement l'un à l'autre et s'influençant par suite au point de ne pouvoir rendre isolément leur son propre, mais bien un son unique et intermédiaire. Le son obtenu est plus fort que celui d'un seul des deux tuyaux et la flamme présente à l'intérieur en son milieu un espace étranglé, brillant, au-dessus d'une partie bleue plus large et non lumineuse. On voit cette partie obscure croître en hauteur et l'étranglement disparaître à mesure que l'on se rapproche de l'unisson rigoureux ; cette limite une fois atteinte, la flamme offre le même aspect que si elle était immobile. En même temps aussi on n'entend presque plus le son fondamental si intense des tuyaux, mais par contre on commence à entendre distinctement l'octave. On sait en effet que, lorsque la différence de marche de deux sons de même force et à l'unisson est d'une demi-période vibratoire, tandis que le ton fondamental et les harmoniques impairs s'éteignent, les harmoniques pairs vibrent sans différence de phase et en conséquence se renforcent. Cette octave est accusée par le miroir, où l'on voit une série d'images larges et très basses dont chacune à deux sommets. Il est bon dans cette expérience de forcer le courant d'air, afin de rendre plus intense l'octave contenue dans le son des tuyaux.

Comme la double sirène d'Helmholtz offre un moyen très élégant d'observer cette interférence des tons fondamentaux de deux sons, qui fait ressortir l'octave, j'ai aussi employé cet appareil en le combinant avec les flammes manométriques. A l'aide de deux tubes, l'intérieur des deux boîtes de résonance qui surmontent les disques mobiles, était mis en communication directe avec le tube qui s'engage dans la capsule ; ces tubes, étant en caoutchouc, laissaient assez de mobilité au tambour supérieur pour changer de position, et par là faire naître ou suspendre les phénomènes d'interférence. Toutes les fois que dans ces conditions le tambour supérieur se rapprochait de la position nécessaire à l'interférence, on voyait les larges oscillations du ton fondamental disparaître peu à peu pour faire place à l'image courte et bifide de l'octave.

Herschel, le premier, et nombre de physiciens après lui, produisaient l'interférence en faisant parcourir à des ondes sonores émanées de la même source, deux conduits qui différaient entre

eux d'une demi-longueur d'onde, pour les réunir ensuite de nouveau. J'ai construit sur le même principe un appareil destiné à
étudier les phénomènes d'interférence dans les conditions les plus
variées. Il consiste en un tube qui, entre ses extrémités, se partage

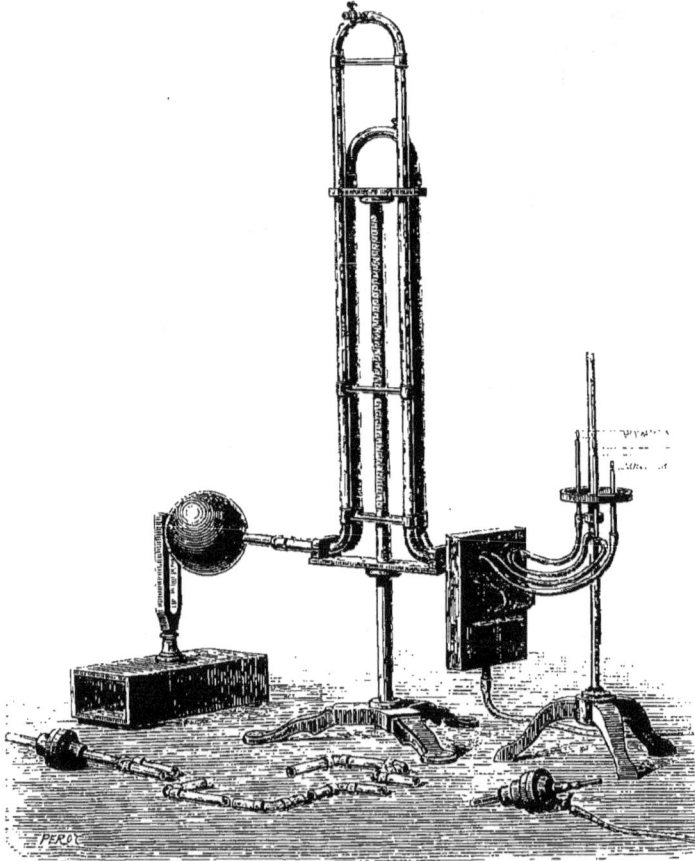

Fig. 33. Appareil d'interférence à flammes manométriques.

en deux branches, dont l'une peut, par un tube à tirant, s'allonger à volonté (fig. 33).

Si l'on veut produire une interférence très parfaite, il faut faire
arriver dans le tube un son aussi simple que possible, ce que l'on

obtient en reliant ce tube à un résonateur en face duquel on fait parler le diapason qui lui correspond.

Si maintenant on allonge l'un des deux coudes du tube jusqu'à ce qu'il surpasse l'autre en longueur d'une quantité égale à une demi-longueur d'onde du son du diapason, les ondes qui arrivent par les deux conduits se détruisent à l'extrémité opposée du tube. Dès lors, si l'on fait aboutir cette extrémité dans une petite chambre recouverte d'une capsule, on voit, en étirant l'un des deux coudes, la série des images tout à l'heure profondément découpées se changer peu à peu en une traînée lumineuse uniforme à mesure que la différence de marche approche d'une demilongueur d'onde. La disposition suivante donne une démonstration plus saisissante encore. Au lieu de faire agir sur une seule capsule les deux bras réunis, j'en laisse les deux bouts séparés, et j'y adapte un petit appareil par lequel chacun d'eux peut être mis en communication directe avec une capsule isolée. Ces deux capsules, qu'on empêche de s'influencer mutuellement à l'aide de capsules auxiliaires, sont munies chacune de deux tubes de dégagement au lieu d'un seul; sur un support sont fixés trois becs à des hauteurs différentes, celui du milieu pouvant recevoir deux tubes de caoutchouc. Maintenant, je fais communiquer un tube de l'une des deux capsules avec le bec supérieur, un tube de l'autre capsule avec le bec inférieur, et par l'intermédiaire des deux tubes restants je mets les deux capsules en relation avec le bec du milieu. Si l'on fait parler le diapason après avoir donné aux deux conduits la même longueur, les trois flammes donnent dans le miroir trois séries d'images, l'une au-dessus de l'autre, également découpées (fig. 34, I), en allongeant l'un des coudes d'une demilongueur d'onde par rapport à l'autre, on change la traînée de flammes médiane en un simple ruban lumineux, tandis que les deux autres flammes continuent à vibrer avec la même intensité (fig. 34, II), de sorte que l'on rend visibles d'un seul coup l'effet des ondes sonores, quand elles arrivent par un bras du tube seulement, quand elles ont parcouru le second bras seul, et enfin lorsque après leur passage à travers les deux bras qui les ont séparées elles arrivent ensemble à la flamme.

Si dans ces expériences la source sonore, au lieu d'être un diapason renforcé par un résonateur, est un tuyau d'orgue ouvert d'une largeur modérée, on voit reparaître, pendant l'interférence des ondes du ton fondamental, les vibrations de l'octave. Comme on élimine ici par l'interférence le son fondamental, on peut éliminer de la même manière un harmonique quelconque, ce que l'on démontre très visiblement au moyen du tuyau fermé décrit plus haut. Pour conduire le son de ce tuyau dans l'appareil, j'ôte le bec, et par un tube de caoutchouc, je mets en communication avec cet appareil la capsule qui est à l'extrémité du tuyau. Alors en allongeant l'un des conduits assez pour produire l'interférence du ton 3, la flamme médiane donne dans le miroir la simple série de flammes du ton fondamental, et les deux autres donnent l'image déjà décrite, résultant de la combinaison des tons 1 et 3 (fig. 24).

On peut éliminer de la même manière du timbre d'une voyelle différents harmoniques, ou plutôt des séries entières de ces harmoniques ; ce procédé constitue donc une nouvelle et féconde

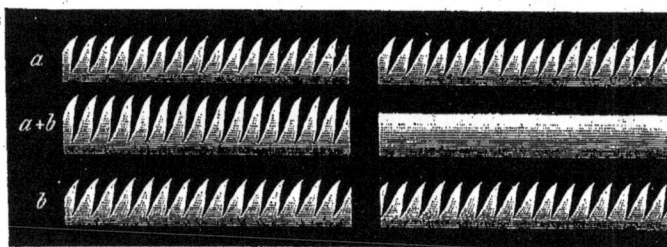

Fig. 34. L'interférence représentée par trois flammes manométriques.

méthode d'analyse des voyelles. L'appareil à 3 flammes convient surtout à ces expériences, parce que les images des deux flammes extrêmes restant invariables permettent de distinguer le moindre changement qui se produit dans celle du milieu. Si, par exemple, on chante OU sur ut_3, on obtient le ton fondamental très faiblement accompagné de l'octave; qu'on dispose alors l'appareil pour l'interférence d'ut_4, on verra l'octave s'éteindre tout à fait; qu'on produise l'interférence du ton fondamental, à la place de chacune des larges flammes de tout à l'heure, on en verra deux étroites, presque de la même hauteur, et qui répondent à l'octave, laquelle subsiste à peu près seule après la destruction du son fondamental.

On peut répéter la même expérience avec l'O chanté sur le même ton; l'octave est ici beaucoup plus sensible que dans le son OU; seulement, si l'on produit l'interférence de l'octave, le

son 3 se manifeste, et l'on voit la large flamme du son fondamental se découper en 3 flammes de hauteur décroissante. En
chantant A sur ut_3, et en produisant l'interférence du 3e harmonique, on distingue très nettement l'octave, à côté du son fondamental. Si l'interférence porte sur l'octave, on voit apparaître un
groupe de 5 dentelures qui semblent accuser la présence des tons
1, 3, 5. Par l'extinction du son fondamental et par suite des tons
3, 5, etc., on obtient une simple série de flammes due à l'octave
seule. Lorsqu'il s'agit de groupes de flammes plus complexes pro-
venant de sons graves, les résultats ne sont pas toujours aussi
simples. Ainsi, on constate parfois des changements brusques et
considérables dans les images, au moment où le tube mobile
qu'on étire se trouve entre les deux positions où deux harmoniques
successifs subissent l'interférence. Cette position intermédiaire
représente alors le lieu de l'interférence de la douzième au grave
d'un harmonique élevé, qui se trouve ainsi éliminé du mélange.

A la place du bout de tube en forme de fourchette où, dans
toutes les expériences précédentes, on fait arriver le son, on
peut aussi employer deux bouts de tubes indépendants de
même longueur et de même forme, et dont chacun se compose
de trois portions entrant à frottement l'une dans l'autre et pouvant tourner sur elles-mêmes, de manière que les deux ouvertures
libres à leurs extrémités puissent prendre n'importe quelle direction sans que la longueur ou la courbure des tubes en soient
modifiées. Cette disposition permet de conduire dans l'appareil
le son émané de deux régions différentes d'un même corps vibrant,
par exemple, de deux compartiments d'une plaque, qui vibrent
avec des signes contraires, ou bien de deux positions semblables,
mais prises sur les faces opposées de la plaque ; dans ces deux
cas, l'interférence a lieu pendant que le son passe par les deux
conduits de même longueur, et ce n'est que lorsqu'on détruit cette
interférence en allongeant l'un des deux conduits du tube, que
le son se fait entendre.

Afin de rendre l'appareil propre à la détermination de la longueur d'onde des sons dans différents gaz et de pouvoir répéter
les expériences de M. Zoch, j'adapte aux deux bras du conduit
deux robinets destinés à le vider ou à le remplir. Le résonateur
ne pouvant, bien entendu, rester en communication directe avec
l'intérieur du tube lorsqu'on opère sur d'autres gaz que l'air, il
faut l'en séparer par une chambre qu'une membrane mince divise

en deux compartiments, dont l'un communique avec le conduit, l'autre avec le résonateur; en outre, il faut avoir soin, pour éviter toute déperdition du gaz soumis à l'expérience, de glisser des anneaux de caoutchouc sur les jointures des portions de tube, qui d'ordinaire rentrent simplement l'une dans l'autre.

Il va de soi que cet appareil permet d'observer directement par l'oreille les phénomènes d'interférence dans toute leur variété et par suite de répéter les expériences de MM. Mach, Quincke et d'autres savants. Il suffit pour cela de remplacer l'appareil à flammes par des bouts de tubes en forme de fourchette et de faire communiquer ces derniers avec l'oreille par un tube de caoutchouc.

VIII

DIAPASON A SON VARIABLE.

(*Annales de Poggendorff*, 1876.)

La sirène de M. Helmholtz fournit, comme on le sait, le moyen d'obtenir deux sons avec une différence de phase voulue, et même de modifier à volonté l'intervalle de ces sons pendant qu'ils se produisent. Mais dans beaucoup de cas il serait désirable de pouvoir substituer aux sons complexes de la sirène les sons simples du diapason ; et il faudrait, pour cela, qu'on pût faire varier à volonté la tonalité de l'un des deux diapasons pendant qu'il vibre. C'est ce qui m'a engagé à construire un diapason où ce changement s'obtient avec facilité, ainsi qu'on le verra par la description que je vais en donner.

Les branches très épaisses du diapason sont forées dans le sens de la longueur, et les deux canaux sont réunis par une forure transversale qui traverse le talon. La cavité en forme de U ainsi obtenue communique avec un cylindre creux appliqué contre le talon du diapason et dans lequel une vis fait mouvoir un piston. Ce réservoir cylindrique contient la quantité de mercure nécessaire pour que, dans les deux positions extrêmes du piston, les deux canaux soient d'abord remplis jusqu'au bout, puis complètement vides. L'appareil est réglé de telle façon que la note du diapason soit dans un rapport simple avec celle d'un diapason auxiliaire quand ses branches sont remplies aux deux tiers. En faisant marcher le piston de manière à faire monter le mercure au dessus de ce niveau, on abaisse la note du diapason, et on l'élève en faisant descendre le mercure ; on peut donc ainsi modifier l'intervalle qu'il forme avec un diapason ordinaire à note fixe.

Comme les vibrations d'un diapason à mercure, simplement excité par un coup d'archet, n'ont que peu de durée, on les entretient par l'électricité, et à cause de la position verticale des branches, qui est ici obligée, le contact ordinaire à mercure a dû être remplacé par un contact à platine.

Le diapason creux dont je me sers depuis 1874, et que j'ai montré dès cette époque à divers savants, permet d'aller de 366 à 392 vibrations simples[1]. Les branches ont une largeur de 22 millimètres, une épaisseur de 15 millimètres, et les canaux ont un calibre de 5 millimètres. Il est monté en face d'un résonateur cylindrique qu'un piston permet d'accorder à la note variable du diapason. Un petit miroir fixé à l'une des branches sert à comparer ce diapason à un diapason ordinaire, de mêmes dimensions, et monté de la même manière que le diapason creux, avec lequel il donne de puissants battements. Pour donner au diapason la même amplitude d'oscillation qu'au diapason auxiliaire, il faut employer un courant double.

Si maintenant on rapproche peu à peu la note du diapason à mercure de celle du diapason auxiliaire, on arrive à l'unisson avec une différence de phase quelconque, que l'on ne peut ni prévoir ni choisir d'avance; il faut donc, si l'on veut obtenir une différence de phase déterminée, commencer par altérer légèrement l'unisson déjà réalisé, puis, lorsque l'on a obtenu la différence de phase voulue par un changement très lent, retourner brusquement à l'unisson. Mais cette opération devient difficile avec l'appareil à mercure; en effet, lorsqu'en tournant la vis dans un sens on a d'abord altéré l'unisson, et qu'ensuite on la tourne brusquement en sens contraire de manière à la ramener à sa première position, on ne retrouve pas exactement l'unisson. Cela tient d'une part à ce que dans les deux rotations inverses de la vis il y a toujours quelque chose de perdu pour le piston, et d'autre part aussi, peut-être, à ce que le mercure adhère un peu aux parois des canaux. Il est donc préférable de recourir à l'artifice suivant.

A l'extrémité de l'une des branches du diapason creux est attaché un fil lesté d'un petit poids, qui passe sur une petite poulie. Ce poids peut être soutenu par une coupe mobile, portée sur une tige verticale, lorsqu'on veut l'empêcher d'agir. Supposons main-

---

1. Avec des diapasons construits de cette façon pour ut_2, on peut faire changer le ton environ de 15 v. s.

tenant que les deux diapasons forment un intervalle pur, le poids
étant soutenu; il suffira d'abaisser la coupe et de tendre le fil,
pour altérer légèrement la tonalité et produire une variation lente
de la différence de phase. Or cette altération disparaît au moment
où le poids est de nouveau soutenu. On peut ainsi revenir à l'intervalle pur au moment précis où l'observation de la figure optique
indique qu'on a obtenu la différence de phase désirée.

IX

SUR LES PHÉNOMÈNES PRODUITS PAR LE CONCOURS
DE DEUX SONS.

(*Annales de Poggendorff*, 1876, n° 2.)

Lorsqu'on produit deux sons à l'aide du même instrument musical, ou par les vibrations simultanées de deux corps qu'un troisième relie étroitement entre eux, il en résulte des phénomènes
très compliquées dont il faut chercher la cause, d'une part dans la
réaction mutuelle des deux sources sonores et dans leur action sur
le corps qui les relie, et de l'autre dans la manière dont les deux
séries d'ondulations sonores se comportent dans l'air. Dans le travail que je publie aujourd'hui, je me suis proposé uniquement
d'étudier les phénomènes dus à la coexistence de deux mouvements sonores dans l'air. Je n'ai donc employé, pour produire ces mouvements, que des sources sonores complètement
isolées l'une de l'autre et ne pouvant par conséquent ni s'influencer mutuellement d'une manière directe, ni agir ensemble sur un
troisième corps. Comme en outre les mouvements ondulatoires auxquels donnent naissance les sons musicaux doivent être considérés comme composés de plusieurs séries d'ondes qui représentent
des sons simples, de sorte qu'en faisant usage de sons musicaux
on ne peut pas toujours décider si les phénomènes observés sont
dus aux sons fondamentaux ou bien à leurs harmoniques, j'ai eu
soin de choisir des sources sonores donnant, autant que possible,
des sons simples.

Pour les sons graves, j'ai employé de très gros diapasons montés sur des supports de fer isolés, et placés en face de résonateurs de grande dimension ; pour les sons plus élevés, je n'ai fait
usage que de diapasons assez forts pour qu'il fût inutile de les ren-

forcer. Voici la série complète des diapasons et des résonateurs dont je me suis servi pour ces expériences.

I. — Cinq diapasons donnant (sans poids mobiles) les notes sol_{-1}, ut_1, mi_1, sol_1, ut_2. Chacun des quatre derniers peut, à l'aide de curseurs, être baissé jusqu'à la note du diapason qui le précède immédiatement ; le premier peut être baissé jusqu'au mi_{-1} de 80 v. s. à l'aide de deux curseurs, et jusqu'à l'ut_{-1} de 64 v. s. à l'aide de deux autres curseurs, cette limite peut encore être reculée en ajoutant des poids. — Les positions des curseurs sur les cinq diapasons sont marquées par des traits pour chaque vibration simple depuis ut_{-1} jusqu'à ut_1, et pour chaque vibration double depuis ut_1 jusqu'à ut_2.

Les branches du diapason le plus grave ont 35^{mm} d'épaisseur, 55^{mm} de largeur, et une longueur de $0^m,75$ environ ; les branches des quatre autres ont 39^{mm} d'épaisseur, 55^{mm} de largeur, et des longueurs qui varient de $0^m,70$ à 0^m49. Ces cinq diapasons pèsent ensemble 130 kilogr., sans les poids mobiles et les supports.

II. — Huit diapasons donnant (sans poids mobiles) les notes ut_2 mi_2, sol_2, ut_3, ut_5, mi_5, sol_5, ut_4, et dont les curseurs permettent d'obtenir toutes les notes intermédiaires. Les branches ont 26^{mm} d'épaisseur, 26^{mm} de largeur, et des longueurs variant de $0^m,39$ à $0^m,19$. Les quatre premiers portent des divisions qui marquent la place des curseurs de 2 en 2 vibrations simples ; sur les quatre derniers, les divisions vont de 4 en 4 vibr. s.

III. — Neuf diapasons donnant les notes de la gamme d'ut_4, et l'harmonique 7 d'ut_3. Les branches ont 25^{mm} de largeur, et une épaisseur de 25^{mm} au talon, de 12^{mm} aux extrémités ; les longueurs varient depuis $0^m,20$ jusqu'à $0^m,13$.

IV. — Douze diapasons donnant la gamme d'ut_5, les harmoniques 11, 13 et 14 d'ut_3, et la note (2389, 3 v. s.) qui se trouve avec ut_5 (512 v. s.) dans le rapport de 3 : 7. Les branches ont 15^{mm} de largeur, avec une épaisseur de 10^{mm} au talon et de 7^{mm} aux extrémités, et des longueurs qui varient de $0^m,09$ à 0^m06.

V. — Onze diapasons donnant la gamme d'ut_6 et les harmoniques 11, 13, 14 d'ut_5. Les branches ont 23^{mm} de largeur, une épaisseur de 18^{mm} au talon et de 9^{mm} aux extrémités, et des longueurs qui varient de $0^m,08$ à $0^m,05$.

VI. — Deux séries de onze et de neuf diapasons respectivement, la première pour les notes comprises entre si_5 et ut_6, la seconde pour les notes comprises entre 7936 v. s. et 8192 v. s. (ut_7), avec des branches d'une longueur de 14^{mm} et d'une épaisseur d'environ 8^{mm} au talon.

VII. — Trois paires de résonateurs destinés à renforcer les sons depuis ut_1 jusqu'à ut_4. Ces résonateurs sont des tubes de laiton, fermés par des pistons à vis qui permettent de les accorder avec une précision absolue pour la note qu'il s'agit d'observer ; ils sont montés sur des pieds de fer. A l'orifice de chaque résonateur peuvent être fixées deux plaques latérales pour éviter la perte d'intensité dans le cas où les poids mobiles empêchent d'approcher les diapasons assez près de cet orifice. En outre, chaque piston est perforé près de la vis qui le traverse et qui le fait mouvoir, et le trou est garni d'un petit tube qui reste ordinairement fermé, mais que l'on peut ouvrir afin de mettre l'oreille, par un tube de caoutchouc, en communication directe avec la masse d'air à l'intérieur du résonateur.

Les deux résonateurs qui renforcent les sons depuis ut_1 jusqu'à sol_2 sont des tubes cylindriques de 0^m,30 de diamètre et de 1^m,15 de longueur. L'ouverture rectangulaire pratiquée dans la plaque qui ferme l'ouverture du devant du tube a 0^m,27 de haut sur 0^m,12 de large.

Les deux résonateurs destinés aux sons depuis sol_1 jusqu'à sol_3 ont 0^m,25 de diamètre, une longueur de 0^m,50, et des ouvertures de 0^m,23 de haut sur 0^m,07 de large.

Le troisième couple de résonateurs renforce les sons depuis sol_2 jusqu'à ut_4. Les tubes ont 0^m,25 de diamètre, 0^m,36 de longueur, et des orifices de 0^m,15 sur 0^m,07.

I

Battements primaires et sons de battements primaires.

1. Intervalles dont la note fondamentale est l'ut_1 (128 v. s.).

Lorsqu'à côté du son grave ut_1, simple et fort comme le donne un grand diapason vibrant en face de son résonateur, on produit de la même manière un autre son qu'on élève peu à peu en par-

tant de l'unisson, on constate que les battements, qui se font entendre dès qu'on s'écarte de l'unisson, deviennent de plus en plus
rapides. Quand le son dont on fait varier la hauteur arrive à 152 ou
156 v. s. (entre $ré_1$ et mi_{-1}), les battements, qui jusque-là s'entendaient
distinctement, au nombre de 12 à 13, commencent à produire l'effet d'un roulement qui s'accélère de plus en plus à mesure qu'on
approche de l'intervalle de quarte (172 v. s. 22 battements), mais
sans perdre son caractère simple. Dès qu'on dépasse la quarte, on
entend un ronflement confus, mais toujours très fort, qui continue
jusqu'au delà de la quinte et ne commence à se débrouiller que
lorsqu'on approche de la sixte, vers 212 ou 216 v. s. où l'on entend
de nouveau un roulement simple, quoique encore très rapide. Ce
roulement se ralentit assez entre la sixte et la septième pour que,
dans le voisinage de 232 ou 236 v. s. on puisse déjà compter 12 et
10 coups séparés ; sur la septième ($si_1 = 240$ v. s.) on en compte 8,
vers 244 v. s. il n'y en a plus que 6, et le nombre des battements
diminue ainsi jusqu'à l'octave ($ut_2 = 256$ v. s.), où ils disparaissent.

Les nombres de vibrations des sons primaires pouvant être lues
directement sur les branches des diapasons, on constate aisément
que la fréquence des battements que l'oreille distingue dans le
voisinage de l'unisson s'exprime par la *différence des nombres de
vibrations doubles des sons primaires*, et celle des battements que
l'on compte dans le voisinage de l'octave par la *différence des vibrations doubles du plus élevé des deux sons et de l'octave aiguë du
plus grave.*

Ces résultats peuvent se résumer comme il suit. Tout intervalle
$n : n'$ plus petit que l'octave donne naissance à deux sortes de battements dont la fréquence s'exprime par les restes positif et négatif de la division $\dfrac{n'}{n}$, c'est-à-dire par les deux nombres m et $m' =$
$n - m$ qu'on obtient en faisant $n' = n + m = 2n - m'$. Pour abré-
ger, j'appellerai les battements m, *battements inférieurs*, et les
battements m', *battements supérieurs*. Lorsqu'on fait varier l'intervalle à partir de l'unisson jusqu'à l'octave, la fréquence des battements inférieurs augmente depuis zéro jusqu'à n, tandis que celle
des battements supérieurs diminue depuis n jusqu'à zéro. Près de
la quinte, les deux sortes de battements se confondent, leur fréquence ayant alors pour expression $\dfrac{n}{2}$. Tant que la différence m

des deux sons est beaucoup plus petite que $\frac{n}{2}$ on n'entend que les battements inférieurs m ; lorsque m est beaucoup plus grand que $\frac{n}{2}$, on n'entend que les battements supérieurs m' ; enfin quand m approche de $\frac{n}{2}$, les deux sortes de battements s'entendent à la fois.

Les battements inférieurs ont plus d'intensité que les battements supérieurs ; c'est pourquoi l'oreille les perçoit jusqu'à une plus grande distance au-dessus de la quinte que celle où les battements supérieurs cessent d'être entendus au-dessous du même point.

Dans l'octave $ut_1 - ut_2$, dont il s'agit ici, il est très difficile de démêler, au milieu du vacarme confus des battements m et m' qu'on entend dans le voisinage de la quinte, le rythme particulier à chacune de ces deux espèces de battements, les nombres des coups de force m et m' étant l'un et l'autre assez grands pour produire séparément l'effet d'un roulement continu. Je n'ai réussi à percevoir nettement et à séparer par l'oreille les deux espèces de battements pendant leur coexistence qu'en prenant pour son fondamental des intervalles un son beaucoup plus grave encore que l'ut_1, à savoir le mi_{-1} de 80 v. s.

Le gros diapason qui donnait cette note portait, fixée à l'une de ses branches, une plaque de bois large de $0^m,24$ et haute de $0^m,40$. Un fort électro-aimant installé entre les deux branches permettait d'obtenir des oscillations de 12 à 15^{mm} d'amplitude. C'est contre cette plaque que je tenais l'oreille pendant que j'en approchais plus ou moins un autre diapason muni de curseurs, que je tenais librement à la main.

L'expérience étant faite de cette manière, si on élève peu à peu la note du diapason auxiliaire à partir de 80 v. s., les battements, que l'oreille perçoit d'abord comme des coups séparés, se confondent bientôt et deviennent un roulement, puis un ronflement confus qui se continue jusqu'au delà de la quinte (20 battements). Vers 144 v. s., où l'on a 32 battements inférieurs et 8 battements supérieurs, ces derniers commencent déjà à devenir nettement perceptibles. Vers 148 v. s. ($m = 34$, $m' = 6$) et 150 v. s. ($m = 35$, $m' = 5$), on entend distinctement les 5 ou 6 battements supérieurs à côté du roulement formé par les 34 ou 35 battements inférieurs.

On peut se faire une idée assez juste de l'impression produite par la coexistence des deux espèces de battements, en faisant vibrer la langue comme pour prononcer la lettre R pendant qu'on pousse l'air au dehors par une expiration entrecoupée.

A propos de cette expérience, je dirai en passant qu'il est extrêmement difficile d'obtenir des sons simples très graves d'une certaine intensité. Comme il m'importait d'étudier les battements pour des intervalles assez larges avec des différences aussi petites que possible dans les nombres de vibrations, j'ai construit pour les sons de la gamme d'ut_{-1} (64 — 128 v. s.) deux grands résonateurs de bois, de 2 mètres de longueur, avec des diamètres de $0^m,40$ et de $0^m,60$ respectivement. Comme les résonateurs de cuivre, ils étaient fermés par des pistons à vis qui permettaient de les accorder avec précision; l'ouverture pouvait être agrandie ou diminuée à volonté par deux plaques à coulisses; néanmoins l'effet que j'obtenais avec les gros diapasons renforcés par ces résonateurs était encore si faible qu'en choisissant l'un de ces sons graves comme son fondamental, j'aurais plus perdu pour mes expériences en intensité que je n'aurais gagné par la diminution du nombre absolu des vibrations.

Si nous franchissons l'intervalle d'octave (128 : 256), où nous étions arrivés, en élevant encore davantage le son auxiliaire, à partir de 256 v. s., tout en conservant le son fondamental (128 v. s.), on entend de nouveau des coups de force séparés qui, après avoir atteint le nombre de 10 ou 12 aux environs de 276 à 280 v. s., se fondent en un roulement simple, lequel, vers 296 v. s. (20 battements), devient un ronflement confus. Ce ronflement s'affaiblit bientôt, et vers 332 ou 336 v. s. (entre mi_2 et fa_2) le concours des deux sons ne produit plus qu'une impression de dureté, de rudesse; mais dès qu'on atteint 344 v. s., le roulement reparaît très distinct, quoique rapide; il se ralentit bientôt, et vers 360 ou 364 v. s., l'oreille sépare déjà les coups de force, au nombre de 12 ou 10; vers 368, 372, 376, 380 v. s., leur nombre n'est plus que de 8, 6, 4, et 2 respectivement, et ils disparaissent lorsqu'on arrive au sol_2 (384 v. s.), qui est à la douzième (1 : 3) du son fondamental.

Le nombre des battements perceptibles dans le voisinage de l'octave est encore égal à la différence des vibrations doubles du son supérieur et de l'octave du son fondamental; celui des battements perceptibles aux environs de la douzième est égal à la différence des vibrations doubles du son supérieur et de la douzième du son fondamental. L'analogie, on le voit, est complète si nous rapprochons les battements des intervalles compris entre l'octave et la douzième ($n : 2n$ et $n : 3n$) de ceux des intervalles qui tombent entre l'unisson et l'octave ($n : n$ et $n : 2n$). Tout intervalle $n : 2n + m$ ou $3n-m'$ donne naissance à deux espèces de battements, dont le nombre est m et m'. Tant que m est beaucoup plus petit que $\frac{n}{2}$, on n'entend que les battements m; dès que m est beaucoup plus grand que $\frac{n}{2}$, on n'entend que les battements m'; enfin quand m approche de $\frac{n}{2}$, les deux sortes de battements coexistent, et leur nombre est égal à $\frac{n}{2}$, pour l'intervalle $2 : 5$ ($mi_2 = 320$ v. s.).

Les battements de l'intervalle $n : 2n + m$ sont donc les mêmes que ceux de l'intervalle $n : n + m$. Ici encore les battements supérieurs sont plus faibles que les battements inférieurs. De plus les battements m et les battements m' sont ici plus faibles que les battements correspondants des intervalles de la première période, qui s'étend de l'unisson à l'octave.

Nous arrivons à la période qui va de la douzième à la double octave, c'est-à-dire de l'intervalle $n : 3n$ ($ut_1 : sol_2$) à l'intervalle $n : 4n$ ($ut_1 : ut_3$), et dont le milieu ($m = \frac{n}{2}$), répond à l'intervalle $2 : 7$ ($128 : 448$ v. s.). On y retrouve encore l'analogie avec les deux périodes précédentes, seulement, les deux espèces de battements s'affaiblissant encore davantage, on ne peut plus les suivre aussi loin. — Si, partant de sol_2 (384 v. s.), on élève encore peu à peu le son supérieur, les battements, que d'abord l'oreille séparait sans peine, se fondent, vers 404 v. s. (10 battements), en un roulement continu qui, vers 420 v. s., devient un ronflement faible et confus. En approchant de 456 v. s., on ne distingue plus qu'une légère dureté du son, et c'est seulement vers 480 ou 484 v. s. (16 ou 14 battements) que reparaît le roulement continu, qui vers 492 v. s. se décompose en 10 coups de force séparés; le nombre de ces battements diminue ensuite rapidement, et ils cessent d'être entendus lorsqu'on atteint la double octave ($ut_3 = 512$ v. s.).

Les battements que donne un intervalle $n : 3n + m$ ou $4n-m'$ sont encore au nombre de m et de m' comme ceux des intervalles $n : 2n + m$ et $n : n + m$.

Lorsque, dépassant l'intervalle $n:4n$, on s'élève jusqu'à l'inter-valle $n:5n$ (de ut_3 à mi_3), il devient encore plus difficile de compter les battements au delà de certaines limites. Quand les battements m, au nombre de 8 ou 10, se sont fondus en un roulement con-tinu, ce roulement devient déjà si faible vers 552 v. s. (20 batte-ments) qu'il ne se perçoit plus que comme une sorte de rudesse du son. Vers 560 v. s. (24 battements), on ne distingue même plus cette rudesse, et les deux sons forment ensemble un accord très pur. C'est seulement vers 616 v. s. qu'un roulement composé de 12 coups de force commence à se dégager de cet accord, et ce rou-lement se dissout bientôt en battements m', qui à leur tour dispa-raissent lorsqu'on atteint l'intervalle $1:5$ (128:640 v. s.).

Dans la période qui va de $n:5n$ à $n:6n$ (de mi_3 à sol_3), les batte-ments m ne se distinguent nettement que si leur nombre ne dépasse pas 10, et ils cessent d'être entendus vers 664 v. s. (12 battements); les battements m' commencent à être perçus faiblement vers 748 v. s., et l'oreille les sépare nettement vers 752 v. s. (8 battements).

En allant de $n:6n$ à $n:7n$ (de sol_3 à 896 v. s.), les battements m ne sont distincts que jusqu'à 780 v. s. (6 battements), et cessent d'être entendus vers 784 v. s. Les battements m' commencent à se faire entendre faiblement, au nombre de 6, vers 884 v. s., et deviennent distincts vers 888 v. s. (4 battements).

De $n:7n$ à $n:8n$ (de 896 v. s. à ut_3), les battements m s'enten-dent encore distinctement (au nombre de 4) vers 904 v. s.; ils cessent d'être entendus vers 908 v. s. (6 battements). Vers 1016 v. s., on commence à entendre 4 battements m', et vers 1020 v. s., on entend distinctement 2 battements.

Dans des conditions favorables, j'ai réussi à entendre quelques battements sur l'intervalle $ut_1:ré_1$ et même sur $ut_1:mi_1$ (1 : 9 et 1 : 10); mais ces battements étaient très faibles, et ils ne seraient certainement pas, comme ceux des intervalles précédents, percep-tibles pour une oreille peu exercée.

On a supposé jusqu'à présent que des battements ne pouvaient être produits directement que par deux sons voisins de l'unisson, et que les battements de tous les intervalles plus larges étaient dus à l'intervention des sons résultants. D'après cette théorie, les deux battements très distincts de l'intervalle $ut_1:ut_4 - 2$ v. d. se-raient donc produits de la manière suivante. Le son fondamental ut_1 (n v. d.) donnerait :

Avec $ut_4 - 2$ v. d. $(8n - 2)$ le son résultant 892 v. s. $(7n - 2)$.
» 892 v. s. $(7n - 2)$ »   » $sol_5 - 2$ v. d. $(6n - 2)$.
» $sol_5 - 2$ v. d. $(6n - 2)$ »   » $mi_5 - 2$ v. d. $(5n - 2)$.
» $mi_5 - 2$ v. d. $(5n - 2)$ »   » $ut_5 - 2$ v. d. $(4n - 2)$.
» $ut_5 - 2$ v. d. $(4n - 2)$ »   » $sol_2 - 2$ v. d. $(3n - 2)$.
» $sol_2 - 2$ v. d. $(3n - 2)$ »   » $ut_2 - 2$ v. d. $(2n - 2)$.
» $ut_2 - 2$ v. d. $(2n - 2)$ »   » $ut_1 - 2$ v. d. $(n - 2)$.
» $ut_1 - 2$ v. d. $(n - 2)$ deux battements.

De tous ces sons intermédiaires, je n'ai pu découvrir aucune trace; de plus, le son $ut_4 - 2$ v. d. (1020 v. s.) possède une intensité relativement si faible au moment où ses battements avec le son fondamental ut_1 s'entendent avec le plus de netteté, qu'il semble impossible d'admettre qu'il puisse donner, avec un autre son quelconque, un son résultant encore perceptible à l'oreille; encore moins s'expliquerait-on qu'il pût donner naissance à toute une série de sons résultants. Il me paraît donc plus simple de supposer que les battements des intervalles harmoniques sont produits, comme ceux de l'unisson, par la composition directe des ondes sonores, qui fait naître des coïncidences périodiquement changeantes des maxima de même signe des deux sons n et n'. Les maxima de même signe de deux sons qui forment un intervalle harmonique, comme ceux de deux sons à l'unisson, coïncideront exactement, ou chaque maximum de compression du son le plus aigu précédera de près le maximum de compression de la première, et suivra de près le maximum de compression de la seconde de deux vibrations consécutives du son fondamental, de façon que le milieu du battement tombera entre ces deux vibrations, mais dans les deux cas l'action sur l'oreille sera la même puisqu'un battement n'est pas un phénomène instantané, mais se compose de l'augmentation et de la diminution progressive de l'intensité du son [1].

1. En analysant mon mémoire dans le *Moniteur scientifique* du docteur Quesneville (numéro du 1er avril 1876), M. Radau fait les remarques suivantes :

Ces résultats ne sont point en désaccord avec la théorie, si nous admettons que les battements résultent de la coïncidence, *plus ou moins parfaite*, des maxima de même signe. Prenons deux sons n, n', dont les phases sont respectivement zéro et une fraction a. Après un temps $\frac{1}{n}$, le premier a fait une vibration complète, et le second en a fait $\frac{n'}{n}$; sa phase est devenue $\frac{m}{n} + a$, en désignant par m le reste de la division $\frac{n'}{n}$. Après le temps $\frac{x}{n}$, correspondant à x vibrations complètes du son n,

Pour donner une idée claire du mouvement ondulatoire qui

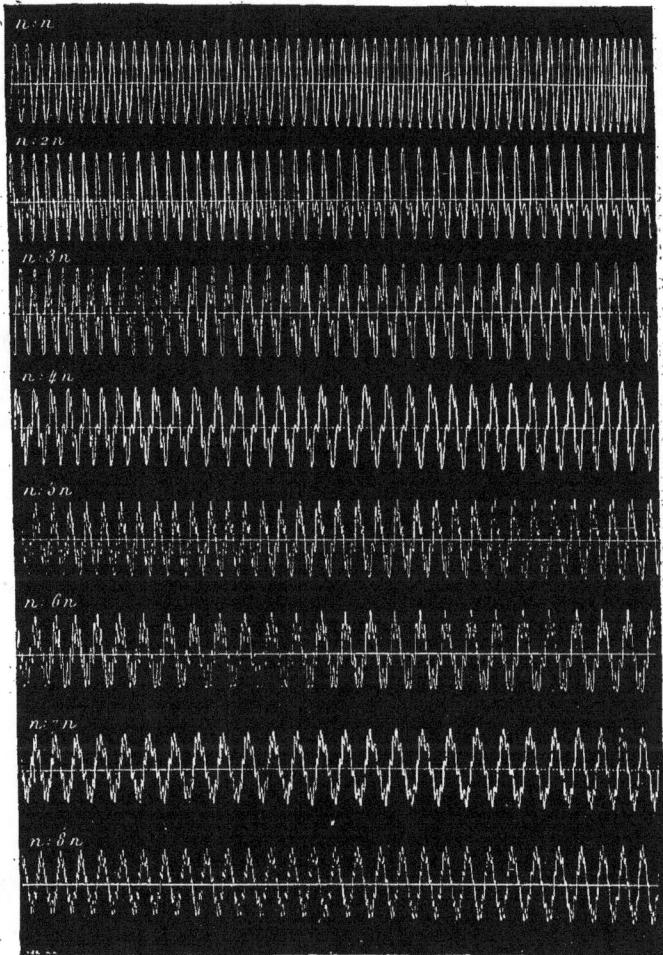

Fig. 35. Diagrammes des intervalles harmoniques justes, obtenus par la composition parallèle de vibrations de deux diapasons. (Photogravure.)

la phase du son n' est devenue $\frac{xm}{n} + a$. Toutes les fois que cette phase ap-

répond aux battements des divers intervalles, j'ai exécuté la combi-

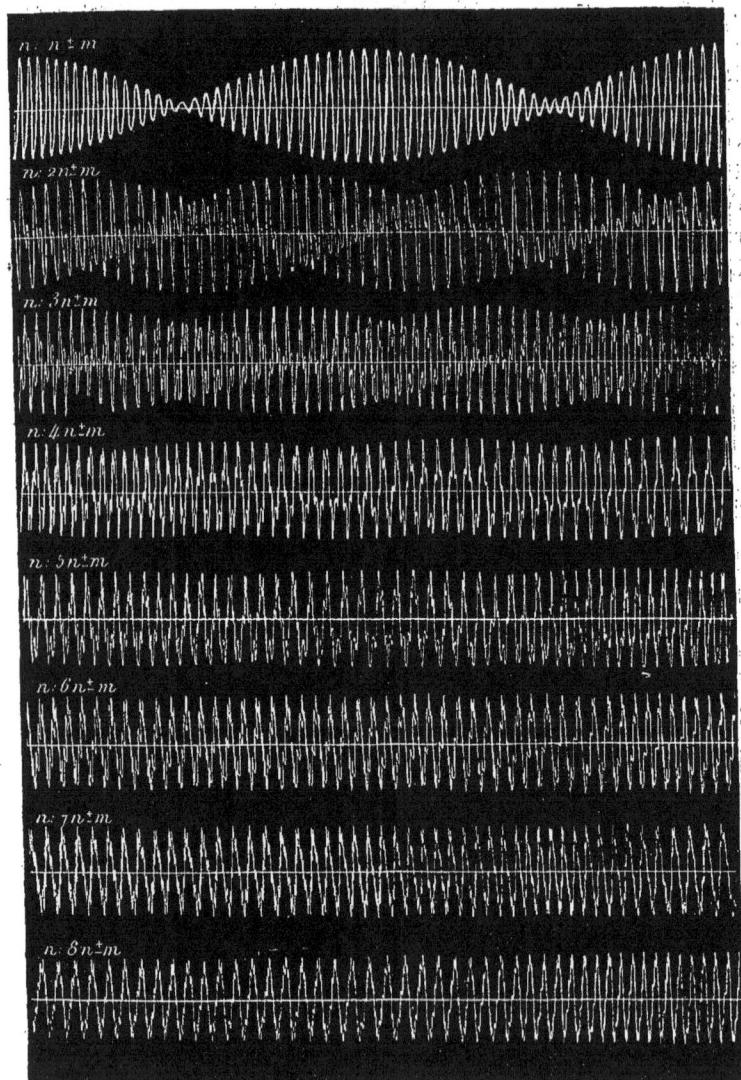

Fig. 36. Diagrammes des intervalles harmoniques altérés, obtenus par la composition parallèle des vibrations de deux diapasons. (Photogravure.)

proche d'un nombre entier k, il y aura coïncidence plus ou moins parfaite et bat-

naison graphique des vibrations pour les intervalles $n : hn$ ($h = 1, 2, \ldots 8$) et $n : hn + y$ ($h = 1, 2, \ldots 8$), à l'aide de mon appareil fondé sur la méthode de MM. Lissajous et Desains, où l'un des deux diapasons porte une plaque de verre enfumée et l'autre le style qui doit écrire sur cette plaque.

Si l'on considère le caractère général des courbes ainsi obtenues, on trouve que les battements des intervalles impairs 1:3, 1:5, 1:7, sont marqués, aussi bien que ceux de l'unisson (1:1) par des maxima et des minima périodiques de l'amplitude, qui pourraient fort bien expliquer la production effective de ces battements. Dans les courbes des intervalles pairs, 1:2, 1:4, 1:6, 1:8, on voit toujours alterner un maximum de compression avec un maximum de dilatation, comme dans les ondes progressives ordinaires ; on pourrait donc en quelque sorte considérer chaque période complète comme une seule onde composée, et le fait que de telles ondulations de l'air sont perçues séparément comme des battements n'a rien qui doive nous étonner, puisque les sons des grands tuyaux d'orgue qui forment l'octave de 32 pieds s'en-

---

tement. Les battements correspondent donc aux valeurs de x pour lesquelles la condition $\frac{xm}{n} + a = k$ ($k = 1, 2, 3, \ldots$) se trouve approximativement remplie.

Si les coïncidences étaient rigoureuses, cette équation serait strictement exacte, et donnerait $x = \frac{(k-a)n}{m}$, ce qui suppose que $(k-a)n$ est divisible par m. Mais, en général, la division donnera un quotient q et un reste r,

$$\frac{(k-a)n}{m} = q + \frac{r}{m} = q + 1 - \frac{r'}{m},$$

et on pourra satisfaire à l'équation en question d'une manière approchée en prenant pour x les nombres q et $q+1$, car on aura ainsi :

$$\begin{cases} q\,\dfrac{m}{n} + a = k - \dfrac{r}{n}, \\ (q+1)\,\dfrac{m}{n} + a = k + \dfrac{r'}{n}. \end{cases}$$

Après les temps $\frac{q}{n}$ et $\frac{q+1}{n}$, la phase du son n' sera donc respectivement $-\frac{r}{n}$ et $+\frac{r'}{n}$, c'est-à-dire une petite fraction. Le milieu du battement tombera entre ces deux instants, dont la moyenne est représentée à très peu près par $\frac{k-a}{m}$. L'intervalle entre deux battements k et $k+1$ est donc égal à $\frac{1}{m}$, d'où il suit qu'il y aura m battements par seconde.

Le même raisonnement s'applique au reste négatif m' de la division $\frac{n'}{n}$; on n'a qu'à écrire partout $-m'$ à la place de $+m$.

tendent parfaitement comme des coups séparés et qu'on reçoit
encore l'impression d'une série de coups séparés en approchant
l'oreille des branches d'un grand diapason qui fait moins de 32 v.
d. par seconde.

Une particularité curieuse du phénomène des battements, c'est
que les deux sons primaires dominent alternativement. Lorsqu'à
côté du son fort de l'ut_1, on fait résonner l'ut_2, altéré seulement
d'une fraction de vibration, d'où résultent des battements très
lents, on entend tour à tour ressortir le son fondamental et le son
supérieur, c'est-à-dire l'octave, avec une telle netteté que parfois,
quand l'ut_2 est très fort, on serait porté à compter les battements
doubles. Lorsqu'au contraire l'ut_2 est faible, on entend seulement
les alternatives de force et de faiblesse du son fondamental. J'ai
fait la même remarque sur les battements très lents de la douzième
et de l'octave double ($ut_1 : sol_2$ et $ut_1 : ut_3$); mais avec des battements tant soit peu rapides, le renforcement périodique du son
aigu cesse d'être sensible.

Ce dernier phénomène s'expliquerait également avec plus de
facilité par les courbes des battements que par l'intervention
supposée de sons résultants intermédiaires dont l'oreille n'accuse
pas l'existence.

2. — Intervalles dont le son fondamental est l'ut_2 de 256 v. s.

Si nous prenons l'ut_2 (256 v. s.) pour son fondamental des divers
intervalles depuis l'unisson jusqu'à la triple octave, le nombre
des battements étant double, on ne peut plus, dans les périodes
successives, les suivre tout à fait aussi loin que quand nous
avions pour son fondamental l'ut_1.

Les battements, d'abord nettement séparés, se fondent, dès
qu'on atteint l'intervalle de seconde, en un roulement continu
qui devient aux environs de la tierce un ronflement confus.

Ce ronflement devient déjà faible au delà de la quarte. Entre
la quinte et la sixte, les sons forment une consonance un peu
dure, d'où commence à se dégager, entre la sixte et la septième,
un roulement plus distinct qui, aux environs de la septième, se
dissout en coups de force séparés que l'on commence à pouvoir
compter vers 496 v. s. (8 battements), et qui cessent d'être entendus dès qu'on atteint l'octave (ut_3).

Dans la deuxième période, en allant de l'octave à la douzième (de ut_3 à sol_3), vers 584 v. s., on ne constate déjà plus qu'une certaine dureté du son, et vers 608 v. s. les deux sons forment déjà une consonance très pure qui ne devient un peu dure que vers 704 v. s.; vers 720 v. s. on entend un roulement continu, puis des battements séparés, qui disparaissent en arrivant à la douzième $ut_2 : sol_3$ (1 : 3).

Dans la troisième période, de sol_3 à ut_4 les dernières traces de la dureté du son due aux battements m, devenus très nombreux, disparaissent déjà vers 820 v. s. A partir de là jusqu'à 976 v. s., les deux sons forment une consonance pure, qui devient un peu dure vers 984 v. s. (20 batt. m'); puis on commence à entendre des battements séparés, qui s'évanouissent pour la double octave $ut_2 : ut_4$ (1 : 4).

Au delà de la double octave, on peut suivre les battements $n - m$ au-dessous, et les battements m au-dessus de l'intervalle $ut_2 : mi_4$ (1 : 5), jusqu'au nombre de 12. — Au-dessus et au-dessous de l'intervalle $ut_2 : sol_4$ (1 : 6), on les distingue jusqu'au nombre de 8 environ, et jusqu'à 5 dans la consonance troublée $ut_2 : 1792$ v. s. (1 : 7). Aux environs de la triple octave $ut_2 : ut_5$ (1 : 8), on peut encore distinguer jusqu'à 4 battements ; les deux ou trois battements qu'on entend autour de $ut_2 : ré_5$ (1 : 9) sont déjà très faibles.

Bien que les battements m et $n - m$ atteignent le nombre de 64 pour l'intervalle qui correspond au milieu de chacune de ces périodes observées avec le son fondamental ut_2 (128 v. d.), néanmoins, même dans la première de ces périodes (aux environs de la quinte $ut_2 : sol_2$) on n'entend qu'à peine un ut_1. Si, à l'ut_2, qui résonne d'abord seul, on ajoute subitement le sol_2, on dirait que le timbre du son fondamental devient simplement un peu plus grave.

3. — Intervalles dont le son fondamental est l'ut_3 de 512 v. s.

Nous arrivons aux intervalles formés avec le son fondamental ut_3. En partant de l'unisson pour aller aux intervalles de plus en plus larges, on observe ce qui suit. Les battements m, d'abord nettement séparés, se changent, avant qu'on arrive à l'intervalle de seconde, en un ronflement qui devient une simple dureté du son en approchant de la tierce (64 battements). En même temps, on entend faiblement un ut_1, qui s'élève jusqu'à l'ut_2 à mesure qu'on approche de la quinte (128 battements), tandis que la dureté du son disparaît complètement à partir de 720 ou 736 v. s. De 768 à 896 v. s. (128 — 192 battements), le son ut_2 monte jusqu'au sol_2, et prend une intensité surprenante relativement à celle qu'il avait depuis ut_1 jusqu'à ut_2 (64 à 128 battements). Il semblerait donc que la perte d'intensité que les impulsions séparées m subissent dans ces intervalles plus larges est plus que compensée par leur nombre toujours croissant, au point de vue de l'intensité du son qu'elles forment.

L'existence du son qui résulte des battements $n — m$ peut être constatée, depuis la tierce $(m' = 192)$ jusqu'à la quinte $(m' = 128)$, pendant qu'il descend de sol_2 à ut_2, au moyen des battements qu'il donne avec des diapasons auxiliaires, lors même qu'il serait à peine perceptible directement. De 808 à 896 v. s. (108 à 64 battements m'), il devient si faible qu'on peut à peine le reconnaître même à l'aide des diapasons auxiliaires. Il semble d'après cela que l'accroissement d'intensité des impulsions isolées m', qui résulte de la diminution de leur nombre, n'est point assez marqué pour donner au son, devenu plus grave, la même force qu'il avait lorsqu'il était plus aigu.

Vers 944 v. s. $(m' = 40)$, on commence à constater la dureté du son, qui vers 976 v. s. devient un roulement; puis on entend des battements séparés qui disparaissent à leur tour quand on arrive à l'octave $ut_3 : ut_4$.

Les battements m de la période qui va de l'octave $ut_3 : ut_4$ à la douzième $ut_3 : sol_4$ ne s'entendent déjà plus que comme une simple dureté pour $m = 20$; de même les battements $n — m$ commencent pour $m' = 18$ à se trahir par la dureté de la consonance. Dans la troisième période (de $ut_4 : sol_4$ à $ut_5 : ut_5$), les battements m sont encore entendus jusquà $m = 16$, les battements m' jusqu'à $m' = 10$. (Ces deux déterminations ont été faites à l'aide de diapasons de mon tonomètre qui ne sont pas compris dans la liste des diapasons énumérés au début de ce mémoire.)

Au-dessus et au-dessous de l'intervalle $ut_5 : mi_5$ (1 : 5), les battements s'entendent très bien lorsque le nombre n'en dépasse pas 5; aux environs de la consonance troublée $ut_5 : sol_5$ (1 : 6), on les entend encore au nombre de 2 ou 3.

Les *sons de battements*, déjà très faibles dans la première période, cessent d'être perçus directement dans les périodes suivantes.

4. — Intervalles qui ont pour son fondamental l'ut_4 de 1024 v. s.

Lorsqu'on forme les intervalles successifs dont le son fondamental est l'ut_4, les deux sortes de battements ne sont plus perçus comme tels que dans le voisinage immédiat de l'unisson et des intervalles harmoniques, car en raison de leur fréquence ils deviennent ici de véritables sons qui se produisent dans l'ordre suivant.

La seconde $ut_4 : ré_4$ fait distinctement entendre le son ut_4 ($m = 64$), qui pour la tierce mineure $ut_4 : mi_4$ monte jusqu'à l'ut_2 ($m = 128$) en prenant plus de force. Lorsqu'on arrive à la quarte, $ut_4 : fa_4$, on remarque qu'au fa_2 ($m = 170,6$) s'ajoute le fa_5 ($m' = 341,3$). Quand la quarte est juste, ces deux notes se fondent en un son qui semble se rapprocher tantôt du fa_2 tantôt du fa_5. Les deux sons m et m' coïncident pour la quinte $ut_4 : sol_4$, qui fait entendre avec beaucoup de force l'ut_3. A la sixte, le son m est monté jusqu'au fa_5, et le son m' descendu jusqu'au fa_2. Ces deux sons paraissent plus forts et se fondent moins complètement que ceux de l'intervalle de quarte. Si, l'intensité du son fondamental restant toujours la même, on éloigne un peu de l'oreille le diapason la_4, le son fa_2 devient plus fort, et si l'on rapproche le diapason, c'est le fa_5 qui domine.

L'intervalle ut_4 : 1792 v. s. (4 : 7) fait entendre les deux sons m et m' (sol_3 et ut_2) avec une intensité à peu près égale. A la septième, on n'entend plus le son m, et les battements $m' = 64$ ne s'entendent plus que comme un ronflement, d'où l'oreille ne dégage pas le son ut_4.

Lorsqu'on a dépassé l'octave, l'intervalle $ut_4 : ré_5$ (4 : 9) donne le son ut_2 ($m = 128$) très distinctement, et l'intervalle ut_4 : 2389,3 v. s. (3 : 7) le son fa_2 ($m = 170,6$). Quand on arrive à l'intervalle $ut_4 : mi_5$ (2 : 5), où $m = m' = 256$, on entend distinctement l'ut_3; mais au delà de cette limite on n'entend plus de sons de battements; cependant on observe encore des battements assez distincts autour de la douzième $ut_4 : sol_5$, et quelques battements très faibles dans le voisinage de la double octave.

5. — Intervalles qui ont pour son fondamental l'ut_5 de 2048 v. s.

Si nous prenons maintenant pour son fondamental l'ut_5, nous entrons dans la région de l'échelle musicale qui offre pour l'observation des sons de battements la même facilité que les octaves graves offraient pour l'observation des coups de force ou battements séparés qui ne constituent pas encore un son.

Les sons de battements de la première période sont les suivants :

Première période.

ut_5 AVEC :	RAPPORT	m	m'	REMARQUES
$ré_5$	8 : 9	ut_2	. .	m s'entend seul et distinctement.
2389,3 v. s.	6 : 7	fa_2	. .	Id.
mi_5	4 : 5	ut_3	sol_4	m fort, m' moins fort.
fa_5	3 : 4	fa_3	fa_4	Les deux sons se fondent ensemble comme dans un timbre musical.
2816 v. s.	8 : 11	sol_3	mi_4	Les deux sons également forts.
sol_5	2 : 3	ut_4	ut_4	Le son est très fort.
3328 v. s.	8 : 13	mi_4	sol_3	Les deux sons également forts et distincts.
la_5	3 : 5	fa_4	fa_5	Les deux sons plus forts que dans le cas de la quarte; ils s'entendent séparément.
3584 v. s.	4 : 7	sol_4	ut_3	Les deux sons à peu près également forts et distincts.
si_5	8 : 15	. .	ut_2	On n'entend pas le son m; l'ut_2 seul s'entend distinctement.

Deuxième période ($ut_6 - sol_6$).

ut_6 AVEC :	RAPPORT	m	m'	REMARQUES
$ré_6$	4 : 9	ut_5	sol_4	m distinct; m' s'entend à peine.
mi_6	2 : 5	ut_4	ut_4	Très distincts.
fa_6	3 : 8	fa_4	fa_3	Les deux sons à peu près également forts et distincts.
5632 v. s.	4 : 11	sol_4	ut_3	m très faible; m' plus fort que m.

Troisième période ($sol_6 - ut_7$).

ut_6 AVEC :	RAPPORT	m	m'	REMARQUES
6656 v. s.	4 : 13	ut_3	. .	m s'entend seul.
la_6	3 : 10	fa_3	fa_4	Les deux sons se confondent.
7168 v. s.	2 : 7	ut_4	ut_4	Le son est très distinct.
si_6	4 : 15	. .	ut_3	On n'entend que l'ut_3.
7936 v. s.	8 : 31	. .	ut_2	On n'entend que l'ut_2.

6. — Intervalles dont le son fondamental est l'ut_6 de 4096 v. s.

Les intervalles qui ont pour son fondamental l'ut_6 font entendre les sons suivants :

ut_6 AVEC :	RAPPORT	m	m'	REMARQUES
$ré_6$	8 : 9	ut_5	. .	On entend distinctement l'ut_5.
mi_6	4 : 5	ut_4	. .	L'ut_4 est distinct.
fa_6	3 : 4	fa_4	. .	Le fa_4 est distinct.
5632 v. s.	8 : 11	sol_4	mi_5	Les deux sons également distincts.
sol_6	2 : 3	ut_5	ut_5	Très fort.
6656 v. s.	8 : 13	mi_5	sol_4	On entend les deux sons.
la_6	3 : 5	fa_5	fa_4	Id.
7168 v. s.	4 : 7	sol_5	ut_4	L'ut_4 est plus distinct que le sol_5.
si_6	8 : 15	. .	ut_5	m ne s'entend pas; l'ut_5 est distinct.
7936 v. s.	16 : 31	. .	ut_2	L'ut_2 est distinct.
8064 v. s.	32 : 63	. .	ut_1	L-ut_1 s'entend encore.

Les résultats qui se dégagent de l'ensemble de toutes les observations qui viennent d'être rapportées peuvent se résumer comme il suit :

1° Les battements m aussi bien que les battements m' d'un intervalle quelconque $n : hn + m$ ($h = 1, 2, 3, \ldots$) se transforment en sons continus dès que leur nombre dépasse une certaine limite, pourvu que les sons primaires aient une intensité suffisante. Par exemple, les sons primaires ut_4, si_1 (8:15) donnent $m' = 8$ battements, et les sons ut_5, si_3 donnent le *son de battements* $m' = 128$ v.d. $= ut_2$, les sons ut_6, si_5 le son de battements $m' = ut_3$. De même, si nous considérons l'intervalle $4 : 15$ ($n : 3n + m$), les sons primaires ut_4, si_2 font entendre un roulement formé par $m' = 16$ battements, et les sons primaires ut_5, si_6 donnent le son $m' = ut_3$

2° Pour avoir les sons de battements dans les octaves aiguës, ou les nombres des battements séparés dans les octaves graves, il faut prendre les différences des nombres de vibrations doubles du son primaire aigu et des deux harmoniques du son primaire grave entre lesquels tombe le son primaire aigu, — et non pas comme on l'admettait jusqu'ici, simplement la différence des vibrations doubles des deux sons primaires. Si, par exemple, nous considérons l'intervalle $4 : 9$, les sons primaires ut_5, $ré_6$ font entendre distinctement le son ut_3 ($9 - 8 = 1$), tandis qu'il n'y a pas trace du son mi_6 ($9 - 4 = 5$). De même ut_5, mi_6 (2 : 5) donnent l'ut_4 ($5 - 4 = 1$) et pas du tout le sol_3 ($5 - 2 = 3$). L'intervalle $4 : 11$ ($n : 2n + m$), formé par les sons primaires ut_5 (2048 v. s.) et 5632 v. s., donne les sons de battements inférieur et supérieur sol_4 ($m = 3$) et ut_3 ($m' = 1$), tandis qu'on n'entend aucune trace du son 3584 v. s. ($11 - 4 = 7$).

3° Des deux sons de battements ou des deux espèces de battements d'un intervalle donné, le son ou les battements m s'entendent seuls quand m est beaucoup plus petit que $\frac{n}{2}$; au contraire, on n'entend que le son ou les battements m' quand m est beaucoup plus grand que $\frac{n}{2}$; enfin on entend à la fois les deux sons ou les deux espèces de battements quand m diffère peu de $\frac{n}{2}$. Ainsi ut_6, $ré_6$ (8 : 9) ne donnent que l'ut_3 ($m = 1$); ut_6, si_6 (8 : 15) ne donnent que l'ut_3 ($m' = 1$); mais l'ut_6 de 4096 v. s. et 6656 v. s. (8 : 13) font entendre distinctement le mi_3 ($m = 5$) et le sol_4 ($m' = 3$).

II

Battements et sons de battements secondaires.

Dans ce qui précède, j'ai tenté de décrire l'effet que produisent sur l'oreille les battements m et m', quand les intervalles sont formés en partant d'un son fondamental de plus en plus aigu et en faisant monter graduellement le son supérieur jusqu'aux notes les plus élevées, et pour ne pas compliquer la description du phénomène principal, j'ai laissé de côté des phénomènes secondaires dont il me reste maintenant à parler.

Nous avons vu plus haut que dans le concours des deux sons de 80 et de 148 v.s. on pouvait très bien distinguer à la fois le roulement des 34 battements m, et les 6 battements supérieurs $n - m$; qu'aux environs de la douzième $ut_1 : sol_1$, la coexistence de ces deux espèces de battements produisait un ronflement confus, enfin que dans les octaves aiguës, toujours pour les intervalles $n : hn + m$, les deux sons m et $n - m$ s'observaient à la fois quand m différait peu de $\frac{n}{2}$. Or ces deux sons de battement simultanés se comportent exactement comme deux sons primaires de même hauteur et de même intensité. Lorsqu'ils sont voisins de l'unisson, ils donnent des battements assez forts; lorsqu'ils sont à peu près à l'octave, ils battent encore, mais plus faiblement; on peut même encore entendre des battements quand leur intervalle approche de la douzième.

En considérant toujours les intervalles $n : hn + m$, nous avons vu que les deux sons m et m' coïncidaient pour $= \frac{n}{2}$ (pour les intervalles $2 : 3, 2 : 5, 2 : 7$).

Lorsque $m = \frac{n}{2} + 1$, on a $m' = \frac{n}{2} - 1$, et il en résulte 2 battements.

Le son m' est à l'octave aiguë du son m quand $m = \frac{n}{3}$, ce qui a lieu pour les intervalles $3 : 4, 3 : 7...$ Si maintenant on a $m = \frac{n}{3} + 1$, on aura $m' = \frac{2n}{3} - 1$, et il en résultera des battements au nombre de $\frac{2n}{3} + 2 - \left(\frac{2n}{2} - 1 \right) = 3$.

Le son m est à l'octave aiguë du son m' quand $m = \frac{2n}{3}$, ce qui arrive pour les intervalles $3:5, 3:8...$ Pour $m = \frac{2n}{3} + 1$, on aurait $m' = \frac{n}{3} - 1$, et trois battements comme dans le cas précédent, car $\frac{2n}{3} + 1 - \left(\frac{2n}{3} - 2 \right) = 3$.

Les deux sons m et m' sont à la douzième quand $m = \frac{n}{4}$ (intervalles $4 : 5, 4 : 9,...$) et quand $m = \frac{3n}{4}$ (intervalles $4 : 7, 4 : 11$). Pour $m = \frac{n}{4} + 1$, on aurait $m' = \frac{3n}{4} - 1$, d'où quatre battements $\left(\frac{3n}{4} + 3 - \frac{3n}{4} - 1 = 4 \right)$.

On aurait de même quatre battements pour $m = \frac{3n}{4} + 1$, $m' = \frac{n}{4} - 1$, puisque $\frac{3n}{4} + 1 - \left(\frac{3n}{4} - 3 \right) = 4$.

Généralement parlant, toutes les fois que le plus aigu des deux sons m et m' est altéré d'une vibration double, il en résulte deux battements pour les intervalles $2 : 3, 2 : 5, 2 : 7,...$ trois pour les intervalles $3 : 4, 3 : 7,...$ et $3 : 5, 3 : 8,...$ quatre pour les intervalles $4 : 5, 4 : 9,...$ et $4 : 7, 4 : 11,...$

De tous ces battements secondaires, qui s'obtiennent à l'aide des sons de battements, j'ai pu, grâce aux sons très forts que j'ai employés, observer directement les suivants.

Dans le voisinage de la quinte mi_{-1} — si_{-1}, où les sons primaires produisent un fort ronflement, on n'entend qu'un battement primaire par seconde; près de la quinte sol_{-1} — $ré_1$ (96 : 144 v.s.), où les battements primaires s'entendent encore de même comme un ronflement, mais où ces battements ont déjà beaucoup plus d'intensité, on peut suivre les battements secondaires jusqu'à 8, et en dépassant la quinte même jusqu'à 10. En effet, ils deviennent plus distincts *au-dessus* de la quinte ; cette particularité, qui s'observe aussi dans les octaves supérieures, s'explique en réfléchissant que dans cette région les intensités des battements m et m' approchent davantage de l'égalité, parce que les battements m', toujours plus faibles par eux-mêmes, ne sont pas encore devenus aussi nombreux que les battements m, tandis que le contraire a lieu au-dessous de la quinte.

L'intensité du son fondamental restant toujours la même, les battements secondaires s'entendent ici le plus distinctement quand le son supérieur est un peu plus faible; au contraire le ronflement a le plus de force quand le son supérieur est un peu plus fort.

Avec les intervalles qui ont pour son fondamental l'ut_1, je n'ai pu observer les battements secondaires que sur l'unisson troublé des sons de battements m et m', mais j'ai pu les constater alors jusque dans la troisième période.

Avec l'intervalle ut_1 : sol_1 (2 : 3), on les suit jusqu'à 6 ou 8, avec ut_1 : mi_2 (2 : 5) jusqu'à 5 ou 6 ; l'intervalle 2 : 7 en fait encore entendre 2 ou 3.

Avec les intervalles mi_{-1} : si_{-1}, sol_{-1} : $ré_1$ et ut_1 : sol_1, les battements secondaires, mêlés au ronflement des battements primaires, produisent à peu près le même effet que le concours des sons de 80 et 148 v. s. dont il a été parlé plus haut. Avec ut_1 : mi_2, le ronflement des battements primaires, qui est déjà bien plus faible ici, s'efface devant les battements secondaires; le même effet s'observe avec la quinte ut_2 : sol_2.

Les intervalles qui ont pour son fondamental l'ut_2 permettent d'observer toute la série des battements secondaires d'une manière très complète. On entend non seulement les battements de l'unisson des deux sons de battements, nombreux et distincts, avec l'intervalle 2 : 3 (où l'on peut même les suivre jusqu'au moment où ils deviennent un ronflement, quand leur nombre dépasse 12 ou 16), avec 2 : 5, 2 : 7, et même avec 2 : 9 (au nombre d'environ 4); mais encore ceux de l'octave de m et m' avec 3 : 4 (jusqu'à 6 ou 8 battements), avec 3 : 7 et 3 : 8 (jusqu'à 4 battements, les premiers plus faibles que les derniers), et avec 3 : 11, dans la troisième période (jusqu'à 3 ou 4). Les battements de la douzième de m et m' ne peuvent être perçus que dans la première période, avec les intervalles 4 : 5 et 4 : 7, et seulement jusqu'au nombre de 3 ou 4.

Pour les intervalles qui ont pour son fondamental l'ut_3, les vibrations de mes diapasons sont un peu moins favorables que pour les intervalles précédents, formés avec l'ut_2; on n'entend donc avec une netteté parfaite que les battements secondaires qui se produisent sur l'unisson des sons de battements m et m' dans les trois premières périodes, c'est-à-dire avec les intervalles 2 : 3, 2 : 5, 2 : 7, et sur l'octave des sons de battements, dans la première période seule, avec 3 : 4 et 3 : 5.

Dans la première période des intervalles qui ont le son fondamental ut_4, on entend les battements secondaires avec tous les intervalles où les deux sons de battements sont dans les rapports 1 : 1, 1 : 2 ou 1 : 3; dans la seconde période, on n'entend plus quelques battements distincts qu'avec 2 : 5, et des battements très faibles avec 3 : 7.

Les intervalles qui ont pour son fondamental l'ut_5 sont formés dans la première période à l'aide d'un diapason fort pour l'ut_5 et de diapasons plus faibles pour le son supérieur; on n'entend ici distinctement les battements secondaires qu'avec 2 : 3, puis avec 3 : 4 et 3 : 5. Mais au delà de l'octave, avec les forts diapasons de la gamme d'ut_6, on entend encore les battements secondaires non seulement avec 2 : 5 et 2 : 7, puis avec 3 : 8, mais aussi encore avec 4 : 9.

Avec tous ces sons si forts et si élevés, l'observation devient déjà très fatigante pour l'oreille; elle est surtout pénible avec les sons de la gamme d'ut_6. Malgré cela, j'ai pu observer non seulement les battements secondaires de la quinte, de la quarte et de la sixte, mais aussi ceux de la tierce et de l'intervalle 4 : 7; mais l'intensité extraordinaire des sons de mes diapasons pour cette gamme me fut surtout précieuse pour l'étude des intervalles 8 : 11 et 8 : 13.

Ainsi que je l'ai déjà dit plus haut, l'intervalle 8 : 11 formé par les sons 4096 (ut_6) et 5632 v. s. fait entendre distinctement un sol_4

($m = 768$ battements) et un mi_5 ($m' = 1280$ battements); mais en
outre on entend encore nettement un ut_4 de 512 v. d. $= 1280 -$
768 v. d. On obtient le même effet par le concours des sons 4096
et 6656 (8 : 13), où $m = 1280$, et $m' = 768$; ici encore on entend
parfaitement un ut_4; preuve manifeste que, tout comme les battements primaires, les battements secondaires, devenus suffisamment forts et nombreux, se changent en un son continu.

Je n'ai constaté l'existence des sons de battements secondaires
que dans ces deux cas, où ils étaient très forts et très distincts.
Dans l'octave inférieure, où les mêmes intervalles donnent les
sons de battements très distincts sol_5 et mi_4, ces derniers, à cause
de la faiblesse relative des sons primaires, n'ont pas assez de force
pour faire entendre l'ut_5 qui théoriquement devrait se produire.

En thèse générale, on peut dire que, plus les battements secondaires sont faibles, moins il sera permis de dépasser un certain
nombre pour qu'ils soient encore perçus. Il ne faut donc pas oublier, lorsqu'on désaccorde un des sons de l'intervalle pour les
provoquer, qu'une altération égale à une vibration double suffit
à produire 2, 3 ou 4 battements secondaires. Lorsqu'on étudie,
par exemple, l'intervalle ut_2 : mi_2, il faut tout au plus désaccorder
le mi_2 d'une vibration double, si l'on veut encore entendre distinctement les battements secondaires; je n'ai pu du moins les
entendre, avec cet intervalle, quand leur nombre dépassait 4.

L'intervalle ut_6 : mi_6 fait également entendre les battements
secondaires avec le plus de netteté, quand leur nombre approche
de quatre. Mon diapason mi_6 pèse environ 560 grammes, et il suffit d'appliquer au bout de l'une de ses branches une petite masse
de cire de 0^{gr}.1 seulement pour altérer la note d'une vibration
double et obtenir les quatre battements secondaires. On voit par
cet exemple que, dans beaucoup de cas, l'existence des battements
secondaires doit rester inaperçue par cette seule raison que l'intervalle musical qui les produit a été altéré trop fortement.

J'ai déjà fait remarquer plus haut, à propos des battements des
intervalles harmoniques proprement dits, que jusqu'à présent on
a voulu ramener les battements des intervalles larges à des battements de sons voisins de l'unisson. On supposait que le premier
son différentiel des deux sons primaires engendrait avec ces derniers d'autres sons différentiels qui à leur tour produisaient des
sons différentiels avec les sons primaires et avec le premier son
différentiel, et ainsi de suite, jusqu'à ce qu'on arrivait à deux sons

voisins de l'unisson auxquels on attribuait les battements observés. Ainsi, par exemple, pour expliquer les battements de la tierce majeure $4n : 5n + x$, on formait les sons intermédiaires

$$5n + x - 4n = n + x$$
$$4n - (n + x) = 3n - x$$
$$5n + x \qquad - (3n - x) = 2n + 2x$$
$$4n \qquad\qquad - (2n + 2x) = 2n - 2x,$$

et l'on admettait que les deux sons $2n \pm 2x$ donnaient ensemble $4x$ battements. Il est vrai que de cette manière on arrive toujours au nombre des battements observés, mais l'on est obligé d'admettre l'existence de sons que non seulement l'oreille ne perçoit pas, mais qui sont censés dériver de sons ou en engendrer d'autres qui eux-mêmes ne sont point perçus. Dans l'exemple ci-dessus, les sons primaires $4n$ et $5n + x$ font entendre le son de battements $n + x$, d'une intensité déterminée; si alors on produit directement un son primaire $n + x$ de même intensité avec le son $4n$, ils donneront ensemble $4x$ battements, et non point un son $3n - x$, d'intensité suffisante pour donner naissance à d'autres sons à l'aide de combinaisons nouvelles. Ce son $3n - x$ ne serait ici qu'un son différentiel dont l'existence ne se laisse même pas constater.

On verra encore mieux combien l'explication des battements des intervalles larges par les sons résultants est peu acceptable, en examinant, au lieu d'un intervalle de la première période, un intervalle de la seconde ou de la troisième. Il a été constaté plus haut que des battements secondaires s'entendent distinctement sur l'intervalle $2 : 7$. S'il a été formé à l'aide du son fondamental ut_5, les sons de battements sont l'un et l'autre l'ut_4, qui s'entend très nettement.

En désaccordant légèrement les deux diapasons, on écarte un peu les deux sons m et $n-m$, et ils battent alors comme feraient deux sons primaires de même intensité et différent du même nombre de vibrations. On n'a donc besoin, pour rendre compte de ce phénomène, d'aucun autre son intermédiaire. D'après l'ancienne hypothèse, au contraire, il faudrait former l'algorithme suivant :

$$7n + x - 2n\,(ut_5) = 5n + x\,(mi_6 + x)$$
$$5n + x - 2n = 3n + x\,(sol_5 + x)$$
$$7n + x \qquad - (3n + x) = 4n\,(ut_6)$$
$$5n + x \qquad\qquad -4n = n + x\,(ut_4 + x)$$
$$4n - (n + x) = 3n - x\,(sol_5 - x)$$

et ce seraient finalement les deux sons $3n \pm x$ qui donneraient ensemble $2x$ battements. Mais de toute cette série de sons intermédiaires il n'existe aucune trace. Dès lors, si avec des sons d'une intensité exceptionnelle, comme ceux dont j'ai fait usage, la production des battements secondaires par les sons résultants n'a pour elle presque aucune probabilité, cette probabilité disparaît complètement lorsqu'on emploie des sons primaires simples plus faibles, comme, par exemple, ceux des tuyaux d'orgue fermés. En admettant d'un autre côté qu'il fût possible d'obtenir des sons primaires simples assez forts pour engendrer tous les sons résultants qui, d'après l'ancienne théorie, seraient nécessaires pour rendre compte des battements secondaires, il est probable qu'alors les deux sons m et m', ainsi que leurs battements, atteindraient à leur tour une telle intensité que les battements secondaires des sons résultants d'ordres supérieurs qui coïncideraient avec ces battements ne pourraient toujours représenter qu'une très faible partie de l'intensité des battements observés.

Pour donner une idée plus nette de l'ensemble de mes résultats concernant les battements et les sons de battements primaires et secondaires, j'ai formé le tableau suivant, où la première colonne (A) donne la valeur musicale et les nombres de vibrations simples des sons primaires; la seconde (B), leurs rapports $n : n'$; les colonnes C et D, les nombres des battements m et m'; les colonnes c et d, la hauteur relative des battements qui correspondent aux nombres m et m', par rapport au son fondamental; dans les colonnes E et F, j'indique de quelle manière on entend les battements m et m'; la colonne G renferme les battements secondaires dus aux concours des deux genres de battements primaires.

Je n'ai fait figurer dans ce tableau que les résultats perceptibles sans difficulté pour une oreille normale et lorsqu'on fait usage des sons que j'ai employés dans ces recherches, et j'en ai fait la remarque dans tous les cas où des sons n'étaient pas directement observables sans difficulté, dont l'existence était non seulement révélée par les battements secondaires, mais encore facile à mettre hors de doute par des diapasons auxiliaires, d'où l'on peut conclure qu'une oreille particulièrement fine et exercée parviendrait à les entendre directement, avec plus ou moins de netteté. Dans ce cas sont, par exemple, les sons de battements des intervalles $ut_3 : mi_3$ et $ut_3 : fa_3$. Les conditions supposées, — une « oreille normale » et « des sons tels que ceux que j'ai employés », — manquent peut-être de précision, malgré l'indication des dimensions des diapasons et des résonateurs ; mais il est clair d'un autre côté que les phénomènes dus au concours de deux sons simples ne pourront être décrits d'une manière tout à fait précise, en ce qui touche leur intensité, que lorsqu'il sera possible en général d'exprimer par une mesure commune l'intensité des sons de hauteur différente avec la même précision que la hauteur s'exprime par les nombres de vibration.

Quelques anomalies apparentes que l'on remarque dans ce tableau, — le fait que la série des battements secondaires s'observe moins facilement avec les intervalles qui ont pour son fondamental l'ut_3 qu'avec ceux qui partent de l'ut_2 et de l'ut_4, — que les sons de battement font défaut avec les intervalles partant du son fondamental ut_4 qui dépassent 2 : 5, — ces anomalies s'expliquent, comme je l'ai déjà dit plus haut, par la faiblesse relative des sons primaires qui composaient ces intervalles.

TABLEAU DES BATTEMENTS ET SONS DE BATTEMENTS PRIMAIRES ET SECONDAIRES
observés directement.

SONS PRIMAIRES	INTERVALLES	BATTEMENTS INFÉRIEURS			Battements secondaires	BATTEMENTS SUPÉRIEURS		
A	B	E	c	C	G	D	d	F

Intervalles dont le son fondamental est le mi_{-1} de 80 v. s.

	v. s.	$n : n+m$			m		m'		
$Mi_{-1} : mi_{-1} =$	80	1 : 1	Unisson.		0				
$: sol_{-1} =$	100	4 : 5	Séparém¹ percept.		10				
$: la_{-1} =$	106,6	3 : 4	Roulement fort.		13,3	0—2	26,6		
$: si_{-1} =$	120	2 : 3	»	1	20		20	1	Paraissent. Tout à fait distincts.
	144		»		32		8		
	148		»		34	0—2	6		»
	150		Roulement plus		35		5		
	156		faible.		38		2		
$Mi_{-1} : mi_{1} =$	160				0				Octave

Intervalles dont la note fondamentale est le sol_{-1} de 96 v. s.

	v. s.	$n : n+m$			m		m'		
$Sol_{-1} : sol_{-1} =$	96	1 : 1	Unisson.		0				
	116		Séparém¹ percept.		10				
	136		Roulemⁿᵗ très fort.		20	0—8	28		Roulement très fort.
	140		»		22		26		
$: ré_{1} =$	144	2 : 3	»	1	24		24	1	»
	148		»		26		22		»
	152		»		28	0—10	20		»
	156		»		30		18		»
$Sol_{-1} : mi_{1} =$	160	3 : 5	»		32		16		»
	172		"		38		10		Sépar¹ percept.
	192						0		Octave.

Intervalles dont le son fondamental est le ut_{1} de 128. v. s.

Première période de $ut_{1} : ut_{1}$ (1 : 1) jusqu'à $ut_{1} : ut_{2}$ (1 : 2).

	v. s.	$n : n+m$			m		m'		
$Ut_{1} : ut_{1} =$	128	1 : 1	Unisson.		0				
	132		Séparément per-		2				
	136		ceptibles.		4				
	140		»		6				
$: ré_{1} =$	144	8 : 9	»		8				
	148		»		10				
	152		»		12				
	156		Roulement simple.		14				
$: mi_{1} =$	160	4 : 5	»		16				
	164		»		18				
	168		»		20				
$: fa_{1} =$	170,6	3 : 4	»		21,3				
	172		»		22				
	176		Roulement confus.		24		40		Roulement confus.
	180		»		26		38		

SONS PRIMAIRES	INTERVALLES	DATTEMENTS INFÉRIEURS			Battements secondaires	DATTEMENTS SUPÉRIEURS		
A	B	E	c	C	G	D	d	F
v. s.	$n : n + m$			m		m'		
Ut_1 : 184		Roulement confus.		28	0—8	36		Roulement confus.
188		»		30		34		»
: $sol_1 =$ 192	2 : 3	»	1	32	$\times$	32	1	»
196		»		34		30		»
200		»		36		28		»
204		»		38	0--8	26		»
208		»		40		24		»
212		»		42		22		»
: $la_1 =$ 213,3	3 : 5	»		42,6		20,3		»
216		»		44		20		Roulement simple.
220						18		»
: 224	4 : 7					16		»
228						14		»
232						12		»
236						10		Séparément perceptibles.
: $si_1 =$ 240	8 : 15					8		»
244						6		»
248						4		»
252						2		»
$Ut_1 : ut_2 =$ 256	1 : 2					0		Octave.

Deuxième période de $ut_1 : ut_2$ (1 : 2) jusqu'à $ut_1 : sol_2$ (1 : 3).

v. s.	$n : 2n + m$			m		m'		
$Ut_1 : ut_2 =$ 256	1 : 2	Octave.		0				
260		Séparément per-		2				
264		ceptibles.		4				
268		»		6				
272		»		8				
276		»		10				
280		Roulement simple.		12				
284		»		14				
: $ré_2 =$ 288	4 : 9	»		16				
292		»		18				
296		Roulement confus.		20		44		Roulement confus.
300		»		22		42		»
304		»		24		40		»
3C8		Faible raucité qui		26		38		»
312		disparaît presque		28	0—6	36		»
316		devant les batte-		30		34		»
: $mi_2 =$ 320	2 : 5	ments second^{us}.	1	32	$\times$	32	1	»
324		»		34		30		»
328		»		36	0—6	28		»
332		»		38		26		»
336		Simple raucité.		40		24		Simple raucit
340						22		»
: $fa_2 =$ 341,5	3 : 8					21,3		»
344						20		Roulement simple.
348						18		»
352						16		»
356						14		»
360						12		»
364						10		Séparément perceptibles
368						8		»
372						6		»
376						4		»
380						2		»
$Ut_1 : sol_2 =$ 384	1 : 3					0		Douzième.

SONS PRIMAIRES	INTERVALLES	BATTEMENTS INFÉRIEURS			Battements secondaires	BATTEMENTS SUPÉRIEURS		
A	B	E	c	C	G	D	d	F

Troisième période de $ut_1 : sol_2$ (1 : 3) jusqu'à $ut_1 : ut_3$ (1 : 4).

v. s.	$n : 3n + m$			m		m'		
$Ut_1 : sol_2 = 384$	1 : 3	Douzième.		0				
388		Séparément per-		2				
392		ceptibles.		4				
396		»		6				
400		»		8				
404		Roulement simple.		10				
408		»		12				
412		«		14				
416		»		16				
420		Roulement confus		18				Roulement
424		et faible.		20				confus et faible.
426,6		»		21,				»
428		»		22				»
432		»		24		40		»
436		»		26		38		»
440		»		28		36		»
444		»		30	0 – 3	34		»
448	2 : 7	»	1	32		32	1	»
452		»		34		30		»
456		Simple raucité.		36	0 – 3	28		Simple raucité.
460						26		»
464						24		»
468						22		»
472						20		»
476						18		»
480						16		Roulement
484						14		simple
488						12		et distinct.
492						10		Séparément
496						8		perceptibles.
500						6		»
504						4		»
508						2		»
512	1 : 4					0		Double octave.

Quatrième période de $ut_1 : ut_3$ (1 : 4) jusqu'à $ut_1 : mi_3$ (1 : 5).

v. s.	$n : 4n + m$			m		m'		
$Ut_1 : ut_3 = 512$	1 : 4	Double octave.		0				
520		Séparément per-		4				
528		ceptibles.		8				
536		Roulement simple.		12				
544		Roulement faible.		16				
552		Coexistence non		20				
560		troublée.		24				
568		»		28				
$: ré_3 = 576$	2 : 9	»		32				
616						10		Commencent à
624						8		paraître.
632						4		Séparément distincts.
$Ut_1 : mi_3 = 640$	1 : 5					0		Tierce de la double octave.

SONS PRIMAIRES	INTERVALLES	BATTEMENTS INFÉRIEURS			Battements secondaires	BATTEMENTS SUPÉRIEURS		
A	B	E	c	C	G	D	d	F

Cinquième période de $ut_1 : mi_5$ ($1 : 5$) jusqu'à $ut_1 : sol_5$ ($1 : 6$).

v. s.	$n : 5n + m$				m	m'	
$Ut_1 : mi_5 = 640$	$1 : 5$	Tierce de la double octave.			0		
648		Séparément per-			4		
656		ceptibles.			8		
660		Encore perceptibl⁰			10		
664		Disparaissent.			12		
⋮							
748						10	Commencent à paraître.
752						8	Séparément
760						4	perceptibles.
$Ut_1 : sol_5 = 768$	$1 : 6$					0	Quinte de la double octave.

Sixième période de $ut_1 : sol_5$ ($1 : 6$) jusqu'à $ut_1 : 896$ v. s. ($1 : 7$).

v. s.	$n : 6n + m$				m	m'	
$Ut_1 : sol_5 = 768$	$1 : 6$	Quinte de la double octave.			0		
776		Séparém^t percept.			4		
780		Encore distincts.			6		
784		Disparaissent.			8		
⋮							
884						6	Faibl^t percept.
888						4	Tout à fait dis-
892						2	tincts.
896	$1 : 7$					0	Juste $1 : 7$.

Septième période de $ut_1 : 896$ v. s. ($1 : 7$) jusqu'à $ut_1 ⌐ ut_4$ ($1 : 8$).

v. s.	$n : 7n + m$				m	m'	
$Ut_1 : 896$	$1 : 7$	Juste $1 : 7$.			0		
900		Séparém^t percept.			2		
904		Encore distincts.			4		
⋮		Disparaissent.			6		
1016						4	Perceptibles.
1020						2	Tout à fait dist
1024	$1 : 8$					0	3ᵉ octave.

SONS PRIMAIRES	INTERVALLES	BATTEMENTS INFÉRIEURS			Battements secondaires	BATTEMENTS SUPÉRIEURS		
A	B	E	c	C	G	D	d	F

Intervalles dont le son fondamental est le ut_2 de 256 v. s.

Première période de $ut_2 : ut_2$ (1 : 1) jusqu'à $ut_2 : ut_3$ (1 : 2).

v. s.	$n : n+m$		c	C	G	m'	d	F
$Ut_2 : ut_2 = 256$	1 : 1	Unisson.		0				
264		Séparément per-		4				
272		ceptibles.		8				
280		»		12				
$: ré_2 = 288$	8 : 9	Roulement simple.		16				
296		»		20				
304		»		24				
312		»		28				
$: mi_2 = 320$	4 : 5	Roulement confus.	1	32	0—4	100	3	
328		»		36	0—4	96		
336		»		40	0—6	92		
$: fa_2 = 341,3$	3 : 4	»	1	42,6		88	2	
344		»		44	0—6	85,3		
352		»		48		84		
360		Le roulement de-		52		80		
368		vient de plus en		56	0—8	76		
376		plus faible et dis-		60		72		
$: sol_2 = 384$	2 : 3	paraît presque de-	1	64		68	1	Raucité (ut_4 à
392		vant les battem^{nts}		68	0—10	64		peine percep-
400		secondaires.		72		60		tible).
408				76		56		»
416				80	0—6	52		»
424				84		48		»
$: la_2 = 426,6$	3 : 5		2	85,3	0—8	44	1	»
432				88	0—4	42,6		»
440				92	0—4	40		Roulement dis-
$: \quad 448$	4 : 7		3	96		36	1	tinct.
456					0—4	32		»
464						28		»
472						24		»
$: si_2 = 480$	8 : 15					20		Séparément
488						16		perceptibles.
496						12		»
504						8		»
$Ut_2 : ut_3 = 512$	1 : 2					4		Octave.
						0		

Deuxième période de $ut_2 : ut_3$ (1 : 2) jusqu'à $ut_2 : sol_3$ (1 : 3).

v. s.	$n : 2n+m$			C		m		
$Ut_2 : ut_3 = 512$	1 : 2	Octave.				0		
520		Séparément per-				4		
528		ceptibles.				8		
536		»				12		
544		Roulement simple.				16		
552		»				20		
560		»				24		
568		»				28		

SONS PRIMAIRES	INTERVALLES	BATTEMENTS INFÉRIEURS			Battements secondaires	BATTEMENTS SUPÉRIEURS		
A	B	E	c	C	G	D	d	F
v. s.	$n : 2n + m$			m		m'		
$Ut_2 : ré_3 = 576$	$4 : 9$	Roulement faible.		32		92		
584		Raucité.		36	0—3			
592		»		40		88		
596,3		»	1	42,6		85,3	2	
600		»		44	0—3	84		
608		Coexistence non		48		80		
616		troublée.		52		76		
624				56	0—8	72		
632				60		68		
$: mi_3 = 640$	$2 : 5$		1	64		64	1	
648				68	0—10	60		
656				72		56		
664				76		52		
672				80		48		
680				84		44		
$: fa_3 = 682,6$	$3 : 8$		2	85,3	0—4	42,6	1	
688				88		40		
696					0—4	36		
704						32		Raucité.
712						28		Rauc. pl⁸ forte.
720						24		Roulement.
728						20		»
736						16		»
744						12		Séparément
752						8		perceptibles.
760						4		»
$Ut_2 : sol_3 = 768$	$1 : 3$					0		Douzième.

Troisième période de $ut_2 : sol_3$ (1 : 3) jusqu'à $ut_2 : ut_4$ (1 : 4).

v. s.	$n : 3n + m$			m		m'		
$Ut_2 : sol_3 = 768$	$1 : 3$	Douzième.		0				
776		Séparément per-		4				
784		ceptibles.		8				
792		Roulement.		12				
800		»		16				
808		»		20				
816		Raucité.		24				
824		Coexistence non		32				
⋮		troublée.		⋮	0—8			
888				60		68		
896	$2 : 7$		1	64	0—10	64	1	
904				68		60		
912				72		56		
920				76		52		
928				80	0—4	48		
936				84		44		
944	$3 : 11$		2	88	0—4	40	1	
⋮				⋮		⋮		
984						20		Raucité.
992						16		Rauc. pl⁸ forte.
1000						12		Roulement.
1008						8		Séparément
1016						4		perceptibles.
$Ut_3 : ut_4 = 1024$	$1 : 4$					0		Double octave.

SONS PRIMAIRES	INTERVALLES	BATTEMENTS INFÉRIEURS			Battements secondaires	BATTEMENTS SUPÉRIEURS		
A	B	E	c	C	G	D	d	F

Quatrième période de $ut_2 : ut_4$ (1 : 4) jusqu'à $ut_2 : mi_5$ (1 : 5).

	v. s.	$n : 4n + m$		c	C	m	m'	d	F
$Ut_2 : ut_4 =$	1024	1 : 4	Double octave.			0	m'		
	1032		Séparém[1] percept.			4			
	:		Coexistence non				0—4		
	1148		troublée.			60	68		
$: ré_4 =$	1152			1		64	64	1	
	1160					68	60		
	:						0—4		
	1272						4		Séparément
$Ut_2 : mi_4 =$	1280	1 : 5					0		perceptibles. Tierce de la double octave.

Cinquième période de $ut_2 : mi_4$ (1 : 5) jusqu'à $ut_2 : sol_4$ (1 : 6).

	v. s.	$n : 5n + m$				m	m'		F
$Ut_2 : mi_4 =$	1280	1 : 5	Tierce de la double octave.			0	m'		
	1304		Séparément per- ceptibles.			12			
	:								
	1520						6		Perceptibles.
$Ut_2 : sol_4 =$	1536	1 : 6					0		Quinte de la double octave.

Sixième période de $ut_2 : sol_4$ (1 : 6) jusqu'à $ut_2 : 1792$ v. s. (1 : 7).

	v. s.	$n : 6n + m$				m	m'		F
$Ut_2 : sol_4 =$	1536	1 : 6	Quinte de la double octave.			0	m'		
	:					:			
	1552		Perceptibles.			8			
	:								
	1780						6		Perceptibles.
	1792	1 : 7					0		Juste 1 : 7.

Septième période de $ut_2 : 1792$ v. s. (1 : 7) jusqu'à $ut_2 : ut_5$ (1 : 8).

	v. s.	$n : 7n + m$				m	m'		F
$Ut_2 :$	1792	1 : 7	Juste 1 : 7.			0	m'		
	1804		Perceptibles.			6			
	:								
	2040						4		Perceptibles.
$Ut_2 : ut_5 =$	2048	1 : 8					0		3e octave.

SONS PRIMAIRES	INTERVALLES	BATTEMENTS INFÉRIEURS			Battements secondaires	BATTEMENTS SUPÉRIEURS		
A	B	E	c	C	G	D	d	F

Intervalles dont le son fondamental est le ut_3 de 512 v. s.

Première période de $ut_3 : ut_3$ (1 : 1) jusqu'à $ut_3 : ut_4$ (1 : 2).

v. s.	$n : n + m$	E	c	m	G	m'	d	F
$Ut_3 : ut_3 = 512$	1 : 1	Unisson.		0				
528		Battements.		8				
544		Roulement.		16				
560		Roulement plus		24				
$: ré_3 = 576$	8 : 9	rapide.		32				
592		»		40				
608		»		48				
624		»		56				
$: mi_3 = 640$	4 : 5	Raucité et faible	1	64	0—4	192	3	Très faible son.
656		son ut_4.		72	0—4	184		»
672				80	0—8	176		»
$: fa_3 = 682,6$	3 : 4	»	1	85,3		170,6	2	»
688		Son sans raucité.		88		168		»
704		»		96	0—8	160		»
720		»		104		152		»
736		»		112		144		»
752		»		120	0—16	136		»
$: sol_3 = 768$	2 : 3	»	1	128		128	1	»
784		»		136	0—16	120		»
800		Son un peu plus		144		112		»
816		fort.		152		104		»
832		»		160		96		»
848		»		168	0—6	88		»
$: la_3 = 853,3$	3 : 5	»	2	170,6		85,3	1	
864		Son de nouveau		176		80		Son à peine per-
880		plus faible.		184	0—6	72		ceptible même
896	:			192		64		au moyen de
912	4 : 7					56		diapasons au-
928						48		xiliaires.
944						40		
$: si_3 = 960$	8 : 15					32		Raucité.
976						24		Roulement.
992						16		»
1008						8		Sépar¹ percept.
$Ut_3 : ut_4 = 1024$	1 : 2					0		Octave.

Deuxième période de $ut_3 : ut_4$ (1 : 2) jusqu'à $ut_3 : sol_4$ (1 : 3).

v. s.	$n : 2n + m$		c	m	G	m'	d	
$Ut^3 : ut_4 = 1024$	1 : 2	Octave.		0				
1032		Séparément per-		4				
1040		ceptibles.		8				
$: ré_4 = 1152$	4 : 9	Faible raucité.		64				
$: mi_4 = 1280$	2 : 5		1	128	0—4	128	1	
$: fa_4 = 1365,3$	3 : 8			170,6				

SONS PRIMAIRES	INTERVALLES	BATTEMENTS INFÉRIEURS			Battements secondaires	BATTEMENTS SUPÉRIEURS		
A	B	E	c	C	G	D	d	F
v. s.	$n : 2n + m$					m'		
Ut_3 : 1496						20		Raucité.
1512						12		Séparément
1520						8		perceptibles.
1528						4		»
$Ut_3 : sol_4 = 1536$	1 : 3					0		Douzième.

Troisième période de $ut_3 : sol_4$ (1 : 3) jusqu'à $ut_5 : ut_6$ (1 : 4).

SONS PRIMAIRES	INTERVALLES	BATTEMENTS INFÉRIEURS			Battements secondaires	BATTEMENTS SUPÉRIEURS		
v. s.	$n : 3n + m$			m		m'		
$Ut_3 : sol_4 = 1536$	1 : 3	Douzième.		0				
1552		Séparém¹ percept.		8				
1578		Raucité.		16				
1792	2 : 7		1	128	0—3 ⤬ 0—3	128	1	
2028						10		Roulement.
2032						8		Séparément
2040						4		perceptibles.
$Ut_3 : ut_6 = 2048$	1 : 4					0		Double octave.

Quatrième période de $ut_3 : ut_6$ (1 : 4) jusqu'à $ut_5 : mi_6$ (1 : 5).

SONS PRIMAIRES	INTERVALLES	BATTEMENTS INFÉRIEURS			Battements secondaires	BATTEMENTS SUPÉRIEURS		
v. s.	$n : 4n + m$			m		m'		
$Ut_3 : ut_6 = 2048$	1 : 4	Double octave.						
: $ré_6 = 2304$	2 : 9	Battⁿˢ jusqu'à env⁰⁰ Coexistence non troublée.		8				
5550						5		Sépar¹ percept.
$Ut_3 : mi_6 = 5560$	1 : 5					0		Tierce de la double octave.

Cinquième période de $ut_3 : mi_6$ (1 : 5) jusqu'à $ut_5 : sol_6$ (1 : 6).

SONS PRIMAIRES	INTERVALLES	BATTEMENTS INFÉRIEURS			Battements secondaires	BATTEMENTS SUPÉRIEURS		
v. s.	$n : 5n + m$			m		m'		
$Ut_3 : mi_6 = 5560$	1 : 5	Tierce de la double octave.		0				
5570		Séparément per-ceptibles.		5				
3066						3		Sépar¹ percept.
$Ut_3 : sol_6 == 3072$						0		Quinte de la double octave.

SONS PRIMAIRES	INTERVALLES	BATTEMENTS INFÉRIEURS			Battements secondaires	BATTEMENTS SUPÉRIEURS		
A	B	E	c	C	G	D	d	F

Intervalles dont le son fondamental est le ut_4 de 1024 v. s.

Première période de $ut_4 : ut_4$ (1 : 1) jusqu'à $ut_4 : ut_5$ (1 : ?).

v. s.	$n : n + m$			m		m'		
$Ut_4 : ut_4 = 1024$	1 : 1	Unisson. Battements.		0				
$: ré_4 = 1152$	8 : 9	Son ut_4 faible.		64				
$: mi_4 = 1280$	4 : 5	Son ut_2 fort.	1	128	Percep-tibles. ><	384	3	sol_5 faible.
$: fa_4 = 1365,3$	3 : 4	Son fa_2 fort.	1	170,6	Distincts ><	341,3	2	fa_3 se confond avec fa_2.
$: sol_4 = 1536$	2 : 3	Son ut_3 très fort.	1	256	Très distincts ><	256	1	ut_3 très fort.
$: la_4 = 1706,6$	3 : 5	Son fa_3 fort.	2	341,3	Distincts ><	170,6	1	fa_3 fort.
$: 1792$	4 : 7	Son sol_3 perceptib.	3	384	Percep-tibles. ><	128	1	ut_2 perceptible.
$: si_4 = 1920$	8 : 15					64		Raucité et-ut_4 très faible.
$Ut_4 : ut_5 = 2048$	1 : 2					0		Battements. Octave.

Deuxième période de $ut_4 : ut_5$ (1 : 2) jusqu'à $ut_4 : sol_5$ (1 : 3).

v. s.	$n : 2n + m$			m		m'		
$Ut_4 : ut_5 = 2048$	1 : 2	Octave. Battements :						
$: ré_5 = 2304$	4 : 9	ut_2 perceptible.		128				
$: 2389,3$	3 : 7	fa_2 perceptible.	1	170,6	À peine percept. ><	341,3	2	fa_2 se confond avec fa_3.
$: mi_5 = 2560$	2 : 5	ut_3 très fort.	1	256	Distincts ><	256	1	ut_3 très fort.
$: fa_5 = 2730,6$	3 : 8							
$: 2816$	4 : 11							
$Ut_4 : sol_5 = 3072$	1 : 3							Battements. Douzième.

Troisième période de $ut_4 : sol_5$ (1 : 3) jusqu'à $ut_4 : ut_6$ (1 : 4).

v. s.	$n : 3n + m$			m		m'		
$Ut_4 : sol_5 = 3072$	1 : 3	Douzième. Battements.		0				
$Ut_4 : ut_6 = 4096$	1 : 4					0		Battements. Double octave.

SONS PRIMAIRES	INTERVALLES	BATTEMENTS INFÉRIEURS			Battements secondaires	BATTEMENTS SUPÉRIEURS		
A	B	E	c	C	G	D	d	F

Intervalles dont le son fondamental est le ut_5 de 2048 v. s.

Première période de $ut_5 : ut_5$ (1 : 1) jusqu'à $ut_5 : ut_6$ (1 : 2).

v. s.	$n : n + m$			m		m'		
$Ut_5 : ut_5 = 2048$	1 : 1	Unisson.			0			
$: re'_5 = 2304$	8 : 9	Battements : ut_2.			128			
: 2389,3	6 : 7	fa_2 bien perceptib.			170,6			
$: mi'_5 = 2560$	4 : 5	ut_3 fort.	1	256	Percept. >< Distincts	768	3	sol_4 faible.
$: fa_5 = 2730,6$	3 : 4	fa_3 fort.	1	341,3	><	682,6	2	fa_4 se confond avec fa_3.
: 2816	8 : 11	sol_3 fort.		384		640		mi_4 fort comme sol_5.
$: sol_5 = 3072$	2 : 3	ut_4 très fort.	1	512	Forts. ><	512	1	ut_4 très fort.
: 3328	8 : 13	mi_4 fort.		640		384		sol_5 fort comme mi_4.
$: la_5 = 3413,3$	3 : 5	fa_4 distinct.	2	682,6	Distincts ><	341,3	1	fa_5 distinct.
: 3584	4 : 7	sol_4 perceptible.	3	768	>< Percept.	256	1	ut_5 perceptible.
$: si_5 = 3840$	8 : 15					128		ut_5 distinct. Battements.
$Ut_5 : ut_6 = 4096$	1 : 2					0		Octave.

Deuxième période de $ut_5 : ut_6$ (1 : 2) jusqu'à $ut_5 : sol_6$ (1 : 3).

v. s.	$n : 2n + m$			m		m'		
$Ut_5 : u'_6 = 4096$	1 : 2	Octave.			0			
$: re'_6 = 4608$	4 : 9	ut_3 fort.	1	256	Percept. >< Forts.	768	3	sol_4 faible.
$: mi_6 = 5120$	2 : 5	ut_4 fort.	1	512	><	512	1	ut_4 fort.
$: fa_6 = 5461,3$	3 : 8	fa_4 fort.	2	682,6	>< Percept	341,3	1	fa_5 plus faible.
: 5632	4 : 11	sol_4 faible.		768		256		ut_5 bien percep. Battements.
$Ut_5 : sol_6 = 6144$	1 : 3					0		Douzième.

Troisième période de $ut_5 : sol_6$ (1 : 3) jusqu'à $ut_5 : ut_7$ (1 : 4).

v. s.	$n : 3n + m$			m		m'		
$Ut_5 : so'_6 = 6144$	1 : 3	Douzième.			0			
6656	4 : 13	ut_3 perceptible.		256				
$: mi_6 = 6826,6$	3 : 10	fa_5 perceptible.		341,3	Percept.	682,6		fa_4 se confond avec fa_5.
: 7168	2 : 7	ut_4 distinct.	1	512	><	512	1	ut_4 distinct.

SONS PRIMAIRES	INTERVALLES	BATTEMENTS INFÉRIEURS			Battements secondaires	BATTEMENTS SUPÉRIEURS		
A	B	E	c	C	G	D	d	F
v. s.	$n : 3n + m$					m'		
$Ut_8 : si_6 = 7680$	4 : 15					256		ut_5 faible mais distinct.
: 7936	8 : 31					128		ut_2 perceptible.
$Ut_5 : ut_7 = 8192$	1 : 4							Double octave.

Intervalles dont le son fondamental est le ut_6 de 4096 v. s.

SONS PRIMAIRES	INTERVALLES	BATTEMENTS INFÉRIEURS			Battements secondaires	BATTEMENTS SUPÉRIEURS		
A	B	E	c	C	G	D	d	F
v. s.	$n : n + m$			m		m'		
$Ut_6 : ut_6 = 4096$	1 : 1	Unisson. Battements : ut_5 fort.						
: $ré_6 = 4608$	8 : 9			256				
: $mi_6 = 5120$	4 : 5	ut_4 fort.	1	512	Percept. ><		3	
: $fa_6 = 5461,3$	3 : 4	fa_5 fort.	1	682,6	>< Net.		2	
: 5632	8 : 11	sol_4 fort.	3	768	ut_4.	1280	5	mi_5 fort.
: $sol_6 = 6144$	2 : 3	ut_5 très fort.	1	1024	Fort. ><	1024	1	ut_5 très fort.
: 6656	8 : 13	mi_5 fort.	5	1280	ut_4.	768	3	sol_4 fort.
: $la_6 = 6826,6$	3 : 5	fa_5 perceptible.	2	1365,3	Net. ><	682,6	1	fa_4 perceptible.
: 7168	4 : 7	sol_5 plus faible.	3	1536	>< Percept.	512	1	ut_4 plus fort que sol_5.
: $si_6 = 7680$	8 : 15					256		ut_5 fort.
: 7936	16 : 31					128		ut_2 fort.
: 8064	32 : 63					64		ut_4 perceptible. Battements.
$Ut_6 : ut_7 = 8192$	1 : 2							Octave.

III

Sons différentiels et sons additionnels.

M. Helmholtz, on le sait, a démontré par la théorie que, toutes les fois que les vibrations de l'air ou d'un autre corps élastique, excitées à la fois par deux sons primaires, deviennent assez fortes pour que les amplitudes cessent d'être infiniment petites, il se produit des sons résultants dont le nombre de vibrations est égal à la différence et à la somme des vibrations primaires. Ces sons résultants, qui n'ont aucun rapport avec les sons de battements, sont tous (les sons différentiels aussi bien que les sons additionnels) infiniment plus faibles que ces derniers.

Si nous considérons d'abord les sons différentiels, nous trouvons que pour tous les intervalles $n : n + m$, tant que m n'est pas beaucoup plus grand que $\dfrac{n}{2}$, ils coïncident avec les sons de battement, et dès lors ne peuvent être observés séparément; mais dès que m dépasse de beaucoup $\dfrac{n}{2}$, les sons de battement s'expriment, pour les mêmes intervalles, par m', pour les intervalles $n : h\,n + m$ ($h = 2, 3,...$) par m quand $m < \dfrac{n}{2}$, et par m' quand $m > \dfrac{n}{2}$; ils ne concordent donc plus avec la différence des nombres de vibrations des sons primaires, et il faut, dans ces cas, chercher à observer les sons différentiels.

Ainsi qu'il a été dit déjà, ces intervalles, lorsqu'ils sont obtenus avec des sons très aigus, laissent entendre les sons de battements d'une manière très nette, tandis qu'on ne découvre aucune trace des sons différentiels. Ainsi $ut_5 : si_5$ (8 : 15) ne donne qu'un ut_2 (1) et pas du tout le son 7, $ut_5 : ré_6$ (4 : 9) ne donne que l'ut_5 (1) et nullement le mi_5 (5); $ut_5 : fa_6$ (3 : 8) ne donne que le fa_5 et le fa_4, mais pas du tout le la_5 (5). Il s'ensuit qu'en tout cas les sons différentiels doivent être infiniment plus faibles que les sons résultants nés des battements : — (cependant ils existent, car j'ai pu les observer d'une manière qui ne laisse pas de place au doute, en formant les mêmes intervalles avec des sons moins élevés dont la persistance plus grande me permettait d'avoir recours à des diapasons auxiliaires qui donnaient un nombre déterminé de battements avec les sons dont il s'agissait de constater l'existence. En faisant vibrer les gros diapasons ut_5 et si_5 (8 : 15) devant les résonateurs, j'entendais d'abord le ronflement vigoureux des 32 battements supérieurs; mais dès que j'approchais à une certaine distance de l'oreille un diapason de 440 v. s., je distinguais nettement les 4 battements du son 7 (448 v. s.). De même un diapason auxiliaire de 648 v. s. m'a permis de constater l'existence du son très faible mi_5 (5) produit par le concours des sons ut_5 et $ré_4$ (4 : 9), et un diapason de 860 v. s. a révélé l'existence d'un faible la_5 (5) produit par les sons primaires ut_5 et fa_4 (3 : 8)[1].)

---

1. Voyez la note p. 130.

Pour ce qui est des sons additionnels, M. Helmholtz a fait remarquer déjà qu'on ne les entend facilement que dans des conditions très favorables, notamment à l'aide de l'harmonium et de la sirène polyphone. Or le simple fait que, dans le concours de deux sons d'une sirène ou d'un instrument à anche on entend parfois des notes dont la hauteur est égale à la somme des hauteurs des notes fondamentales des deux sons, ce fait à lui seul ne prouve point encore l'existence des sons additionnels. En effet, ni la sirène ni les instruments à anches ne fournissent des sons simples; ils émettent des sons complexes riches en harmoniques, et il est facile de s'assurer que les sons de battements des harmoniques suffisent à rendre compte de la production des notes dont la hauteur est la somme des hauteurs des notes fondamentales des sons primaires.

Prenons par exemple la quinte (2 : 3) avec les deux séries d'harmoniques,

$$2,\ 4,\ 6,\ 8,\ 10,\ \dots$$
$$3,\ 6,\ 9,\ 12,\ 15,\ \dots$$

on obtiendra le son $2 + 3 = 5$ par les battements des deux harmoniques d'ordre 5 (10 et 15).

La quarte (3 ; 4) fournit les harmoniques :

$$3,\ 6,\ 9,\ 12,\ 15,\ 18,\ 21,\ \dots$$
$$4,\ 8,\ 12,\ 16,\ 20,\ 24,\ 28,\ \dots$$

et ce sont les deux harmoniques d'ordre 7 (21 et 28) qui donnent un son de battements égal à la somme de $3 + 4 = 7$. Pour la tierce (4 : 5), ce sont les harmoniques d'ordre 9 (36 et 45) qui donnent un son de battements égal à la somme $4 + 5$, et en général pour tous les intervalles de la forme $n : n + 1$, le son de battements des deux harmoniques d'ordre $2n + 1$ est égal à la somme des notes fondamentales.

Pour les intervalles de la forme $n : n + 2$, ce sont encore deux harmoniques de même ordre $(n + 1)$ qui donnent un son de battements égal à la somme $2n + 2$. Ainsi la sixte 3 : 5 a les harmoniques :

$$3,\ 6,\ 9,\ 12,\ \dots$$
$$5,\ 10,\ 15,\ 20,\ \dots$$

et le son de battements inférieur de 12 et de 20 est $= 8$.

Pour les intervalles de la forme $n : n + 3$, ce sont des harmoniques d'ordre différent, celui d'ordre $n + 2$ du son n, et celui d'ordre $n+1$ du son $n+3$, qui donne un son de battements égal à la somme $2n+3$. Ainsi, dans la sixte mineure (5 : 8), l'harmonique 7 du son 5 (35) et l'harmonique 6 du son 8 (48) donne le son de battements $13 = 5 + 8$.

On pourrait s'étonner que parmi les sons de battements des harmoniques de deux sons l'observation eût révélé précisément ceux dont les nombres de vibration sont égaux à la somme des nombres correspondants des deux notes fondamentales, tandis que beaucoup d'autres harmoniques devraient également faire entendre des sons de battements. A cela, il faut répondre d'abord que des sons de battements d'harmoniques qui diffèrent du son additionnel s'entendent effectivement très souvent, ensuite que le nombre de ces sons de battements qui peuvent encore être observés est loin d'être aussi considérable qu'on pourrait le supposer à première vue. Par exemple les harmoniques jusqu'au cinquième de deux sons fondamentaux qui forment la quinte ne peuvent produire entre eux d'autres sons de battements, qui fussent plus aigus que les sons fondamentaux et qui ne coïncidassent pas avec les harmoniques mêmes, que le seul son 5. Les harmoniques jusqu'au septième des sons fondamentaux de l'intervalle de la quarte ne peuvent produire à côté du son 7, d'autre son que le son de battements 5, qui ne fût pas déjà contenu dans le timbre des sons primaires, et les autres intervalles offrent des relations semblables[1].

1. M. Preyer (Akustische Untersuchungen 1879) a émis l'opinion que, avec les sons pourvus d'harmoniques l'existence de sons qui répondent à la somme des sons primaires peut s'expliquer encore plus simplement que je ne l'ai fait. D'après lui, les deux sons a et b forment d'abord le son différentiel $b-a$, puis celui-ci avec $2a$ et $2b$ encore deux sons différentiels de second ordre $2a-(b-a)$ et $2b-(b-a)$, dont le premier $=3a-b$, et le second $=a+b$, c'est-à-dire égal au son d'addition. Mais cette explication n'est pas acceptable parce qu'elle suppose que deux sons donnent toujours un son différentiel, ce qui n'est pas exact. Prenons par exemple deux sons, correspondant aux sons fondamentaux ut_5 et mi_5 (4 : 5), ils donneront à la vérité le son de battements ut_5 (1), mais ce son 1, ne forme nullement avec l'octave de ut_5, c'est-à-dire avec ut_4 (8), le son 7, ni avec l'octave de mi_5, c'est-à-dire avec mi_4 (10), le son 9, comme on peut s'en assurer en faisant concourir deux sons simples primaires ut_1 et ut_4 (1 : 8), ou bien ut_1 et mi_4 (1 : 10), même quand ces derniers sont beaucoup plus forts que le son de battements en question et les deux octaves des sons primaires ut_5 et mi_5. — M. Preyer cite en faveur de sa manière de voir ce fait, que, en faisant parler ensemble deux anches de 496 et 528 v. d. (31 : 33) il aurait entendu le son 1024 (64), et il croit qu'on ne peut pas supposer que dans les sons des anches il existait les harmoniques 32, de 16,896 et 15,872 v. d. Si réellement le son observé a été le son 64, et non pas l'octave de 31 ou de 33, on pourrait en effet s'étonner que dans ces sons les harmoniques 32 eussent encore été assez forts pour le produire, mais l'expli-

Dans tous ces cas, les sons de battements correspondent à la différence des sons qui leur donnent naissance, et coïncident par conséquent avec les sons différentiels; mais lorsqu'on réfléchit quelle intensité considérable doivent avoir deux sons primaires pour qu'ils puissent donner un son diférentiel perceptible, il sera permis de supposer que l'intensité des sons différentiels des harmoniques doit être négligeable à côté de celle des sons de battement avec lesquels ils coïncident.

Il faut enfin faire remarquer qu'avec la sirène et l'harmonium, non-seulement les sons isolés sont accompagnés d'harmoniques, mais deux sons émis simultanément ne peuvent plus être considérés comme produits par une série d'impulsions successives de même intensité. En effet, au moment où les orifices sont ouverts à la fois sur les deux cercles concentriques de la sirène, l'intensité de l'émission n'est point double de celle qu'on obtient lorsqu'une seule des deux séries d'orifices est ouverte, et cette diminution d'intensité au moment de la coïncidence des deux impulsions, diminution due à la disposition spéciale de l'instrument employé, suffit à faire naître des phénomènes étrangers à ceux qui dépendent du concours de sons simples, émis par deux sources isolées l'une de l'autre [1]. Lorsqu'on veut être sûr d'avoir affaire à des sons additionnels de sons primaires simples, il faut donc renoncer à se servir de la sirène polyphone comme des tuyaux à anches, et revenir à l'emploi des diapasons.

(Des diapasons accordés pour les notes ut_3, mi_3, sol_3, ut_4, avec

---

cation proposée par M. Preyer est absolument inadmissible, car 496 et 528 v. d. donnent, même lorsqu'elles ont une force considérable, 32 battements qui ne laissent pas encore entendre le son grave ut_{-1}, de sorte que en tout cas il doit être très faible. L'octave de 528 est ensuite l'harmonique 33 de ce son si excessivement faible, or deux sons primaires, de 32 et de 1056 v. d. même très forts ne produisent jamais un son de 1024 v. d.

La seconde manière dont le son de 1024 v. d. aurait pu être produit d'après M. Preyer, est également en contradiction avec tout ce qu'on observe directement dans le concours de deux sons primaires. En effet c'est l'octave de 528 (1056) qui doit produire avec le son de 496 v. d. un son différentiel de 560 v. d., puis ce dernier un nouveau son différentiel de 1024 v. d. avec la douzième de 528, c'est-à-dire avec 1584. Ces deux sons 496 et 1056 v. d. (c'est-à-dire 496 et $2 \times 496 + 64$) donnent le son de battements 64 et non pas 560, et si le son 560 existait réellement, il donnerait avec 1584 (c'est-à-dire avec $2 \times 560 + 464$, ou bien avec $3 \times 560 - 96$), le son 96; puis encore beaucoup plus faiblement 464, et non pas 1024.

1. Helmholtz, *Tonempfindungen*, 3e éd., p. 627. — Terquem, *Étude sur le timbre des sons produits par des chocs discontinus et en particulier par la sirène. (Ann. scientif. de l'Éc. norm. sup.*, VII, 1870.)

des branches de 6 millimètres d'épaisseur et montés sur des caisses, comme on les emploie d'habitude dans les cabinets de physique, donnent déjà des sons d'une intensité relativement considérable ; néanmoins, les sons additionnels sont si faibles qu'il faut recourir à des diapasons auxiliaires pour en constater l'existence au moyen des battements qui se produisent. Lorsqu'on possède une série de diapasons pour les harmoniques du son fondamental ut_2, on pourra particulièrement se servir des intervalles $ut_3 : sol_3$ et $sol_3 : ut_4$ (2 : 3 et 3 : 4) pour l'observation des sons additionnels au moyen de leurs battements, car, pour avoir les diapasons auxiliaires, il suffira de désaccorder légèrement deux diapasons de la même série (le mi_4 et l'harmonique 7), en les lestant d'un peu de cire.

Avec les gros diapasons dont j'ai fait usage, les sons additionnels ont une intensité suffisante pour être perçus directement, sans qu'on ait besoin d'employer des diapasons auxiliaires. La combinaison $ut_3 : sol_3$ (2:3) donne distinctement le mi_4 (5), qui à son tour forme, avec l'ut_3 et le sol_3, les sons additionnels de second ordre 7 et 8 (ut_5), lesquels se révèlent par des battements énergiques avec les diapasons auxiliaires convenablement choisis ; d'autres diapasons auxiliaires permettent même de constater, par des battements très faibles, il est vrai, l'existence des sons additionnels de troisième ordre $2 + 7 = 9$ ($ré_5$), $2 + 8$ et $3 + 7 = 10$ (mi_5) et $3 + 8 = 11$. De même avec $ut_3 : mi_3$ (4:5) on entend le son $9 = ré_4$, et l'on peut en outre constater par les diapasons auxiliaires l'existence des sons $9 + 4 = 13$, $9 + 5 = 14$, et les sons additionnels de troisième ordre 17, 18, 19.

Ce sont généralement les intervalles comprenant le son fondamental $ut_3 = 512$ v. s. qui conviennent le mieux pour l'observation des sons différentiels et additionnels, parce que, d'une part, le ronflement des battements discontinus ne vient plus guère ici troubler la perception, et que, d'autre part, les sons de battements sont ici très graves, et n'ont alors qu'une intensité très faible.

Les observations qui viennent d'être rapportées prouvent donc que l'existence des sons différentiels et additionnels peut être constatée aussi dans le concours de sons simples, émis par des sources isolées, quand ces derniers sont suffisamment forts, mais qu'ils ont une intensité infiniment moindre que les sons de battements. Il s'ensuit que, lorsqu'en produisant simultanément deux sons musicaux pourvus d'harmoniques un peu prononcés, on entend des sons dont la hauteur est égale à la somme des hauteurs des notes fondamentales, ce sont très probablement dans la plupart des cas des sons de battement des harmoniques et non des sons additionnels des sons primaires.

Ces sons de combinaison ne sont point renforcés par les résonnateurs, pas plus que les sons de battements dont il a été question plus haut[1].

1. J'ai une **observation importante** à faire sur toutes ces remarques concernant les sons différentiels et les sons d'addition, que j'ai voulu reproduire ici exactement, telles qu'on les trouve dans la première publication de ce mémoire dans les *Annales,* mais que j'ai placées entre parenthèses.

De nouvelles recherches sur les battements des intervalles harmoniques, que j'ai faites depuis la publication de ce mémoire, m'ont démontré que même en formant des intervalles harmoniques altérés très larges, des sons primaires d'une faiblesse excessive peuvent faire entendre des battements distincts ; or, les diapasons auxiliaires employés pour reconnaître l'existence de sons différentiels et de sons d'addition trop faibles pour être entendus, étaient tous des harmoniques du son de battements inférieur de l'intervalle des deux sons primaires, et quelques-uns même en outre des harmoniques d'un des sons primaires ; ils devaient alors nécessairement produire des battements avec ces sons, dont ils étaient des harmoniques, et les battements observés par moi ne prouvaient dès lors nullement l'existence de sons à l'unisson altéré avec ces diapasons, comme je l'avais admis. Une seule exception doit être faite pour le diapason de 440 v. s., qui avec les notes primaires ut_3 (8) et si_3 (15), démontrait par des battements l'existence d'un son faible, 7, mais qui du reste n'était que le son de battements inférieur de 8 et 15. En effet les tableaux donnés plus haut font voir que les battements aussi bien que les sons de battements inférieurs de la première période peuvent souvent être entendus directement jusque dans le voisinage des rapports 4 : 7, et on conçoit qu'à l'aide de diapasons auxiliaires on puisse les découvrir encore un degré plus loin (14 : 15).

D'après ces considérations il ne reste que les deux sons mi_4 (5), donné par l'intervalle ut_3 (2), sol_3 (3), et $ré_4$, donné par l'intervalle ut_3 (4), mi_3 (5), dont l'existence peut être regardée comme réellement prouvée, parce qu'ils étaient observés directement par l'oreille. Ces sons, n'ayant montré aucune action sur des résonateurs, comme je l'avais déjà indiqué, ne pouvaient avoir l'origine que M. Helmholtz attribue aux sons différentiels et d'addition, mais étant très faibles, tandis que les sons primaires des intervalles qui les avaient produits, avaient une intensité formidable, on peut les expliquer par l'action des faibles harmoniques, produits dans l'oreille par les sons primaires, comme selon M. Helmholtz, chaque son très fort, même simple, doit en produire dans l'organe de l'ouïe, principalement par suite de la structure asymétrique de la membrane du tympan et de l'articulation lâche du marteau avec l'enclume.

D'après ce qui précède, je ne connais jusqu'à présent aucune expérience par laquelle on pourrait prouver avec quelque certitude l'existence de sons différentiels et de sons d'addition, et la rédaction primitive du paragraphe III, 6 des conclusions de ce mémoire (page 147), doit alors être modifiée comme je l'ai fait en son lieu.

IV

De la nature des battements et de leurs effets comparés à ceux d'une série de chocs.

Comme la hauteur des sons additionnels n'est point égale au nombre des battements des sons primaires, et qu'ainsi on ne peut les expliquer par ces battements, M. Helmholtz [1] a vu là un argument en faveur de sa thèse que les battements en général ne sauraient faire naître un son. Mais si, d'un côté, les sons additionnels ne coïncident point avec les battements des sons primaires, nous avons vu, d'un autre côté, que les sons de battements, sauf le cas de $n:n+m$, $m < \dfrac{n}{2}$, ne s'expriment ni par la somme, ni par la différence des sons primaires; il s'ensuit que les sons résultants ne s'expliquent pas plus par la cause qui produit les sons de combinaison, que ces derniers ne s'expliquent par les battements, et qu'il faut assigner à chacun de ces deux phénomènes une origine différente.

Il s'agit maintenant de savoir si la nature des battements permet de supposer qu'ils peuvent donner naissance à un son. Il est clair tout d'abord que le fait de la production des sons différentiels et additionnels dans le cas où les amplitudes ne sont point infiniment petites, ne prouverait en lui-même rien ni pour ni contre l'ancienne théorie de Young; mais M. Helmholtz présente contre cette théorie d'autres objections qui, pour être écartées, demandent un examen approfondi.

C'est avant tout la manière dont l'oreille perçoit les battements des sons ordinaires, sons généralement assez faibles, surtout dans les régions basses de l'échelle, qui a fait dire à M. Helmholtz [2] que des battements de sons simples, sans intervention d'harmoniques ou de sons résultants, se produisent seulement lorsque les deux sons primaires sont séparés par un intervalle relativement petit, et que les battements perdent leur netteté dès que l'intervalle approche d'une tierce mineure. — Or, si l'on fait usage de sons gra-

1. Helmholtz, *Tonempfindungen*, 3e éd., p. 245, 263.
2. *Tonempfindungen*, IV, 299.

ves et suffisamment forts, nous avons vu que les battements primaires sont encore perçus avec des intervalles beaucoup plus
larges. Dans toute l'octave $ut_1 — ut_2$, on ne trouve pas un seul in
tervalle qui ne les fasse entendre distinctement, et même en laissant de côté les battements m', on peut suivre les battements m
seuls jusqu'au delà de la quinte; avec les intervalles qui ont pour
son fondamental le mi_{-1}, on les constate jusqu'au voisinage de la
septième.

Dans le tableau des battements, il est dit que la tierce $ut_2 : mi_2$
fait entendre un ronflement formé de 32 battements, et que ce
ronflement s'affaiblit graduellement à mesure qu'on approche de
la quinte. Ce résultat est exact pour des sons primaires tels que
je les obtenais avec mes diapasons vibrant en face des résonateurs; mais en faisant usage de sons encore plus forts, qui étaient
fournis par trois diapasons ut_2, mi_2, sol_2, débarrassés des curseurs
et montés sur des caisses de résonance de grandes dimensions,
ouvertes aux deux bouts, le ronflement de la tierce devenait plus
intense, et celui de la quinte même était encore très sensible. Les
64 battements de la tierce $ut_3 : mi_3$, qui avec les résonateurs ne
produisaient qu'une simple dureté du son, devenaient un véritable
ronflement avec les diapasons montés sur les caisses, et même la
quinte $ut_3 : sol_3$ trahissait encore une certaine dureté provoquée
par l'existence de 128 battements par seconde.

Lorsqu'un son est produit dans un espace fermé, on sait que le
concours des ondes directes et de celles qui sont réfléchies par les
murs donne naissance à des ventres et des nœuds. Avec des sons
simples très forts et qui ont des longueurs d'ondes considérables,
la différence d'intensité aux endroits des nœuds et des ventres est
tellement sensible que dans les expériences dont il s'agit ici, où
il importe que les deux sons arrivent avec force à l'oreille, il faut
toujours tâcher de se placer dans un nœud commun aux deux
sons. Il faut donc chercher d'abord la position la plus favorable
de l'oreille pour l'un des deux sons, puis rapprocher ou éloigner
l'autre diapason jusqu'à ce qu'on l'entende également avec son
maximum d'intensité.

Plus on s'élève dans l'échelle, et plus il devient facile d'obtenir
des sons forts et perçants. Aussi, tandis que l'intervalle $ut_3 : sol_3$,
qui avec des sons ordinaires ne manifeste aucune trace de dureté,
doit être formé par des sons d'une intensité tout à fait inusitée
pour que ses 128 battements deviennent sensibles, avec l'intervalle

si_5 : ut_6 les anches d'un harmonium suffisent pour faire entendre le même nombre de battements.

M. Helmholtz, en constatant ce dernier fait, attache, pour l'expliquer, une importance particulière à la petitesse de l'intervalle[1]; mais les expériences qui viennent d'être citées prouvent qu'avec des sons graves d'une intensité suffisante il devient possible d'entendre les battements sur des intervalles beaucoup plus larges, comme d'un autre côté on peut, avec des sons aigus suffisamment faibles, former des intervalles très petits où les battements ne se manifestent pas.

De même que les intervalles très petits de sons aigus ne diffèrent point essentiellement des intervalles larges de sons graves d'une intensité suffisante, en ce qui touche les battements produits par une même différence des nombres de vibrations absolus, de même il n'y a aucune différence dans la manière dont se produisent les sons résultants. Deux diapasons si_5, ut_6 (15 : 16) font entendre, pour une intensité donnée de leurs sons, le ronflement des 128 battements, mais en même temps le son résultant ut_2 ; de même qu'avec les sons ut_3, sol_3, lorsqu'ils sont très forts, on entend, en dehors de la dureté produite par les battements, un faible ut_2. Il faut seulement faire observer que, les sons primaires aigus ayant une intensité relative beaucoup plus considérable que celle des sons graves, leurs sons résultants seront également beaucoup plus intenses que les sons résultants de même hauteur, donnés par les intervalles plus larges des sons graves, que par conséquent il sera toujours plus facile d'obtenir des sons résultants très graves et très distincts à l'aide de ces sons aigus qu'avec des sons primaires pris dans les octaves graves.

J'ai dit plus haut que la consonance ut_2 : sol_2 ne donnait qu'un ut_1 (128 v. s.) à peine perceptible, même avec de gros diapasons et de forts résonateurs; il m'a été impossible d'observer directement des sons résultants plus graves avec des intervalles pris dans les régions basses de l'échelle, tandis qu'avec des diapasons plus aigus on arrive encore à produire l'ut_{-1} de 32 v. s., qui s'approche déjà de l'extrême limite des sons perceptibles.

J'ai commencé cette partie de mes recherches avec une série de diapasons accordés pour les notes situées entre si_5 et ut_6 ; mais, ayant trouvé que ces diapasons ne donnaient déjà les sons résul-

1. *Tonempfindungen*, p. 263.

tants mi_{-1} et $ré_{-1}$ (40 et 36 v. s.) qu'avec une intensité très faible,
je pris le parti de construire une seconde série pour les notes comprises de si_6 à ut_7, qui me permit d'opérer avec des intensités beaucoup plus considérables.

Les sons de battements de ces derniers diapasons sont tellement
forts qu'on n'entend pas seulement l'ut_2 et l'ut_1 d'une assez grande
distance, mais que toutes les notes de la gamme d'ut_{-1} sont encore
perçues distinctement. L'ut_{-1} s'obtient à l'aide des sons de 4064 et
4096 v. s. (127 : 128), dont l'intervalle est de beaucoup inférieur au
comma (80 : 81) [1].

Le tableau suivant renferme tous les diapasons qui composent
les deux séries en question, avec les rapports de leurs nombres de
vibrations et leurs sons de battements.

DIAPASONS		RAPPORTS	BATTEMENTS = sons résultants	
3840 v. s. : 4096 v. s.		15 : 16	128	ut_2
3904	»	61 : 64	96	sol_1
3936	»	123 : 128	80	mi_1
3968	»	31 : 32	64	ut_1
3976	»	497 : 512	60	si_{-1}
3989,3	»	187 : 192	53,3	la_{-1}
4000	»	125 : 128	48	sol_{-1}
4010,7	»	47 : 48	42,7	fa_{-1}
4016	»	251 : 256	40	mi_{-1}
4024	»	503 : 512	36	$ré_{-1}$
7936 v. s. : 8192 v. s.		31 : 32	128	ut_2
8064	»	63 : 64	64	ut_1
8096	»	253 : 256	48	sol_{-1}
8106,7	»	95 : 96	42,7	fa_{-1}
8112	»	507 : 512	40	mi_{-1}
8120	»	1015 : 1024	36	$ré_{-1}$
8128	»	127 : 128	32	ut_{-1}

Pour faire vibrer ces diapasons, on peut se servir de l'archet
comme à l'ordinaire; cependant, comme ils sont trop aigus pour

1. On entend le son de battements même encore avec deux diapasons de 8140 et de
8192 v. s. qui produisent seulement 26 battements et dont l'intervalle n'excède pas un
demi-comma. Ce son offre cette particularité remarquable qu'il ne produit plus une
sensation parfaitement continue, mais une sensation dans laquelle on reconnaît déjà le
passage du son continu à une série de chocs qu'on peut seulement percevoir isolément; on entend donc le roulement des 26 battements en même temps qu'on a la sensation d'un son grave à la dernière limite de la perceptibilité, dont les éléments con-
stituants commencent déjà à se dissocier.
On voit que de cette façon une telle série de diapasons aigus et très forts, comme je
les ai employés pour les expériences précitées, peut aussi très bien servir à la détermination de la limite de la perceptibilité des sons au grave.

qu'on ait à craindre la production d'harmoniques, on peut aussi les frapper avec des marteaux d'ivoire, ce qui est plus commode, parce qu'alors le son du premier n'a encore perdu que très peu de son intensité quand le second commence à vibrer.

Toutes les combinaisons que renferme le tableau ci-dessus font toujours entendre le ronflement ou, pour nous servir d'un mot qui convient mieux à ces sons aigus, le susurrement des battements en même temps que les sons de battements ; ces derniers sont d'autant plus forts que les diapasons sont excités plus fortement. Pour entendre les battements seuls, on n'a qu'à éloigner les deux diapasons de l'oreille ; mais les sons de battements ne peuvent être entendus seuls, quand même on approcherait les diapasons tout près de l'oreille ; on n'y réussit même pas complètement avec les sons de 7936 et 8192 v. s., bien que leur son résultant ut_2 soit extrêmement fort.

Ces expériences prouvent qu'avec des sons primaires d'une intensité suffisante, 32 battements par seconde suffisent à produire un son, — que les battements peuvent être perçus jusqu'au nombre d'environ 128 avec des intervalles d'une largeur quelconque, — enfin qu'entre ces deux limites les battements et les sons résultants sont entendus en même temps. Il s'agit maintenant de savoir si les mêmes résultats peuvent s'obtenir avec de simples chocs ou impulsions primaires.

On sait déjà, en premier lieu, que 32 impulsions primaires peuvent donner naissance à un son ; que d'un autre côté l'oreille pourrait distinguer au delà de 100 impulsions par seconde ; c'est ce qu'on pouvait déjà conclure de ce fait bien connu : qu'elle peut constater la différence de marche de deux pendules qui ne s'écartent pas de plus d'un centième de seconde de l'isochronisme parfait. Il était en effet permis de supposer que, si l'oreille pouvait discerner deux impressions séparées par un intervalle d'un centième de seconde, elle pourrait également distinguer une série d'impressions pareilles, espacées d'une manière uniforme ; mais l'observation peut très bien se faire directement à l'aide d'une roue dentée. Celle dont je me suis servi était une roue de bois ; elle avait une épaisseur de 35ᵐᵐ, un diamètre de 0ᵐ,36, et 128 dents. Lorsqu'on appuie fortement sur ces dents une lame élastique de bois dur, et qu'on augmente graduellement la vitesse de rotation, les chocs qui d'abord s'entendaient séparément se fondent bientôt en un ronflement qui persiste encore quand la roue fait déjà un tour par seconde et qu'il y a par conséquent 128 chocs dans le même temps; mais en dehors de ce ronflement on entend, si les chocs isolés ne sont pas trop bruyants, le son ut_2 (256 v. s.). Si l'on substitue à la lame de bois un fragment pointu de carton, le ronflement ne s'entend presque plus, et le son ut_2 devient au contraire plus distinct. Si la roue ne fait qu'un tour en deux secondes de manière que le nombre des chocs n'est que de 64, on constate encore plus facilement comment le son ut_1 disparaît ou du moins se trouve noyé dans le bruit des 64 chocs. On voit que l'analogie est complète entre les effets que produisent les chocs et les battements.

Il est d'ailleurs évident que la coexistence du bruit des chocs séparés et du son qui résulte de leur succession, aussi bien que le fait que les chocs cessent d'être distingués quand leur nombre dépasse une certaine limite, s'expliquent très bien à l'aide de l'hypothèse de M. Helmholtz sur l'audition[1]. D'après cette hypothèse, il

---

1. *Tonenpfindungen*, p. 226. « Des appendices élastiques perdant rapidement leurs vibrations, seront relativement affectés par les secousses ou ondulations courtes du liquide du labyrinthe, plus que par les sons musicaux; ils pourront par conséquent servir à percevoir les trépidations brusques et irrégulières, c'est-à-dire les bruits. Au contraire, des corps élastiques, prolongeant davantage leurs vibrations, seront beaucoup plus fortement ébranlés par un son musical de hauteur correspondante que par les secousses isolées. Notre oreille peut percevoir les deux impressions, et nous pouvons bien supposer que cela tient à l'existence d'organes terminaux différents. »

Le passage cité a été supprimé dans la 4e édition des *Tonempfindungen*, parce que des recherches plus récentes tendent à faire rejeter l'hypothèse d'après laquelle les terminaisons des nerfs dans le vestibule et les ampoules serviraient à la perception des bruits comme les fibres de Corti avec la membrane basilaire, pour la perception des sons musicaux.

En effet, par les travaux de M. Goltz, il est devenu très probable « que les poils des ampoules qui ne sont pas munis d'otolithes et les canaux demi-circulaires sont les organes d'un autre ordre de sensations, à savoir des mouvements de rotation de la tête (4e éd., p. 249). » M. Helmholtz pense aujourd'hui « que la perception des impulsions momentanées pourrait fort bien avoir lieu par l'intermédiaire des nerfs du colimaçon, et de la même manière que la perception des bruits, c'est-à-dire sans l'impression précise d'une tonalité déterminée, » et voici les raisons qu'il en donne (4e éd., p. 247) : « Un appareil élastique, capable d'exécuter des vibrations, ne pourra jamais rester en repos absolu en présence d'une force qui agit sur lui pendant un certain temps; même un mouvement instantané, ou qui le sollicite par intervalles irréguliers, pourvu qu'il possède une certaine énergie, finira par l'ébranler. La résonance qui répond au *son propre* a seulement cet avantage particulier, que des impulsions isolées relativement faibles peuvent ici donner naissance à des mouvements relativement énergiques, lorsqu'elles se succèdent dans un rythme convenable. Mais des impulsions instantanées un peu fortes, comme celles que produit l'étincelle électrique, pourront communiquer à peu près la même vitesse initiale à toutes les parties de la membrane basilaire, après quoi chacune de ces parties achèvera sa vibration dans le rythme qui lui est propre. Il en résulterait une excitation simultanée et, sinon uniforme, au moins

existe dans l'oreille des appendices élastiques perdant rapidement leurs vibrations qui sont surtout propres à la perception de secousses brusques et irrégulières, et d'autres corps prolongeant davantage leurs vibrations, qui sont excités avec plus d'énergie par un son musical d'une hauteur donnée que par des chocs isolés. Chaque secousse isolée excitera donc un corps de la première catégorie tant que les chocs ne se succèdent pas à des intervalles plus courts que le temps nécessaire pour l'amortissement de l'excitation reçue. Mais en outre le mouvement périodique provoqué par la succession des chocs représente la somme d'une série de vibrations pendulaires, c'est-à-dire de sons simples dont chacun pourra exciter un corps de la seconde catégorie.

Plus le mouvement de l'air excité par les chocs différera du mouvement pendulaire simple, plus les chocs séparés seront distincts, et moins le son que produit leur succession sera perceptible ; au contraire ce dernier sera d'autant plus fort et les chocs séparés seront d'autant moins distincts que le mouvement périodique de l'air se rapprochera davantage du mouvement pendulaire, de sorte qu'avec les vibrations presque rigoureusement pendulaires des diapasons les chocs isolés cessent déjà d'être discernés au delà de 32 ou de 36, et le son résultant prédomine complètement.

M. Helmholtz a encore fait remarquer que deux sons qui battent peuvent être comparés à un son unique dont l'intensité varie périodiquement, et que les battements et les intermittences non seulement sont semblables entre eux, mais que les uns et les autres

uniformément dégradée, de tous les nerfs de colimaçon, laquelle par conséquent n'offrirait pas le caractère d'une tonalité définie. »

Il resterait à savoir si cette nouvelle manière de voir doit être préférée à l'ancienne, puisque, d'après les récentes recherches de Mlle Anna Tomaszewicz (*Beiträge zur Physiologie des Ohrlabyrintes.* — Thèse pour le doctorat en médecine. Zurich, 1877), il ne serait nullement démontré que les fibres du nerf auditif qui n'ont pas leurs terminaisons dans le colimaçon ne sont que des parties de l'organe d'un sens de l'équilibre, attendu que les mouvements qu'on observe à la suite d'une lésion des canaux semi-circulaires peuvent aussi s'expliquer par des sensations sonores subjectives, anormales et très fortes, qui surviennent après l'opération. Quoi qu'il en soit, en tout cas, la perception simultanée des coups séparés et du son qui résulte de leur succession, dont il a été parlé plus haut, n'est pas plus en contradiction avec cette manière de voir qu'avec l'ancienne, car on peut très bien supposer qu'à côté de l'excitation d'ensemble de la membrane basilaire qui est due à chaque coup séparé, les parties de cette membrane dont le son propre répond à la période des impulsions sont ébranlées plus fortement et exécutent des vibrations fixes d'où résulte la perception du son.

produisent, pour une fréquence donnée, le genre de bruit qu'on appelle ronflement [1]. Si réellement les intermittences ne produisaient toujours que cette espèce de bruit, la grande analogie qu'elles offrent avec les battements pour une fréquence modérée conduirait à supposer que ces derniers ne pourraient également produire qu'un bruit de ce genre; mais les intermittences, tout aussi bien que les chocs primaires, se transforment en un son quand leur nombre et leur intensité atteignent certaines limites.

On s'en assure facilement à l'aide d'un disque percé d'une série circulaire de trous assez grands, que l'on fait tourner devant un diapason. J'ai employé plusieurs disques avec 16, 24 et 32 trous de 2 centimètres de diamètre diversement espacés; mais tous ces disques dépassaient de beaucoup le cercle des trous, afin que le son ne pût arriver à l'oreille avec force qu'aux moments où un orifice passait en face du diapason.

Il est clair qu'il ne faudra pas s'attendre à obtenir, avec un diapason quelconque et un nombre quelconque d'intermittences, un son correspondant au nombre des interruptions. En dehors d'une intensité suffisante et d'un nombre convenable d'interruptions, il faudra encore que les secousses imprimées à l'air à travers les trous soient égales entre elles, ce qui n'aurait jamais lieu par exemple si le nombre des interruptions était plus grand que le nombre des vibrations doubles du son primaire. Dans ce cas, en effet, il passera plusieurs trous devant la même onde, de sorte que chaque orifice transmettra une autre partie de cette onde, ou du moins ce ne seront pas les mêmes parties des ondes successives qui seront transmises à l'oreille. Des effets analogues se produiront même quand le nombre des interruptions dépassera de très peu celui des vibrations doubles, et il faut probablement qu'au moins une onde entière passe à travers chaque trou pour que le son d'intermittence devienne distinctement perceptible. La condition la plus favorable à sa production m'a paru être que toute une série d'ondes passe par chaque orifice, et cette condition se trouve réalisée quand le nombre des vibrations doubles du diapason est beaucoup plus grand que celui des intermittences.

Lorsqu'on fait tourner un disque où la distance des trous est égale à 3 fois leur diamètre (2 centimètres), avec une vitesse telle que 128 trous par seconde défilent devant le diapason, le son ut_2 de

—————————————————
1. *Tonempfindungen,* p. 266.

128·v. d. se produit déjà avec un diapason qui donne l'ut_4 de 512 v. d., seulement le son est·faible et se trouve dominé par les· deux sons de variation qui dépendent de la somme et de la diffé- rence des intermittences et des vibrations doubles du diapason (dans le cas que nous avons choisi, ces deux sons seront le sol_3 de 384 v. d. et le mi_4 de 640 v. d.). Lorsqu'on substitue à l'ut_4 successi- vement le mi_4, le sol_4, l'harmonique 7 d'ut_2, et ut_5 en conser- vant toujours la même vitesse de rotation, le son d'intermittence devient de plus en plus fort et distinct. Si enfin on fait passer par le disque les sons très forts des diapasons ut_6 et ut_7, pour lesquels les interruptions et les vibrations doubles sont respectivement dans le rapport de 1 : 16 et de 1 : 32, le son d'intermittence acquiert

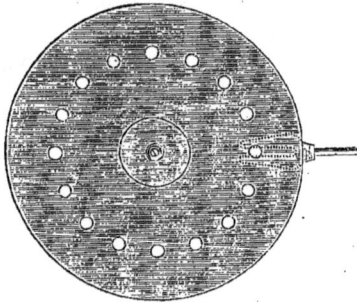

Fig. 37. Disposition d'un disque de sirène à grands trous, et diapason aigu pour l'observation du son produit par le nombre des interruptions d'un son continu.

une force extraordinaire, tandis que les sons de variation dérivés du rapport 1 : 16 (15 et 17) sont déjà peu distincts, et ceux du rapport 1 : 32 (31 et 33) à peine perceptibles.

Quand je fais l'expérience avec les deux diapasons aigus, qui conviennent le mieux pour l'observation du son d'intermittence, je fais tourner le disque immédiatement devant le diapason, comme·le montre la figure 37; mais quand je me sers des·diapa- sons plus graves, j'intercale entre ces diapasons et le disque des tuyaux de résonance. d'un diamètre égal à celui des trous (fig. 38), de sorte que le son retentit avec force chaque fois qu'un des trous passe devant l'orifice du tuyau. — Je ferai remarquer en passant que, grâce à cette disposition, les sons de variation se produisent avec une netteté surprenante, et qu'en accélérant ou en ralentissant la vitesse de rotation, on les entend très bien tour à tour s'écarter et se rapprocher[1].

Dans l'expérience qui précède, c'était un son d'intensité par elle-même constante qui était transmis à l'oreille d'une manière inter-mittente; mais le passage des intermittences à un son continu

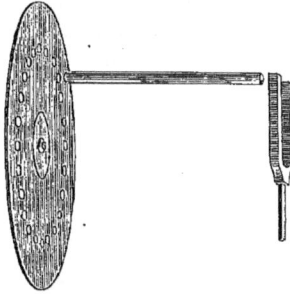

Fig. 38. Disposition d'un disque de sirène à grands trous, diapason et tube renforçant, pour l'observation des sons de variation.

peut aussi s'observer avec des sons qui ont eux-mêmes une inten-

---

1. Dans ces expériences, les disques étaient mis en rotation par un grand mouve-ment d'horlogerie, mû par des poids. Bien que cet appareil ne fût pas muni d'un régu-lateur, la hauteur considérable qu'avait à parcourir le poids (environ 3 mètres 50), permettait d'obtenir une rotation très régulière et d'une durée assez longue. Au-dessous de la rangée circulaire de trous, était toujours disposé, à côté du diapason, un porte-vent qui communiquait avec une soufflerie, de sorte qu'il suffisait d'appuyer sur la pédale de la soufflerie pour faire naître le son propre de la série de trous. Un dia-pason, tenu à la main, dont la note était à l'unisson de ce dernier son, servait à le contrôler, et lorsqu'il y avait des battements, on parvenait facilement à corriger les irrégularités de la rotation ainsi révélées, en touchant simplement du doigt le bord du disque. Pendant l'expérience, après un coup d'archet donné au diapason qui était sous le disque, le son grave qui répond au nombre des interruptions était comparé au diapason tenu à la main, ou bien au son produit en soufflant contre les trous ; les deux sons de variation, qui répondent à la somme et à la différence du nombre de vibrations du diapason et du nombre des interruptions, étaient comparés à des diapa-sons de mon tonomètre qui étaient à leur unisson ou battaient avec eux.

· J'ai fait deux séries d'expériences. Dans la première, j'ai constamment conservé le nombre de 128 interruptions (ut_3), tandis que les diapasons employés ont été les suivants : ut_3, mi_3, sol_3, ut_4, mi_4, sol_4, ut_5, ut_6, ut_7. Dans la seconde série, c'est d'abord le diapason ut_2, puis le diapason ut_3, qui a été employé, tandis que le nombre des interruptions variait depuis 128 (ut_3) jusqu'à 256 (ut_3) en parcourant successive-ment toutes les notes de cette gamme.

Pour compléter les résultats de ces expériences, j'ajouterai que, dans celles de la première série, avec les diapasons mi_4, sol_4, ut_5, en dehors des deux sons de varia-tion et du son d'interruption on pouvait encore entendre le son de battement des deux premiers.

sité périodiquement variable. J'ai construit à cet effet des disques
de sirènes percés de séries circulaires de trous équidistants, mais
de diamètres qui augmentent et diminuent périodiquement, de
sorte qu'on obtient une suite d'inpulsions isochrones d'intensité
périodiquement variable, en soufflant contre le disque par des
porte-vent d'un diamètre égal à celui des orifices les plus larges.
L'un de ces disques avait trois séries concentriques de trous
équidistants, chacune de 96 trous, dont le diamètre variait dans
la première série soize fois depuis 1 millimètre jusqu'à 6 millimètres, dans la deuxième douze fois et dans la troisième huit fois.
En soufflant à travers un porte-vent d'un calibre de 6 millimètres,
pendant que le disque tournait d'abord très lentement, on enten-

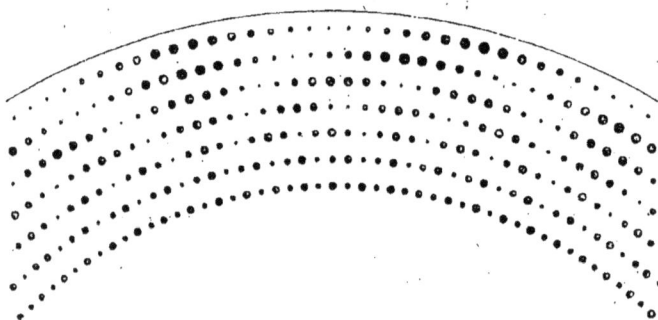

Fig. 39. Disposition sur un disque de sirène de trous équidistants dont le diamètre varie périodiquement, pour la production d'un son par le nombre des maxima d'intensité d'un son continu.

dait, avec les trois séries, des chocs séparés dont le nombre était
égal à celui des périodes de chaque série; en accélérant la rotation, on constatait que d'abord les seize périodes de la première,
puis les douze de la deuxième, puis les huit de la troisième série se
fondaient en un son continu. Lorsque enfin, pour une vitesse de
rotation de 8 tours par seconde, le son aigu des 96 trous avait
atteint le sol_4, les trois sons graves, correspondant aux périodes
des trois cercles, à savoir l'ut_2, le sol_1 et l'ut_1, s'entendaient très distinctement à côté du sol_4.

Sur une autre disque plus grand, de $0^m,70$ de diamètre, dont
la figure 39 montre un secteur, je disposai sept cercles de 192
trous équidistants dont les dimensions avaient respectivement
96, 64, 48, 32, 24, 16 et 12 périodes. Une période entière du premier

cercle comprenait donc simplement deux trous de grandeur différente, et le son dû à ces périodes était à l'octave grave du son produit par l'ensemble des 192 trous, tandis que chaque période du
7me cercle comprenait 16 trous, et que le son correspondant était
plus bas de 4 octaves que le son de l'ensemble des 192 trous. Malgré
cet écart considérable entre les nombres des impulsions primaires
qui composaient les périodes sur les sept cercles, toutes se
fondaient de la même manière en un son continu dès que leur
nombre était devenu suffisamment grand, et, lorsqu'on soufflait sur
les cercles successifs en allant du centre à la circonférence du
disque, on entendait distinctement, à côté du son aigu toujours
le même, un son grave qui monte tour à tour d'un quarte et d'une
quinte [1].

Bien qu'ainsi les séries d'impulsions isolées d'une intensité
périodiquement variable offrent une grande analogie avec les sons
qui battent, en ce qui concerne la transformation des maxima
d'intensité en sons continus, elles s'en distinguent pourtant sous
d'autres rapports.

En effet, si une série de 96 impulsions isochrones, dont l'inten-

---

1. On peut aussi produire un son par les maxima d'intensité d'un autre son au moyen
d'un diapason très fort et très aigu, comme le sont ceux de la série décrite (p. 134). ¶
Le diapason étant placé entre l'oreille et un plan réfléchissant (un mur ou mieux
encore une glace), l'oreille reçoit en même temps les ondes directes et réfléchies, qui
forment dans l'air, par leur superposition, des ondes fixes; si alors le diapason est
approché ou éloigné de la surface réfléchissante, la différence de phase entre ces deux
séries d'ondes change, ce qui fait que les ventres et les nœuds des ondes fixes se dé-
placent devant l'oreille, qui entend le son très fort quand c'est un nœud, et très faible
quand c'est un ventre qui passe devant elle. La vitesse de succession des ventres et
des nœuds dépendant de la vitesse du mouvement imprimé au diapason, on possède
ainsi un moyen de faire passer pendant un certain temps devant l'oreille un nombre
voulu de maxima d'intensité, et de faire entendre de cette façon, soit une succession
de coups de force isolés, soit un son produit par la succession de ces coups de force.
Par exemple, le diapason $ut_7 = 8192$ v. s. a une longueur d'onde de $0^m,041$; si on le
tient simplement à la main, on peut, en allongeant le bras, lui faire parcourir un chemin d'environ $0^m,60$, et pendant ce parcours environ 15 maxima d'intensité frapperont
l'oreille, qu'on pourra espacer à volonté, mais en mettant seulement environ un quart
de seconde pour allonger ou pour retirer le bras, on entend nettement un son voisin
de l'ut_4.
J'ai appelé les coups de force, dans cette expérience, des maxima d'intensité d'un
seul son; mais il eût été peut-être plus exact de les appeler maxima d'intensité produits par une source unique du son; puisqu'ils peuvent en effet être regardés comme
de véritables battements produits par deux sons, car en éloignant le diapason de
l'oreille, le son direct devient plus grave, pendant que pour le son réfléchi le même
mouvement produit l'effet contraire, c'est-à-dire qu'il l'élève, puisque pour lui la source
du son s'approche de l'oreille.

sité croît et décroît seize fois, représentait exactement le concours de deux sons qui donnent 16 battements, on devrait entendre les deux sons primaires en question (ce seraient ici les sons 88 et 104 formant l'intervalle 11 : 13); or ces sons ne se produisent jamais. La raison de cette différence entre les battements et les impulsions séparées isochrones d'intensité périodique doit être cherchée dans ce fait, que l'ensemble de deux sons a, b voisins de l'unisson équivaut à un son de hauteur moyenne $\dfrac{a+b}{2}$ dont l'intensité non seulement croît et décroît périodiquement, mais *change de signe* une fois pendant chaque battement, comme le montre la formule

$$sin\ a + sin\ b = 2\ cos\ \frac{a-b}{2}.sin\ \frac{a+b}{2}$$

où $cos\ \dfrac{a-b}{2}$ représente l'intensité périodique du son $\dfrac{a+b}{2}$. Il s'ensuit que les maxima de compression du son moyen ne sont isochrones que pour les périodes impaires, et qu'ils sont remplacés par les maxima de dilatation dans les périodes paires [1].

J'ai essayé de deux manières différentes de reproduire ces conditions au moyen d'impulsions primaires. Le premier moyen consiste à représenter exactement sur un disque, par une série circulaire de trous de grandeur variable, les compressions de toutes les vibrations successives du son moyen. Le concours de deux sons de 80 et de 96 vibrations doubles donne un son moyen de 88 v. d. dont

1. De ce changement de signe qui a lieu dans le passage d'une période à l'autre, M. Bosanquet a tiré une conclusion bien inattendue. (*Proc. of the Mus. As.*, 1879) : il pense que, si les battements devaient former un son, ce dernier serait à l'octave grave de celui qui répond au nombre des battements, parce que, d'une série d'impulsions isochrones qui agissent alternativement en sens contraires, celles-là seules qui agissent dans le même sens se composent pour former un son. Mais le changement de phase des vibrations séparées d'amplitude variable qui forment les battements n'a nullement pour effet que les maxima d'intensité se produisent en sens contraires; d'ailleurs ces maxima restent isochrones et remplissent par conséquent les conditions sous lesquelles des impulsions primaires se composent pour former un son. La seule influence que le changement de phase en question exerce sur la disposition des ondulations consiste en ce que les maxima d'intensité ne sont plus espacés d'un nombre entier de vibrations entières $\left(\dfrac{a+b}{2}\right)$, mais d'un nombre impair de demi-vibrations. Le disque de sirène, où les compressions résultantes de toutes les vibrations successives du son complexe sont représentées par des trous de grandeur convenable, et encore mieux le disque dont le contour est découpé suivant la courbe d'une série de battements successifs (p. 158), rendent ce mécanisme facilement saisissable et permettent de démontrer que, malgré le changement de phase, le son de battements doit toujours être égal au nombre des battements.

l'intensité varie 16 fois par seconde, et dans le passage d'un battement à l'autre le changement de signe des vibrations fait que les
deux maxima de compression de la dernière onde du battement
k et de la première onde du battement $k+1$ sont écartés, non pas
d'une longueur d'onde complète, mais d'une longueur d'onde et

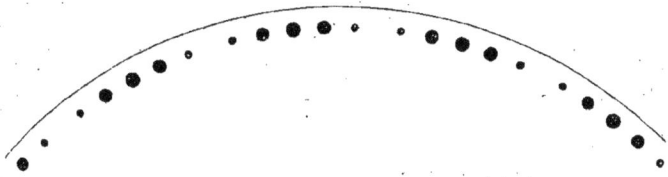

Fig. 40. Disposition sur un disque de sirène de trous dont le diamètre varie périodiquement, équidistants dans chaque période, mais à une distance de moitié plus grande l'un de l'autre à chaque
passage d'une période à l'autre, pour imiter les vibrations d'un son $\frac{a+b}{2}$ produit par la coexistence de deux sons près de l'unisson a et b.

demie. Je divisai donc le cercle en 176 parties, et je perçai des
séries de cinq trous de grandeur croissante et décroissante aux
endroits correspondant aux divisions 1, 3, 5, 7, 9 — 12, 14, 16, 18,
20, — 23, 25, 27, 29, 31, — etc. (fig. 40). Le disque ainsi préparé
étant mis en rotation, lorsqu'on faisait usage d'un porte-vent du
calibre des trous les plus larges, on entendait effectivement, à côté

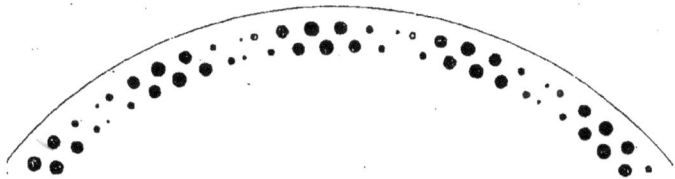

Fig. 41. Disposition sur un disque de sirène de deux cercles de trous contre lesquels le vent est
dirigé par deux tubes disposés sur le même rayon, mais sur les deux côtés opposés du disque,
pour imiter les vibrations d'un son $\frac{a+b}{2}$ produit par la coexistence de deux sons près de l'unisson a et b.

du son 88 et du son très fort 16, les deux sons 80 et 96 ; cependant
ils étaient très faibles et difficiles à observer à cause de la dureté
très prononcée du son grave.

Par la seconde disposition j'ai cherché à imiter directement le
changement de phase des vibrations dans le passage d'un battement au suivant, en représentant non seulement les compressions

résultantes de toutes les vibrations successives du son complexe sur un premier cercle, mais encore les dilatations sur un autre cercle, par des trous d'une grandeur convenable. A cet effet, j'ai divisé en 176 parties les circonférences de deux cercles concentriques très rapprochés, et j'ai percé des trous, sur le premier cercle, aux points :

1, 3, 5, 7, 9, — 12, 14, 16, 18, 20, — 24, 25, 27, 29, 31, — ...

et sur le second aux points :

2, 4, 6, 8, 10, — 13, 15, 17, 19, 21. — 25, 26, 28, 30, 32, — ...

En soufflant contre ces deux cercles à la fois, par deux tubes du diamètre de l'orifice le plus grand, placés sur le même rayon, l'un au-dessus, l'autre au-dessous du disque, les deux sons 80 et 96 s'entendaient beaucoup plus nettement que dans l'expérience précédente avec le disque où les périodes de trous étaient déplacées, les unes par rapport aux autres, d'une demi-ondulation, et contre lequel était dirigé un seul tube[1].

Il me reste à examiner l'argument que M. Tyndall a tiré de la faible intensité des sons résultants contre l'hypothèse d'après laquelle ils doivent leur origine aux battements[2]. Après avoir expliqué que deux sons d'égale intensité qui battent produisent une amplitude moyenne qui passe périodiquement de zéro au double des amplitudes isolées, M. Tyndall s'exprime comme il suit. « Si donc, dit-il, les sons résultants provenaient des battements des sons primaires, on devrait encore les entendre quand les sons primaires sont faibles; or on ne les entend plus dans ce cas. » Les sons résultants devraient en effet avoir une intensité supérieure à celle des sons primaires, *si les mêmes amplitudes* donnaient pour tous les sons *la même intensité*; mais il n'en est rien, et il est facile de le démontrer. Prenons un diapason ut_2 qui vibre avec une amplitude déterminée (1^{mm} par ex.), éloignons-le de l'oreille jusqu'à ce que le son devienne presque imperceptible. Répétons la même expérience avec un diapason ut_5 dont les branches ont la même

---

1. La disposition des séries de trous primitivement indiquée dans ce mémoire a été ici légèrement modifiée, afin de reproduire encore plus fidèlement le mécanisme des battements. Cependant, même avec cette modification, les résultats fournis par les disques percés de trous n'approchent pas de ceux que j'ai obtenus plus tard avec les disques qui seront décrits plus loin (p. 158), et dont le contour est découpé exactement suivant la courbe du son complexe qu'il s'agit de reproduire.

2. *On Sound.* 3ᵉ éd., p. 350.

épaisseur et la même largeur, et dont les vibrations ont la même amplitude; il se trouvera qu'il faudra l'éloigner à une distance double de celle où l'ut_2 cessait d'être perçu, et il s'ensuit qu'avec la même amplitude le son ut_5 a une intensité physiologique quatre fois plus grande que l'ut_2. De même, lorsqu'on cherche les amplitudes pour lesquelles les deux diapasons, placés à la même distance, produisent le même effet sur l'oreille, on trouve encore que les vibrations de l'ut_2 doivent avoir quatre fois plus d'amplitude que celles de l'ut_5. D'après cela, deux sons qui sont dans le rapport de la quinte (2 : 3) auront la même intensité quand on leur donnera les amplitudes 9 et 4, dont la somme serait 13; mais le son résultant, qui est l'octave grave du son fondamental, devrait avoir l'amplitude 36 pour acquérir seulement l'intensité de l'un ou de l'autre des deux sons primaires, et en réalité il aura une intensité trois fois moindre. — Quand l'intervalle des sons primaires est plus étroit, le son résultant descend encore plus bas, et son intensité relative est encore plus faible.

Il va sans dire que je ne donne ni ces résultats ni les nombres qui viennent d'être calculés pour tout à fait exacts; cependant ils le sont assez pour démontrer ce que j'avais en vue, c'est-à-dire que les sons graves ont besoin d'amplitudes plus grandes que les sons aigus pour égaler ces derniers en intensité. — J'espère pouvoir présenter avant peu des recherches plus précises sur l'intensité relative des sons de hauteur différente.

CONCLUSIONS.

Les principaux résultats contenus dans ce travail peuvent se résumer comme il suit.

I. 1. Deux sons simples n, n' battent lorsque n' n'est pas divisible par n (on suppose $n' > n$). Le nombre des battements est égal aux deux restes de la division $\dfrac{n'}{n}$, c'est-à-dire aux deux nombres m et $m' = n - m$ qu'on trouve en faisant

$$n' = h\,n + m = (h + 1)\,n - m'.$$

Tout se passe donc comme si les battements m et les battements m' étaient dus aux deux harmoniques h et $h + 1$ du son grave n entre lesquels tombe le son aigu n'.

Quand le reste m est beaucoup plus petit que $\frac{n}{2}$, on n'entend que les battements inférieurs m; quand m est beaucoup plus grand que $\frac{n}{2}$, on n'entend que les battements supérieurs m'; quand m s'approche de $\frac{n}{2}$, on entend à la fois les deux espèces de battements.

2. Les battements des intervalles harmoniques $n : h.n$ (troublés par un reste m) peuvent encore être observés jusqu'à $h = 8$ ou 10; ils s'expliquent directement par le mode de superposition des deux sons primaires, sans qu'on ait besoin de faire intervenir des sons résultants intermédiaires, que l'observation ne décèle pas.

3. Les battements m comme les battements m' se changent en sons continus dès que leur nombre dépasse une certaine limite.

II. 4. Quand les deux sons de battements m, m' approchent de l'unisson, de l'intervalle de l'octave ou de la douzième, ils battent comme feraient deux sons primaires de même hauteur. Pour les distinguer des battements dus à des sons primaires, j'appelle ces battements *battements secondaires*.

5. Pour une intensité suffisante des sons de battements, ces battements secondaires, en devenant suffisamment nombreux, se changent en des sons continus tout comme des battements primaires, et donnent alors des sons de battements secondaires.

III. 6. L'existence de sons différentiels et de sons d'addition ne peut être démontrée jusqu'à présent avec quelque certitude par aucune expérience [1].

IV. 7. Les sons de battements ne peuvent être expliqués par la cause qui devait produire les sons différentiels et les sons d'addition, leurs nombres de vibrations étant dans beaucoup de cas autres que ceux qu'exigerait cette origine.

8. La perceptibilité des battements ne dépend que de leur fréquence et de l'intensité des sons primaires; elle est indépendante de la grandeur de l'intervalle musical.

1. Ce passage était primitivement rédigé ainsi : « Les sons différentiels et les sons d'addition qui sont produits par le concours de deux sons très forts parce que les vibrations de ces derniers cessent d'être infiniment petites, constituent un phénomène indépendant des battements et des sons de battements. » Pour les raisons développées dans la note de la page 130, ce passage a été modifié comme ci-dessus.

9. Le nombre des battements et celui des impulsions primaires où les uns et les autres sont encore perçus comme des coups séparés est le même.

10. A côté des battements ou des impulsions primaires, que l'oreille perçoit comme des coups séparés, on entend le son dont la hauteur est égale à leur nombre.

11. Le nombre des battements et le nombre des impulsions primaires pour lequel on commence à entendre un son continu est le même.

12. Comme les battements et les chocs primaires, les intermittences peuvent donner un son.

13. Quand les vibrations d'un son augmentent et diminuent périodiquement d'intensité, et quand ces maxima d'intensité sont assez nombreux, leur succession forme un son.

14. Le son résultant de deux sons primaires sera toujours plus faible que ces derniers, bien que les battements aient une amplitude supérieure à celles des sons primaires, car les sons aigus on plus d'intensité que les sons graves de *même amplitude.*

X

SUR L'ORIGINE DES BATTEMENTS ET SONS DE BATTEMENTS
D'INTERVALLES HARMONIQUES.

(*Annales de Wiedemann*, 1881.)

Dans mon Mémoire « Sur les phénomènes résultant du concours
de deux sons » j'ai émis l'opinion que les battements d'intervalles
harmoniques résultaient directement de la composition des vibrations des deux sons primaires, et que les sons produits par ces
battements ne devaient pas être confondus avec les sons résultants.
Tant que je sache, on a généralement reconnu que l'hypothèse n'était
pas soutenable selon laquelle, par exemple, les battements de l'intervalle $n : 8n + m$, où m est un nombre très petit, devaient être
produits par le son fondamental n et un son $n + m$, qui aurait été
un son différentiel du septième ordre, quoique en ce cas déjà le
son différentiel du premier ordre, et par suite le plus fort, c'est-à-
dire le son $7n + m$, ne puisse pas être entendu ; mais par contre
M. Helmholtz a maintenant essayé de ramener l'origine de ces
battements à la coexistence de deux sons voisins de l'unisson, en
admettant que c'étaient des sons harmoniques du son primaire le
plus grave, qui battaient avec le son primaire le plus aigu. Ces harmoniques auraient pu avoir eu dans mes expériences une double
origine : ou ils auraient déjà existé dans le timbre des sons employés, ou ils auraient été produits dans l'oreille par la grande
intensité de ces sons. Il était donc nécessaire d'examiner cette
question de ce nouveau point de vue, et je donnerai dans les pages
suivantes les résultats de ces investigations. — Je ferai d'abord
quelques remarques sur les harmoniques des diapasons qui
vibrent très fortement, et je montrerai que ces sons ne pouvaient
absolument pas jouer un rôle important dans mes expériences,

puis je donnerai les raisons pour lesquelles il est très improbable que les phénomènes observés dans ces expériences aient pu avoir pour origine les harmoniques produits dans l'oreille par des sons primaires très forts, et j'ajouterai quelques nouvelles expériences qui réfutent entièrement cette hypothèse. Finalement je décrirai comment un seul mouvement produit dans l'air, qui est composé de deux simples mouvements pendulaires, donne les mêmes résultats que ceux que j'avais obtenus avec les sons des diapasons.

I

Sur les harmoniques des diapasons vibrant fortement.

M. Helmholtz a pu, à l'aide de résonateurs convenables, entendre les harmoniques d'un diapason de 64 v. d. (ut_1) jusqu'au 5mo, quand le diapason vibrait fortement (avec des amplitudes de près d'un centimètre). En parlant des expériences que j'ai faites avec de gros diapasons qui vibraient devant leurs boîtes de résonance, M. Helmholtz regrette que j'aie omis de dire jusqu'à quelle limite j'ai pu en observer les harmoniques par le moyen des résonateurs. La raison de cette omission est tout simplement que les diapasons munis de tuyaux de résonance dont j'ai fait usage ne présentent pas d'harmoniques. Cette assertion semble être en contradiction avec le fait observé par M. Helmholtz; mais la contradiction n'est qu'apparente. En effet, l'existence des harmoniques dans les diapasons ne dépend pas tant de la gravité du son fondamental ou de la grandeur absolue de l'amplitude des vibrations, que du rapport de cette amplitude à l'épaisseur des branches. On s'en assure facilement en comparant, à cet égard, plusieurs diapasons, accordés pour la même note, mais dont les branches ont des épaisseurs très différentes. En faisant, par exemple, usage d'un diapason ut_2 dont les branches ont 7 millimètres d'épaisseur, on peut, en le faisant vibrer très fortement, constater à l'aide des résonateurs jusqu'à l'harmonique 4. Avec un diapason ut_2 dont les branches ont 15 millimètres d'épaisseur et une largeur de 20 millimètres, on n'entend que les deux premiers, et ce n'est qu'en le frappant violemment qu'on arrive à produire une action à peine perceptible sur le résonateur du troisième. En prenant enfin un diapason ut_2 dont les branches ont 29 millimètres d'épaisseur et une longueur de 40 millimètres, on n'entend plus que très faiblement l'octave, et pour arriver à la perception de la douzième, il faut approcher l'ouverture du résonateur de la surface large d'une branche presque jusqu'à la toucher. J'ai obtenu le même résultat avec un diapason mi_2 presque aussi fort que le précédent, et qui était abaissé jusqu'à l'ut_2, au moyen de poids mobiles fixés aux extrémités des branches.

Tous ces harmoniques ne peuvent être observés qu'en approchant les résonateurs tout près des diapasons. Il semble aussi que la position de l'ouverture du résonateur par rapport au diapason ne soit pas indifférente. Ainsi j'ai trouvé qu'en général les sons 2 et 4 (1er et 3e harmoniques), lorsqu'ils étaient perceptibles, étaient entendus plus facilement en plaçant l'ouverture du résonateur devant l'une des faces larges qu'en la plaçant devant l'intervalle des deux branches, tandis que les sons 3 et 5 étaient au contraire plus distincts dans cette dernière position ; de même, les sons 3 et 5 disparaissaient aux endroits où se produit l'interférence pour le son fondamental, tandis que les sons 2 et 4 y étaient perçus très nettement, l'observation en étant rendue plus facile par la suppression du son fondamental.

Le diapason ayant été mis en vibration, si on le fait pivoter sur son axe en face du résonateur, de manière que la zone d'interférence passe et repasse alternativement devant l'ouverture de ce dernier, il peut arriver qu'au moment où disparaît le son fondamental du diapason on entende le son propre du résonateur sans qu'il ait été renforcé par le diapason, uniquement parce que la pièce où se fait l'expérience n'est pas suffisamment à l'abri de tout bruit venu du dehors ; pour se rendre compte de cette illusion, il suffit d'éloigner rapidement le diapason, ou d'en étouffer brusquement les vibrations, tout en observant attentivement le son du résonateur, on constate alors qu'il ne disparaît pas quand le diapason a cessé de vibrer.

Ces observations prouvent donc qu'en général le timbre des diapasons sera d'autant plus exempt d'harmoniques que les branches seront plus épaisses, pour le même son fondamental, et que le rapport de leur épaisseur à l'amplitude des vibrations sera, par conséquent, plus considérable. Car l'amplitude absolue des vibrations du diapason est toujours à très peu près la même pour un son donné ; elle change à peine quand l'épaisseur des branches varie dans des limites assez étendues. On s'explique cette particularité en réfléchissant que les nombres des vibrations des diapasons sont en raison directe de l'épaisseur des branches et en raison inverse de la racine carrée de leur longueur, d'où il suit qu'en doublant la longueur d'un diapason, pour un son fondamental donné, il faut en même temps quadrupler l'épaisseur des branches ; la raideur des branches augmente donc dans une proportion si rapide, qu'elle compense exactement ce qu'on gagne par l'augmentation de la longueur, au point de vue de l'amplitude des vibrations.

Or les dimensions de mes diapasons graves, que j'ai données à la page 88, prouvent que, loin d'avoir des branches trop faibles, ces diapasons étaient dans les meilleures conditions pour obtenir des sons simples même en les faisant vibrer seuls ; mais je ne les ai jamais employés de cette manière, ils ont été toujours associés à des tuyaux de résonance convenablement accordés, et dans ces conditions on est à l'abri de toute intervention des harmoniques. En faisant par exemple vibrer le diapason ut_2, dont les branches avaient 29 millimètres d'épaisseur, on ne pouvait découvrir, à l'aide des résonateurs, aucune trace de l'octave ou d'un harmonique quelconque dans les ondes sonores qui sortaient de l'embouchure du tuyau de résonance au travers des branches du diapason.

Je ne puis cependant me dispenser de signaler ici une exception que j'ai constatée à cette production habituelle de sons simples. Comme il m'avait été impossible de trouver, pour les tuyaux de résonance de l'octave de ut_1 à ut_2, des tubes de cuivre d'un calibre aussi fort qu'il l'eût fallu pour les construire dans les mêmes proportions que les autres, j'avais dû les construire un peu longs par rapport à leur diamètre, et c'est sans doute pour cette raison que j'ai entendu l'octave quand ces tuyaux avaient à renforcer leur son le plus grave, qui était l'ut_1.

Le diapason ut_2 déjà mentionné, dont les branches avaient 15 millimètres d'épaisseur, a encore été trouvé exempt d'harmoniques lorsqu'il était vissé sur sa caisse, l'analyse des ondes sonores étant faite au moyen des résonateurs. Il ne faudrait pas pourtant s'attendre à obtenir le même résultat avec toutes les caisses de résonance, même avec celles qui en apparence renforcent le son d'une manière remarquable. En effet, on dirait plutôt que les caisses favorisent la production de l'octave. C'est ce qu'il m'est souvent arrivé de constater, surtout avec les diapasons ordinaires ut_3 quand

les branches n'avaient qu'une épaisseur de 6 millimètres, de sorte
que, pour remédier à cet inconvénient, j'ai été conduit à les faire
maintenant beaucoup plus massifs, en donnant aux branches une
épaisseur de 9 millimètres.

II

Sur les harmoniques que fait naître dans l'oreille un son simple très fort.

Hors les considérations théoriques de M. Helmholtz, selon lesquelles la structure asymétrique de la membrane du tympan et
l'articulation assez lâche du marteau avec l'enclume doivent produire des sons harmoniques dans l'oreille, les phénomènes de
résonance que j'ai décrits dans mon Mémoire : « Vibrations
d'harmoniques excitées par les vibrations d'un son fondamental »,
paraissent aussi de nature à faire admettre la possibilité de la production d'harmoniques dans l'oreille par un son fondamental
simple et très fort, dès qu'on accepte l'existence d'une série d'éléments anatomiques accordés par degrés très petits pour toute
l'étendue de l'échelle musicale, depuis les sons les plus graves
jusqu'aux plus aigus qui soient encore perceptibles. Dans ce cas
il n'existe en effet aucune raison pour laquelle ces éléments anatomiques dans l'oreille ne pourraient pas aussi bien être mis en
vibration que d'autres corps par un son simple, pourvu qu'ils
soient accordés sur les harmoniques de ce son; mais il s'agit
alors de savoir quelle devrait être l'intensité des harmoniques
ainsi produits pour rendre compte des divers phénomènes qu'on
pourrait être tenté d'expliquer par l'existence de ces harmoniques.

On sait que la netteté des battements de l'unisson dépend de
l'intensité relative des deux sons qui les produisent, et que les
battements deviennent plus distincts à mesure que les deux sons
approchent de l'égalité. Il s'ensuit que, lorsqu'on entend battre
deux sons à l'unisson dont l'un seulement peut sans difficulté
être observé directement, il sera encore facile de connaître l'intensité de l'autre par le moyen d'un son auxiliaire dont on fera
varier l'intensité jusqu'à ce qu'on obtienne des battements aussi
distincts qu'avec le premier. Supposons maintenant qu'on observe
les battements de l'octave altérée, et qu'après avoir remplacé le

son fondamental par un son auxiliaire à l'unisson de l'octave on cherche à reproduire des battements d'une égale netteté, sans se préoccuper de leur tonalité; on apercevra immédiatement que, pour y arriver, il faut donner au son auxiliaire une intensité tout à fait inattendue; cette intensité est telle que, si le même son était engendré dans l'oreille par le son grave, on devrait encore l'entendre quand ce dernier est produit séparément et avec une force qui l'empêcherait certainement d'échapper à l'observation.

Lorsque l'intensité des deux sons primaires d'un intervalle harmonique altéré a été réglé de manière que les battements s'entendent avec le plus de netteté, il est clair que, si ces battements étaient dus au concours du son primaire aigu et d'un harmonique du son grave, né dans l'oreille, c'est-à-dire à deux sons à l'unisson, on devrait aussi les entendre sur cet harmonique; or c'est le contraire qu'on observe, car, ainsi que je l'ai expliqué, p. 99, c'est le son fondamental qui change périodiquement d'intensité, et le son aigu ne devient perceptible que dans les moments de plus grand affaiblissement du premier.

Tout cela prouve clairement que les harmoniques qu'un son simple fait naître dans l'oreille ne peuvent jouer qu'un rôle tout à fait secondaire dans le phénomène des battements d'un intervalle harmonique, et qu'il faudra toujours, pour les expliquer, recourir, comme je l'ai fait (p. 95), aux coïncidences d'ondulations qui résultent du concours des deux sons primaires.

III

Observation des battements des intervalles harmoniques avec des sons simples très faibles.

Le fait que, dans mes expériences, j'avais toujours employé des sons très forts, est, comme on sait, le seul argument sur lequel s'appuie l'hypothèse que mes résultats s'expliqueraient par des harmoniques engendrés dans l'oreille même. Je n'ai cependant fait usage de sons très forts que dans l'intention de mettre en pleine évidence, même pour les oreilles les moins exercées, tous les phénomènes qui résultent du concours de deux sons, et de les rendre sensibles à un nombreux auditoire, car la simple démonstration des phénomènes n'exige nullement des sons d'une intensité particulière.

Parmi les instruments musicaux, ce sont surtout les tuyaux d'orgue larges et fermés dont les sons approchent beaucoup des sons simples, l'intensité de leurs sons partiels, qui répondent à la série des nombres impairs, étant généralement très faible et rapidement décroissante à mesure qu'on s'élève dans l'échelle. Ces tuyaux devaient donc convenir à des expériences où il s'agissait d'éviter à la fois des sons d'une grande intensité et de nombreux harmoniques. Mais le fait, qu'un tuyau d'orgue fermé ne peut produire que des sons partiels isolés qui répondent à l'un des nombres impairs, n'exclut pas la possibilité de l'existence d'harmoniques qui seraient dus à un mouvement ondulatoire de l'air différent du mouvement pendulaire; à peu près comme dans les diapasons à branches très minces et vibrant avec de grandes amplitudes, des harmoniques peuvent naître de la décomposition des mouvements vibratoires des branches, quand ces mouvements cessent d'être pendulaires. Un pareil écart du mouvement pendulaire étant assez probable dans les vibrations d'une colonne d'air qui sont entretenues par un courant d'air continu, il devenait indispensable d'examiner d'abord avec soin le timbre des tuyaux à expérimenter, non seulement au point de vue des sons partiels impairs, mais encore sous le rapport des harmoniques pairs.

Le timbre d'un tuyau fermé (ut_2) de 0^m,07 de largeur, de 0^m,088 de profondeur et d'une longueur d'environ 0^m,50, que l'on faisait parler sous une pression de 0^m,08 d'eau, ayant été analysé au moyen des résonateurs, a laissé reconnaître, parmi les harmoniques pairs, un ut_3 très faible (harm. 2); l'ut_4 (harm. 4) était beaucoup plus prononcé, le sol_4 (harm. 6) presque autant, peut-être même un peu plus; l'ut_5 (harm. 8) était à peine perceptible. Parmi les harmoniques impairs, qui coïncident avec les sons partiels, le sol_3 (3) était très prononcé, le mi_4 (5) beaucoup plus faible, et l'harmonique 7 avait une intensité encore moindre, à peu près égale à celle de l'harmonique 6 (sol_4).

Pour faire ces observations, il faut se garder d'approcher l'orifice du résonateur trop près de l'ouverture du tuyau d'où partent les ondulations, la masse sonore entière qui arrive directement à l'oreille par le résonateur ne permettant pas alors de distinguer nettement ces sons relativement très faibles; mais en écartant peu à peu du tuyau l'oreille armée du résonateur, on ne tarde pas à rencontrer un nœud du son en question, formé dans l'air de la salle par le concours d'ondes directes et réfléchies, et alors on entend aussitôt chanter le résonateur.

En faisant parler le même tuyau sous une pression de $0^m,12$ d'eau, j'ai trouvé l'ut_3 (2) encore plus faible qu'avant, tandis que les harmoniques 4, 6, 8 se trouvaient renforcés. L'intensité des sons partiels diminuait encore plus rapidement que dans l'expérience précédente, de sorte que l'égalité d'intensité entre les sons simplement harmoniques de ceux qui coïncidaient avec les sons partiels se trouvait atteinte encore plus vite. Quand le résonateur se trouvait dans un nœud de l'harmonique 6 et qu'en approchant un doigt de l'orifice on en abaissait le son propre jusqu'au son 5, les sons 5 et 6 paraissaient déjà de même intensité. Avec un résonateur amené dans un nœud du son 7, j'ai pu, en le désaccordant avec le doigt, faire ressortir successivement les sons 5, 6 et 7, qui, dans ces conditions, paraissaient avoir tous les trois à peu près la même intensité. Le son 8 (ut_5) était toujours extrêmement faible, et le son 9, quoique l'un des sons partiels du tuyau, ne s'entendait plus du tout.

Avec un tuyau fermé (ut_3) de $0^m,04$ de largeur, de $0^m,05$ de profondeur et de $0^m,245$ de longueur, j'ai pu, quelle que fût la pression employée, observer très bien les sons 2 (ut_4) et 4 (ut_5). Ici encore, le son 2 paraissait affaibli et le son 4 renforcé lorsqu'on augmentait la pression. Le son partiel 3 (sol_4) était assez fort, surtout avec une pression élevée, pour être entendu sans résonateur; mais le son 6 (mi_5) était déjà très faible.

Avec un tuyau fermé (ut_1) de $0^m,07$ de largeur, de $0^m,088$ de profondeur et d'une longueur d'environ $1^m,15$, où la pression ne pouvait dépasser $0^m,03$ d'eau si le premier son partiel ne devait pas entièrement dominer le son fondamental, je n'ai pu découvrir aucune trace des harmoniques 2, 4,... tandis que le son partiel 3 (sol_2) était entendu distinctement même sans résonateur, et que le son 5 (mi_3) pouvait être perçu au moins avec le secours du résonateur. Le son partiel 7 n'était plus perceptible. Ce tuyau convenait donc parfaitement aux expériences en question, puisque les harmoniques pairs, surtout ceux d'ordre élevé, pouvaient être supposés complètement absents. Or, en approchant plus ou moins près de l'oreille le diapason harmonique pendant que je faisais parler le tuyau, je trouvais toujours facilement l'intensité pour laquelle les battements se manifestent avec le plus de netteté, et j'ai pu les observer pour tous les intervalles harmoniques, d'ordre pair et d'ordre impair, jusqu'au quatorzième, où le tuyau donnant l'ut_4, le diapason donnait une note comprise entre le sol_4 et l'ut_5 (l'harmonique 14).

IV

Recherches sur les battements et les sons de battements des intervalles harmoniques, exécutées au moyen de la sirène à ondes.

J'appelle *sirène à ondes* un appareil où un courant d'air est dirigé par une fente étroite contre une courbe ondulatoire de forme quelconque, découpée dans une feuille de cuivre, à peu près comme, dans la sirène ordinaire, on dirige un courant par des ouvertures circulaires contre des trous également circulaires. La courbe en question pourra être construite et découpée soit sur une surface de cylindre tournant autour de son axe, soit sur le contour d'un disque. Dans le premier cas, la fente du porte-vent devra être parallèle à l'axe du cylindre, dans le second elle devra être dirigée suivant le rayon du disque.

J'avais d'abord entrepris, dans le courant des années 1867 et 1868, la construction d'une grande sirène à seize sons harmoniques simples, dans laquelle les sons simples s'obtenaient en faisant passer le courant d'air d'un sommier cylindrique, par d'étroites fentes verticales, contre les ouvertures découpées, en forme de sinusoïdes, dans une enveloppe cylindrique qui tournait autour du sommier. Ce procédé, indiqué par moi, pour faire naître des ondulations d'une forme donnée (et en particulier, comme dans le cas présent, des ondulations pendulaires), a été déjà mentionné par M. Terquem dans son mémoire sur le timbre des sons produits par des chocs discontinus et en particulier par la sirène [1], et l'appareil en question, sur lequel je reviendrai à une autre occasion, a été exposé pour la première fois à Londres, en 1872.

Quelques années plus tard, M. Tœpler [2] a eu recours à un artifice analogue pour obtenir, avec la sirène, des mouvements périodiques de l'air d'une forme donnée, en soufflant, non plus par des fentes contre des ouvertures distribuées suivant une certaine loi

1. *Annales scientifiques de l'École normale supérieure*, VII, p. 32, 1870.
2. *Annales de Poggendorff. Jubelband*, 1874, p. 498.

ou des bords découpés en sinusoïdes, mais par des orifices con-
truits suivant de telles lois contre des fentes qui glissaient sur ces
orifices.

Afin d'appliquer le principe de la sirène à ondes à des recherches
sur les battements et les sons de battements, j'ai construit avec
soin et à une très grande échelle, pour chacun des intervalles
considérés, la courbe résultant de la combinaison des sinusoïdes
des deux sons composants; cette courbe, transportée sur un cercle,
était d'abord réduite par la photographie aux dimensions voulues,
puis découpée soigneusement sur un disque de cuivre. Le disque
ainsi préparé étant mis en rotation devant une fente disposée, près
de son bord, dans le sens du rayon, et dont la longueur doit être
au moins égale à l'amplitude maximum de la courbe découpée, la

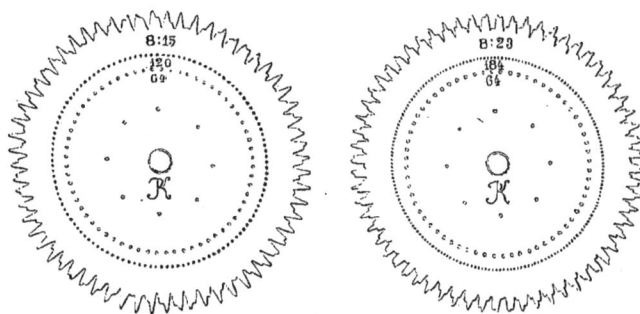

Fig. 42. Disques de sirène à ondes pour la production des sons de battements.

lumière de la fente changera périodiquement de longueur suivant
la loi de cette courbe, et si on souffle au travers, on obtiendra un
courant dont la force varie suivant la même loi ; le mouvement
ondulatoire qu'il fera naître sera de tout point analogue à celui
qui résulte du concours de deux sons simples dépourvus d'harmoniques.

Les disques préparés pour les divers intervalles musicaux ayant
été successivement mis en rotation, ont fait entendre, selon la vitesse de la rotation, des battements ou des sons de battements
identiques à ceux que produit le concours des sons de deux diapasons. Ainsi la seconde 8 : 9 a donné très distinctement le son de
battements inférieur 1 ; la septième 8 : 15 le son de battements supérieur 1 ; la douzième diminuée 8 : 23 le son de battements

supérieur de la deuxième période, qui est encore égal à 1; de même les intervalles 8 : 11 et 8 : 13 ont nettement accusé la présence simultanée des sons de battements supérieur et inférieur, 3 et 5, 5 et 3.

Pour aider l'oreille dans la détermination exacte des sons produits, on peut encore percer dans chacun des disques des séries de trous correspondant aux nombres de vibrations des sons primaires et des sons de battements (fig. 42), et souffler alternativement contre ces trous et contre le bord dentelé.

Lorsqu'il s'agit d'étudier un seul intervalle, les disques ainsi préparés en offrent le moyen le plus simple et le plus commode; mais lorsqu'on se propose d'examiner toute une série d'intervalles, et de comparer entre eux les résultats obtenus, il vaut mieux découper les courbes sur des bandes de cuivre que l'on applique sur des roues, de manière à former une surface cylindrique. Chacune de ces bandes peut être découpée sur ses deux bords, et le même axe de rotation peut porter plusieurs roues garnies chacune d'une bande dentelée. La figure 43 montre un appareil de ce genre à quatre roues préparées pour les huit intervalles de la première période (depuis 8 : 9 jusqu'à 8 : 16); et l'appareil est disposé de sorte que l'axe qui porte ces roues puisse être facilement remplacé par un autre axe garni d'un nombre égal de roues pour les intervalles de la deuxième période (depuis 8 : 17 jusqu'à 8 : 24). On peut encore fixer sur le même axe un disque de sirène à séries de trous correspondant aux nombres de vibrations des sons primaires et des sons de battement qui se font entendre lorsqu'on souffle contre les bords dentelés. La figure montre la disposition fort simple qui permet de faire parler plusieurs séries de trous à la fois.

La figure de l'appareil ne montre qu'un tube porte-vent à fente étroite monté devant une courbe, mais l'appareil est en effe, muni d'un sommier à tirants, portant huit porte-vent devant les huit courbes, dans le genre de celui représenté dans la figure 65.

Pour obtenir, dans toutes ces expériences, des sons d'une intensité plus grande, il suffit d'augmenter le nombre des porte-vent; mais ces derniers doivent toujours être écartés de toute la largeur d'une période d'ondulations complète. Dans la plupart des cas, on pourra d'ailleurs se contenter de l'intensité qui s'obtient avec un seul porte-vent.

Avec la disposition des sirènes à ondes qui vient d'être décrite, il est clair que, théoriquement, on ne pourrait communiquer à l'air des mouvements ondulatoires correspondant exactement aux courbes contre lesquelles on souffle par le porte-vent, que si la fente avait une largeur infiniment petite et que la vitesse d'écoulement de l'air par cette fente fût absolument constante, ainsi qu'en ont déjà fait la remarque M. Terquem et M. Tœpler. Ces conditions théoriques ne peuvent être complètement réalisées dans la pratique, parce qu'on ne saurait employer ni un réservoir d'air infi-

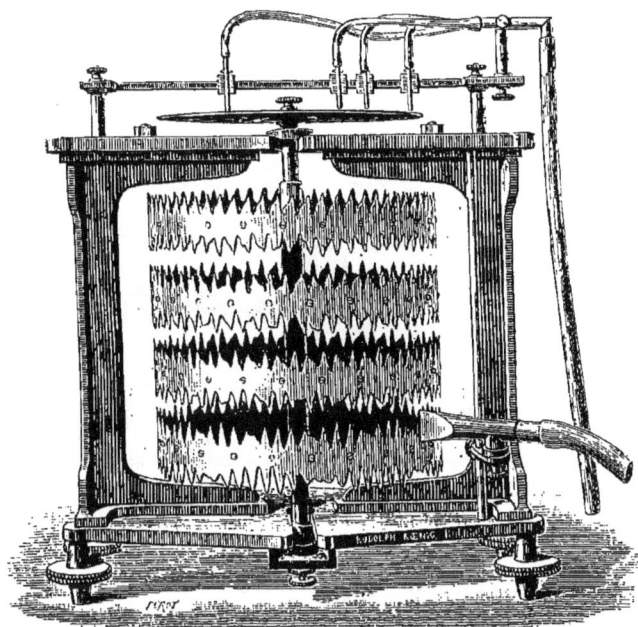

Fig. 43. Sirène à ondes pour la production des sons de battements.

niment grand, ni des fentes d'une largeur infiniment petite, ni des courbes ondulatoires très longues; il y a cependant lieu d'admettre que les perturbations qui en résultent sont extrêmement faibles, car je n'ai pu les constater par l'analyse directe au moyen de résonateurs. Si l'on croyait néanmoins pouvoir attribuer aux harmoniques engendrés par ces perturbations un rôle quelconque dans la production des sons de battement avec la sirène à

ondes, l'expérience suivante, qui est très frappante, suffirait à ré-
futer cette objection.

Lorsqu'on souffle, par une fente perpendiculaire, contre une
sinusoïde simple, on entend un son faible et très doux, qui semble
avoir tout à fait le caractère d'un son simple; mais dès que la fente
est un peu inclinée, le son devient plus fort et plus strident, et
pour une inclinaison convenable de la fente il prend le timbre
d'une anche libre, c'est-à-dire un timbre pourvu d'harmoniques très sensibles. En effet, quand la sinusoïde défile devant la
fente normale ab (fig. 44), la lumière de la fente varie exactement
suivant la loi du sinus; mais lorsqu'elle passe devant la fente inclinée ab', la lumière varie suivant une loi très différente, et les
choses se passent comme si la fente verticale ab défilait devant la

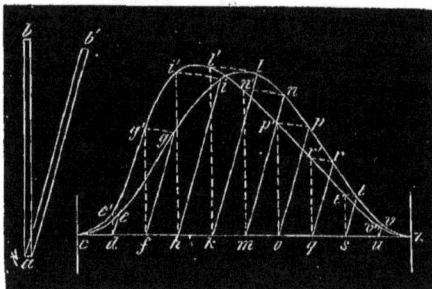

Fig. 44. Figure qui montre comment se modifie l'onde qu'on produit dans l'air quand on souffle
contre une courbe découpée par une fente étroite, selon l'inclinaison de cette fente.

courbe $c\ e'\ g'\ i'$..., que l'on obtient en coupant la sinusoïde par
les droites dc, fg, hi,... parallèles à ab', et en menant par les points
d, f, h,... les perpendiculaires de', fg', hi',... de longueur égale
aux segments de, fg, hi,... Le changement d'intensité et de timbre, dû à une inclinaison de la fente à droite ou à gauche de la
verticale, se manifeste si vite et avec une telle netteté, que la position convenable pour la production d'un son à peu près simple
peut être déterminée, dans des limites très étroites, sans regarder,
par le jugement de l'oreille.

Ces expériences prouvent qu'avec la sirène à ondes il est toujours facile de changer un son simple en son musical d'un timbre
plus ou moins riche en harmoniques, et le concours de deux sons
simples en concours de deux sons musicaux avec harmoniques

11

d'une grande intensité. Dès lors, si dans les expériences précédentes les deux mouvements ondulatoires n'eussent pas été simplement pendulaires, et que les sons de battements eussent été
engendrés par les faibles harmoniques concomitants, ces sons de
battements devraient nécessairement gagner en intensité quand
les harmoniques faibles sont transformés en harmoniques très
forts. Or, si l'on observe l'intensité d'un son de battements pendant que l'on souffle contre la courbe par une fente normale, et
qu'ensuite on incline brusquement cette fente, l'intensité du son
de battements, loin d'augmenter, semble au contraire diminuer
un peu.

XI

DESCRIPTION D'UN APPAREIL A SONS DE BATTEMENTS
POUR EXPÉRIENCES DE COURS.

(*Annales de Wiedemann*, 1881.)

Le mémoire qui précède ayant pour sujet les sons de battements, je profite de l'occasion pour donner la description sommaire d'un appareil particulièrement approprié à la production de ces sons dans les expériences de cours.

Lorsqu'il s'agit d'étudier les sons de battements, les diapasons aigus et massifs ne laissent rien à désirer; mais lorsqu'on veut expérimenter dans une vaste salle et devant un nombreux auditoire, les diapasons ont cet inconvénient que l'intensité de leurs vibrations diminue rapidement, ce qui fait que les sons de battements ont une durée trop courte et s'entendent difficilement à quelque distance.

Afin d'obtenir des sons à la fois aigus, forts et persistants, j'ai construit tout d'abord de petits sifflets à sons variables, dans le genre des sifflets de locomotive, où la circonférence entière du tuyau est frappée par un courant d'air sortant d'une fente circulaire. Le piston qui limite la colonne d'air dans ces sortes de tuyaux fermés, peut glisser sur une tige fixée dans l'axe du tuyau, et sur ce piston glisse à frottement le tube de cuivre contre le bord duquel on souffle par la fente centrale, de sorte qu'il est toujours facile de le mettre à la distance convenable de cette fente pour que la note du sifflet sorte aussi pure que possible.

Les sons de ces sifflets, et les sons de battements qui résultent de leur combinaison, ne laissent pas d'avoir une grande intensité; mais on ne tarde pas à constater que, même avec une pression aussi constante que possible, il est très difficile de les accorder

exactement pour une note donnée et de les maintenir ensuite à la
même tonalité. Cette variabilité est extrêmement gênante, parce
que les plus petits changements de l'intervalle des sons primaires en entraînent déjà un fort sensible dans la hauteur du son
de battements. Ainsi, lorsqu'on augmente l'intervalle de seconde
($8:9$) d'un ton seulement, de manière à le transformer en tierce
majeure ($4:5$), le son de battements parcourt l'étendue d'une octave entière ($1:2$). Dès lors, ces sifflets peuvent bien servir à faire
entendre les sons de battements, — les sons de battements supérieurs ou inférieurs séparément, ou les deux à la fois, — mais
ils ne permettent pas, du moins sans grandes difficultés, de déterminer d'une manière exacte, les rapports de hauteur entre les
sons de battements et les sons primaires.

C'est pour échapper à ces inconvénients que je me suis décidé
à construire un appareil où les sons de battements sont produits
par les sons longitudinaux de deux tubes de verre (fig. 45), qui
ne présentent pas des variations de hauteur comme les sifflets
aigus.

Chacun des deux tubes de verre destinés à fournir les sons primaires est soutenu à l'endroit du nœud du son fondamental, c'est-
à-dire à son milieu, par une pince mobile sur une planchette où
on peut l'arrêter dans une position voulue. Grâce à cette disposition, un tube de longueur quelconque peut être placé de manière
que la région, voisine de l'une de ses extrémités, qu'il convient
de frotter pour produire le son longitudinal, se trouve amenée
vis-à-vis de la roue qui forme la partie centrale de l'appareil, et
qui est chargée de frotter les tubes à la façon d'un archet sans fin.
A cet effet, elle est entourée de plusieurs couches de gros drap,
qu'il faut tenir mouillé pendant les expériences. Les deux pla-
chettes sur lesquelles glissent les pinces qui soutiennent les
tubes, peuvent tourner, par leurs extrémités supérieures, autour
de deux axes, et des rubans de caoutchouc fixés à leurs extrémités
inférieures permettent de les tirer dans la direction de la roue, de
façon que les tubes soient poussés contre cette roue comme par
un ressort convenablement tendu. En faisant tourner la roue
à l'aide de la manivelle, on entend aussitôt les sons longitudinaux des deux tubes, et en même temps l'un des deux sons de
battements, ou les deux à la fois, d'une manière continue et avec
une telle force qu'ils sont encore très perceptibles à d'assez
grandes distances.

Autour de chaque tube est collée, à l'endroit du nœud, c'est-à-dire à l'endroit où il doit être soutenu, une bande de papier sur laquelle est marqué le son longitudinal, de sorte que le changement des tubes ne demande que quelques secondes, et qu'il est

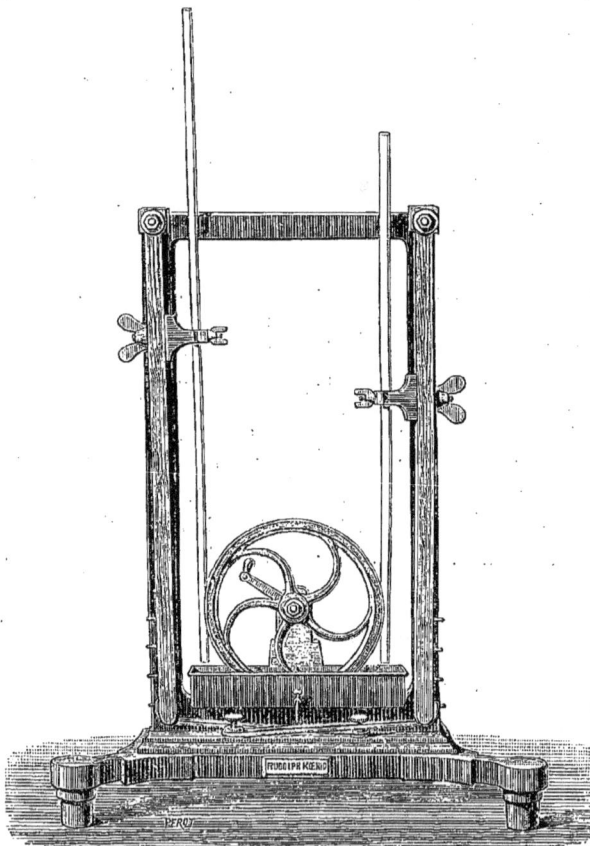

Fig. 45. Appareil à sons de battements continus.

facile de produire très vite les divers intervalles les uns après les autres.

Au-dessous de la roue est placée une petite auge dans laquelle on verse tout juste assez d'eau pour que l'enveloppe de drap de

la roue vienne s'y tremper; une fois qu'elle est suffisamment imbibée, on peut abaisser le niveau de l'auge, afin d'éviter le
bruit de l'eau qui, de la roue, retombe dans le bassin. Je n'ai
parlé ici que de tubes de verre, parce qu'ils m'ont donné les
meilleurs résultats; mais il va de soi qu'on pourra aussi faire
usage de tubes ou de verges métalliques; seulement l'enveloppe
de la roue, au lieu d'être imbibée d'eau, devra alors être frottée
de poudre de colophane. Les verges d'acier, que j'eusse préférées,
à cause de leur solidité, aux tubes de verre, demandent, pour
résonner convenablement, une pression si forte exercée sur la
roue, et une rotation si lente, qu'il n'était guère commode de la
produire directement à l'aide de la manivelle, et que j'ai été
obligé de fixer sur l'axe de la roue une petite roue dentée sur
laquelle s'engrenait une plus grande que la manivelle faisait tourner directement. Cette petite complication de l'appareil eût eu,
en elle-même, peu d'importance; malheureusement, j'ai aussi
constaté que dans ces conditions, quand la pression contre la
roue devient ou trop forte ou trop faible, ou que la dose de colophane est mal calculée, les sons des verges d'acier sont souvent
accompagnés de bruits rauques et stridents, comme ceux que
font entendre des cordes sur lesquelles un archet est promené par
une main inexpérimentée. Les tubes de verre, au contraire, m'ont
toujours donné des sons très purs, et c'est ce qui fait que, malgré leur moindre solidité, il faut leur donner la préférence.

XII

RECHERCHES SUR LA DIFFÉRENCE DE PHASE QUI EXISTE ENTRE
LES VIBRATIONS DE DEUX TÉLÉPHONES ASSOCIÉS.

(*Journal de Physique*, mai 1879.)

Les expériences que je vais faire connaître ont été instituées dans le dessein de rechercher la différence de phase qui existe entre les membranes vibrantes de deux téléphones réunis selon le mode usité pour la transmission des dépêches. Cette différence a fait l'objet de diverses recherches[1] qui sont analysées dans le *Journal de Physique*, t. VIII, p. 168 à 175. Il importait de donner une méthode expérimentale qui permît d'en vérifier l'exactitude : c'est ce que j'ai entrepris.

I. Deux diapasons A' et B' accordés parfaitement à l'unisson sont placés vis-à-vis des électro-aimants des téléphones A et B, dont ils remplacent les plaques vibrantes. Chaque diapason repose sur un coussin isolant et la distance qui les sépare est suffisamment grande pour que l'un ne puisse pas influencer l'autre. Les téléphones A et B étant réunis à la manière ordinaire, on attaque avec un archet le diapason A, par exemple : l'oreille placée dans le voisinage de B entend immédiatement vibrer ce diapason, dont les amplitudes sont assez grandes. Les vibrations

---

1. *Du Bois-Reymond*. — Versuche am Telephone ; Verhandlungen der Physiologischen Gesellschaft zu Berlin, n° 4 ; 1877-78.

L. Hermann. — Versuche über das Verhalten der Phase und der Klangzusammensetzung bei der telephonischen Uebertragung ; Annalen der Physik, nouvelle série, t. V, p. 83 ; 1878.

H. F. Weber. — Induction qui a lieu dans le téléphone ; communication faite le 1er juillet 1878 à la Société de Zurich.

H. Helmholtz. — Telephon, und Klangfarbe ; Annalen der Physik, nouvelle série, t. V, p. 448 ; décembre 1878.

des diapasons A et B durent assez longtemps pour que l'on puisse les étudier avec le comparateur optique de M. Lissajous. Le diapason de ce comparateur avait été accordé à l'octave grave des diapasons A et B. Les figures optiques observées prouvaient une différence de phase de $\frac{1}{4}$ de vibration.

Ce mode d'expérimentation exige une grande habileté, car on est obligé d'observer les figures optiques sur les deux diapasons avec le comparateur sans attaquer le diapason entre les deux expériences. Il est nécessaire d'opérer dans un temps relativement court, et cependant il faut chercher sur le deuxième diapason un point lumineux que l'on ne trouve généralement pas tout de suite. Aussi ai-je donné à cette expérience une forme plus pratique et qui n'offre plus de difficultés d'observation. Sous cette forme les deux diapasons téléphoniques portent des miroirs et sont placés dans la position qui permet d'obtenir les figures de Lissajous. On fait alors vibrer l'un d'eux; l'autre se met à vibrer comme dans l'expérience précédente, et la figure résultante est invariablement une ellipse dont les deux axes sont parallèles aux vibrations des diapasons. Or on sait que c'est précisément la figure qui correspond au rapport de l'unisson avec différence de phase de $\frac{1}{4}$.

Les deux diapasons employés étaient, dans la première expérience $ut_5 = 512$ vibrations; dans la seconde, $sol_1 = 192$ vibrations. Les amplitudes relatives du diapason influencé par l'aimant du téléphone étaient moindres dans le second cas que dans le premier, ce qui résulte évidemment de ce que le nombre d'impulsions dans le premier cas est beaucoup plus grand que dans le dernier.

II. Il s'agissait maintenant de savoir si les harmoniques contenus dans un son musical présentent, comme les sons fondamentaux, une différence de $\frac{1}{4}$ de phase lorsqu'on compare les vibrations de deux téléphones, émises par l'un et transmises à l'autre. Il eût été évidemment fort difficile d'obtenir un mouvement sonore composé, par exemple, de huit harmoniques avec des différences de phase données. Mais il était permis de supposer que le huitième harmonique produirait exactement le même effet, soit qu'il existât seul dans le timbre du son fondamental, soit qu'il y fût associé aux harmoniques 2, 3,... 7. Il suffisait dès lors de produire un mouvement sonore composé seulement de deux sons connus, pouvant agir sur un téléphone, et ensuite, à volonté, de faire naître dans un second téléphone l'un ou l'autre de ces deux sons.

A cet effet, j'ai fixé deux diapasons ut_4 aux extrémités des branches d'un fort diapason qui, ainsi chargé, donnait exactement l'ut_1 (fig. 46) de sorte que je pouvais, à volonté, produire les sons 1 et 8, à la fois ou séparément. Ce diapason composé était placé devant un téléphone de manière qu'il présentait à l'aimant l'extrémité de l'un des petits diapasons ut_4, et devant l'aimant d'un second téléphone était placé un diapason ut_4 ordinaire.

En observant à l'aide d'un comparateur optique ut_2, il eût été difficile de reconnaître la phase du son 8 par l'inspection de la figure compliquée que donne la composition rectangulaire du son 2 avec les sons 1 et 8 ; mais j'ai pu me convaincre que les vibrations du son 8 ne changent pas de phase lorsque, dans le mouvement sonore composé des sons 1 et 8, on supprime dou-

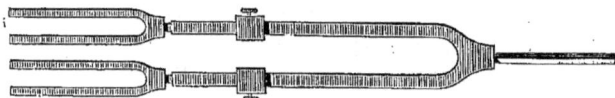

Fig. 46. Diapason pour produire un mouvement sonore composé de deux sons connus.

cement le son 1 en appliquant le doigt sur l'une des branches du grand diapason. Pour m'en assurer, j'ai d'abord examiné la phase du petit diapason ut_4, vibrant seul, quand l'intervalle qu'il formait avec le comparateur était assez pur pour que la figure optique restât parfaitement fixe et sans trace de rotation ; puis j'ai ébranlé à son tour le grand diapason, pour l'arrêter ensuite au bout de quelques secondes, de sorte qu'il n'y avait plus en mouvement que le diapason ut_4 et j'ai toujours constaté que la figure optique n'avait subi aucun changement.

Comme, pour obtenir le mouvement composé des sons 1 et 8, il faut d'abord ébranler le diapason ut_4, puis le diapason ut_1, les vibrations du premier auraient pu provoquer celles du diapason correspondant, placé devant le second téléphone, avant que le mouvement composé eût eu le temps de s'établir ; pour éviter cet inconvénient, j'ai toujours eu soin de ne fermer le circuit qu'après que le grand diapason avait commencé à vibrer à son tour.

Voici comment se faisait ensuite l'observation. Le comparateur optique était d'abord disposé en face du diapason ut_4, qu'il s'agissait d'influencer; puis j'ébranlais les deux parties du diapason composé, je fermais le circuit, et je donnais un coup d'archet sur le diapason du comparateur. Dès que j'avais suffisamment examiné la figure optique du diapason influencé, je mettais rapidement le comparateur en face du diapason ut_4 qui vibrait avec le grand diapason, et j'en examinais également la figure optique, après avoir arrêté le mouvement du diapason ut_4. J'ai pu constater de cette manière qu'entre les vibrations des deux diapasons ut_4 il y avait encore une différence de $\frac{1}{4}$ de phase.

III. Lorsqu'on introduisait une petite bobine d'induction dans le circuit qui reliait les deux téléphones, devant lesquels étaient montés les deux diapasons sol_1, munis de miroirs, les vibrations du diapason influencé étaient trop faibles pour qu'il fût possible d'observer la figure optique avec quelque succès. A la vérité, le trait lumineux vertical, fourni par le diapason qui était excité directement, semblait s'incliner légèrement, et se redresser ensuite quand les vibrations de l'autre diapason étaient arrêtées ; mais le phénomène n'était pas assez net pour être décisif.

Les résultats ont été plus satisfaisants avec le comparateur optique; cependant les vibrations du diapason influencé étaient toujours très petites, même sous le microscope, de sorte que l'observation était d'une grande difficulté. Pour obtenir avec ce diapason une figure optique suffisamment nette, il fallait que les vibrations du diapason du comparateur fussent également assez petites, et, pendant qu'on disposait ensuite ce dernier en face du diapason excité directement, leur amplitude avait le plus souvent diminué à tel point qu'il en résultait une figure optique dont les deux dimensions étaient trop inégales pour qu'il fût possible de reconnaître la différence de phase avec certitude.

Dans ces conditions, il n'y a pas lieu de s'étonner que je n'aie pas toujours obtenu des résultats parfaitement concordants. En effet, la différence de phase paraissait quelquefois ne pas dépasser $\frac{1}{4}$, mais elle approchait encore plus souvent de $\frac{1}{2}$, et semblait en général comprise entre ces deux limites.

Comme il suffit que la tonalité d'un des diapasons soit altérée d'une quantité égale à une très petite fraction d'une vibration simple, pour imprimer à la figure optique une rotation qui rendrait impossible toute détermination de la différence de phase

entre deux diapasons qu'on ne peut observer simultanément, et
que de légères altérations de ce genre surviennent facilement,
par exemple à la suite d'une faible variation de température, on
ne saurait, dans ces sortes d'expériences, se contenter d'accorder
les diapasons une fois pour toutes. Il est indispensable de les
vérifier avant chaque expérience, et de corriger par un peu de
cire la moindre altération des rapports de vibrations rigoureux.

En observant l'influence de l'aimant du téléphone sur les vibrations du diapason à différentes distances, j'ai obtenu les résultats
suivants :

Jusqu'à la distance de 5^{mm}, l'influence de l'aimant n'est pas
perceptible, mais en diminuant la distance encore plus, le diapason
devient plus grave, et la durée pendant laquelle il vibre, plus
courte. Quand le diapason vibre à l'état normal on peut facilement observer ses vibrations pendant 90 à 100 secondes, mais
à la distance de $\frac{1}{4}$^{mm}, on ne les observe plus que pendant environ
30 secondes.

Pour la même distance de l'aimant l'abaissement du son du diapason est toujours plus grand quand ses vibrations ont de petites
amplitudes que quand elles en ont de grandes.

Le diapason $ut_5 = 512$ v. s. devient plus grave d'une vibration
simple pour la distance de

4^{mm} en 80 secondes.
3^{mm} » 60 (grandes ampl.) ou en 48 (petites ampl.), en moyenne en 54 secondes.
2^{mm},5 » 54   »   » 42   »   »   48   »
2^{mm} » 44   »   » 35   »   »   39,5 »
1^{mm},75 » 38   »   » 32   »   »   35   »
1^{mm},5 » 30   »   » 25   »   »   27,5   »
1^{mm},25 » 21   »   » 20   »   »   20,5   »
1^{mm} » 12   »   » 11   »   »   11,5   »
0^{mm},75 » 9   »   » 8   »   »   8,5   »
0^{mm},5 » 5   »   » 4,50   »   »   4,75   »

XIII

RECHERCHES SUR LES VIBRATIONS D'UN DIAPASON NORMAL.

(*Annales de Wiedemann*, 1880.)

Dans ces vingt dernières années, l'usage du diapason comme instrument de précision s'étant généralisé, on l'a employé à des expériences de plus en plus délicates, et il en résulte qu'on est devenu plus exigeant en ce qui touche la connaissance exacte du nombre de ses vibrations. Le diapason que j'avais établi, à l'époque où je commençais à m'occuper de la fabrication des instruments d'acoustique, avec les ressources qui étaient alors à ma disposition, et que j'avais adopté comme étalon, portait la marque $ut_3 = 512$ v. s., sans indication de température; mais, dans ma pensée, il devait faire 512 vibrations simples à la température de 20° c. Dans le cours de mes travaux ultérieurs, je constatai que ce diapason était vraisemblablement à 20°, trop élevé d'une fraction de vibration simple, de sorte qu'il eût fallu en élever la température de quelques degrés pour obtenir les 512 vibrations avec une précision absolue. Si l'on réfléchit que l'expérimentateur n'aura presque jamais à travailler à la température exacte pour laquelle le diapason a été construit, de sorte qu'il sera toujours obligé de faire une correction, s'il s'agit de recherches assez délicates pour qu'il soit nécessaire de tenir compte de la température, on comprend que le choix de la température normale a, au fond, très peu d'importance, et que la seule chose essentielle c'est de connaître exactement cette température normale, ainsi que la variation du diapason pour chaque degré.

J'étais convaincu que la détermination de la quantité très petite dont le diapason en question pouvait s'écarter du nombre de vibrations voulu, de même qu'une détermination très précise de l'influence de la température, s'obtiendraient difficilement, avec quelque certitude, par les méthodes dont on avait jusqu'ici fait usage dans ces sortes de recherches.

J'ai donc attendu, pour entreprendre le travail dont on va lire les résultats, qu'il me fût possible d'exécuter un appareil nouveau complètement propre à remplir le but proposé. Cet appareil n'est pas seulement remarquable par la précision extraordinaire de ses indications, il offre encore l'avantage de fournir ces indications sans aucune manipulation compliquée ou difficile ; il permet de vérifier en tout temps le nombre absolu de vibrations du diapason normal, et de constater immédiatement le moindre écart dû à une cause de perturbation quelconque.

Pour construire cet appareil, je n'ai eu besoin de rien inventer, je n'ai eu qu'à combiner d'une manière convenable des éléments connus.

I

Description de l'appareil.

Un diapason[1] $ut_1 = 128$ v. s. est lié à un mouvement d'horlogerie de telle façon qu'il en règle la marche par l'intermédiaire de l'échappement ; mais il en reçoit, en même temps, à chaque oscillation, une petite impulsion qui sert à entretenir son mouvement vibratoire. Cette disposition avait été réalisée pour la première fois dans l'horloge à diapason que M. Niaudet fit présenter à l'Académie des sciences le 10 décembre 1866, et qui a figuré aux expositions universelles de Paris (1867) et de Vienne (1873). Le mouvement d'horlogerie est muni de trois cadrans. Le premier a 128 divisions, et l'aiguille y fait un tour dans le temps où le diapason fait 128 vibrations simples, c'est-à-dire dans une seconde. Sur le deuxième et le troisième, qui est le plus large, se marquent les secondes, les minutes et les heures, comme dans un chronomètre ordinaire. Le mouvement peut être monté sans interrompre ni troubler en aucune manière les vibrations du diapason.

Les deux branches de ce dernier portent des vis micrométriques à têtes pesantes, qui permettent de régler la période de vi-

---

1. Tous les diapasons employés dans ce travail étaient fabriqués du même acier fondu anglais.

bration avec une très grande précision. L'une des deux branches porte, en outre, l'objectif d'un microscope dont le corps, avec l'oculaire, est fixé au support de l'horloge, de sorte que l'ensemble forme un *comparateur optique* de Lissajous. Le contrepoids de l'objectif mobile est représenté par un miroir d'acier fixé à la branche opposée. Un thermomètre est disposé entre les deux branches; le réservoir descend jusqu'au talon de la fourchette, où le mouve-

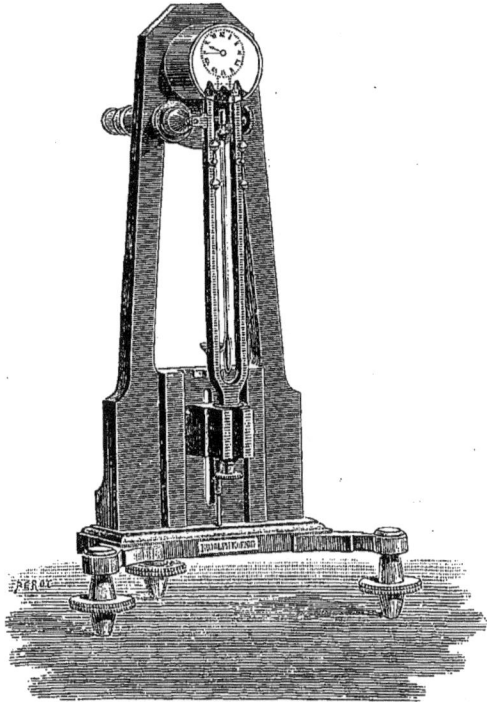

Fig. 47. Horloge à diapason comparateur.

ment des branches est à son minimum, mais où l'influence de la chaleur sur ce mouvement atteint son maximum.

Le mouvement d'horlogerie et le diapason étant mis en marche, on obtient des vibrations tout à fait isochrones, d'une amplitude toujours égale, et d'une durée pour ainsi dire illimitée, que l'on peut comparer optiquement aux vibrations de tout autre corps sonore, et dont la tonalité se détermine tout simplement en comparant l'horloge à un chronomètre dont la marche est connue. Si l'horloge a marché pendant une heure, sans avance ni retard, le diapason a fait, dans le même temps, exactement $3600 \times 128 = 460800$ v. s., soit 128 v. s. par seconde. Si l'horloge a retardé d'une seconde dans l'espace d'une heure, le diapason n'a exécuté que $\frac{3599}{3600}$ 128 v. s. par seconde, il retarde donc de $\frac{128}{3600} = 0,0355$ v. s., et ainsi de suite.

Si le diapason a été accordé, à une température déterminée, de manière que l'horloge marche exactement d'accord avec le chronomètre, l'écart qui se manifestera à une autre température fera évidemment connaître l'influence qu'une variation de température donnée exerce sur le nombre des vibrations. Il faut seulement prendre garde de ne pas confondre la température du thermomètre avec celle de la fourchette, car cette dernière met beaucoup plus de temps que le thermomètre à prendre complètement la température de l'air ambiant.

II

Temps que le diapason met à prendre la température ambiante.

Afin de me rendre un compte plus exact du temps nécessaire pour la communication de la température ambiante, j'ai fait plusieurs séries d'expériences de la manière qui suit. J'ai pris deux diapasons $ut_5 = 512$ v. s., à l'unisson l'un de l'autre et formant l'intervalle d'octave avec le diapason ut_2 d'un comparateur optique. L'un de ces diapasons était chauffé, puis j'observais, de cinq en cinq minutes, la diminution graduelle du désaccord produit par cette élévation de température, — d'abord par les battements avec l'autre diapason ut_5, tant que ces battements étaient assez rapides pour être comptés sans difficulté, puis à l'aide du comparateur.

Le diapason ut_5 ayant été chauffé jusqu'à diminuer son nombre de vibrations de 4 v. s., l'abaissement observé n'a plus été que de:

v. s.			
2,000	au bout de	5 1/2	minutes,
1,000	»	12	»
0,500	»	25	»
0,250	»	37	»
0,133	»	50	»

v. s.   0,080 au bout de 60 minutes.
           0,054   »   70   »
           0,039   »   80   »
           0,016   »   100   »
           0,002   »   120   »

A la fin, la figure optique observée au comparateur ne faisait donc plus que $\frac{1}{8}$ de demi-tour en 1 minute. Il s'ensuit que le diapason met 2 heures ou 2 heures et demie pour revenir, d'une température qui a produit un désaccord de 4 v. s., à la température de l'air ambiant.

Si l'on se contente d'abaisser le diapason de 0,5 v. s., en le tenant simplement à la main pendant une minute environ, l'abaissement disparaît à peu près un quart d'heure plus tôt que l'abaissement correspondant obtenu précédemment à la suite d'un échauffement plus considérable. La raison de cette différence doit être probablement cherchée dans ce fait, que, dans le premier cas, le même abaissement est produit par un échauffement peut-être un peu plus fort, mais ayant pénétré moins profondément dans la masse, et dans le second, par une chaleur plus faible, mais distribuée d'une manière plus égale. On s'expliquerait encore ainsi pourquoi le diapason de l'appareil mettait un peu plus de temps à prendre la température de l'air que les diapasons isolés, qui avaient été chauffés relativement vite. Ainsi, dans une première série d'expériences, ce diapason avait été accordé exactement à 18° c., et de 5 heures à 10 heures du soir l'horloge était restée toujours d'accord avec le chronomètre, la température n'ayant pas varié dans cet intervalle de cinq heures; mais pendant la nuit elle avait légèrement baissé, et, bien que le matin le thermomètre marquât encore 18° c., on put constater depuis 9 heures jusqu'à 1 heure et demie une légère avance (ne dépassant pas 1 seconde pour cet intervalle de 4 heures et demie); puis l'horloge resta de nouveau d'accord avec le chronomètre jusqu'à 10 heures. Dans ce cas, le diapason avait donc mis 4 heures et demie à reprendre complètement sa température primitive. On voit, par ces observations, qu'il ne sera permis d'attribuer au diapason la température indiquée par le thermomètre que lorsque cette température n'aura pas varié pendant quelques heures, et que l'horloge, comparée au chronomètre, aura conservé pendant ce temps une marche absolument régulière.

Le mieux serait évidemment d'opérer dans une pièce à température constante ; mais il n'est ni facile ni commode de maintenir par le chauffage l'air d'une salle toujours au même degré de chaleur pendant plusieurs jours et plusieurs nuits, et les caves profondes, dont la température n'est pas sujette à varier, ont cet inconvénient que leur température moyenne est trop basse (12° c. pour Paris). En effet, lorsqu'il s'agit d'établir un diapason normal, qui doit être aussi exact que possible à la température moyenne des habitations, il faut le construire pour une température un peu supérieure à la température moyenne du lieu, car dans le calcul de cette dernière on a tenu compte des grands froids de l'hiver, tandis que la température moyenne des expériences doit plutôt se déduire de celle des pièces chauffées et des températures un peu plus élevées de la saison chaude, les cas où l'on opère à des températures très basses étant relativement rares. C'est pour toutes ces raisons que j'ai choisi comme température normale la température de 20° c. Les expériences ont été faites dans une salle assez vaste et très élevée de plafond, fermée de tous côtés, dont la température ne variait que fort peu et toujours lentement, de sorte que souvent le thermomètre restait à peu près immobile du matin au soir, surtout pour les journées nuageuses et sombres, comme il y en a eu beaucoup cette année (1879) à Paris.

III

Influence de la durée de la marche de l'appareil sur les vibrations du diapason.

On pourrait encore se demander si l'influence d'un mouvement vibratoire prolongé sur la température du diapason ne serait pas assez sensible pour qu'il fût nécessaire d'en tenir compte dans la détermination de cette température à un moment donné ; mais cette influence m'a paru tellement faible qu'on ne pourrait espérer de la déterminer exactement qu'en opérant dans un espace à température parfaitement constante. Parmi mes nombreuses observations, je n'en ai trouvé que deux qui aient été faites dans des conditions assez favorables pour une recherche aussi délicate, et où l'influence en question semble en effet se manifester nettement. Dans la première (25 juillet 1879), la température de la salle, notée d'heure en heure, resta constamment égale à 20° c. depuis 8 heures du matin jusqu'à 4 heures du soir, et la marche de l'horloge toujours d'accord avec celle du chronomètre; mais à 5 heures, la température n'était plus que de 19°.7 c. et l'horloge, au lieu d'avancer, comme on pouvait s'y attendre, retardait alors de $\frac{1}{4}$ de seconde; à 8 heures, la température étant toujours de 19° 7 c., le retard s'élevait à $\frac{1}{2}$ seconde. Ce n'est qu'à partir de 8 heures que l'influence du refroidissement commença à se faire sentir : de 8 heures à 10 heures, pendant que le thermomètre descendait à 19° 5, l'horloge avança de $\frac{1}{2}$ seconde, de sorte qu'elle avait repris sa marche primitive, comme si l'effet du refroidissement de l'air eût été compensé par un échauffement intérieur.

Dans l'autre série (22 sept.), les lectures du thermomètre ne sont malheureusement pas assez nombreuses pour nous permettre de suivre la marche du phénomène comme dans celle du 25 juillet. Le thermomètre marquait 20° c. à deux heures et à sept heures du soir, et l'horloge était restée d'accord avec le chronomètre; observé de nouveau à dix heures et demie, il ne marquait plus que 19° 6 c., mais la marche de l'horloge n'avait pas varié.

J'accordai alors le diapason de l'appareil à la température de 20° c., de telle façon que pendant six heures il n'y eût aucune différence entre la marche de l'horloge et celle du chronomètre, qui lui-même n'avançait que de une seconde en vingt-quatre heures. J'eus encore plusieurs fois dans la suite l'occasion de m'assurer de la persistance de cet accord, car la température de la salle, dans ses oscillations, repassa encore par 20° six fois en juin et en juillet, et une fois dans la seconde moitié de septembre, pour s'y maintenir chaque fois l'espace de quatre ou huit heures, et toujours on vit se rétablir l'accord parfait entre l'horloge et le chronomètre. — Dans une autre série (19 juillet) la température avait oscillé depuis 7ʰ,46ᵐ,45ˢ du matin jusqu'à 6ʰ,46ᵐ,45ˢ du soir, entre 19° 3 et 20°3, mais la moyenne des lectures était 20°0; à 9ʰ,46ᵐ,45ˢ, l'horloge n'était en avance que de $\frac{1}{2}$ seconde, puis elle avait marché d'accord avec le chronomètre jusqu'à 2ʰ,46ᵐ,45ˢ, enfin de 2ʰ,46ᵐ,45ˢ à 5ʰ,46ᵐ,45ˢ, elle avait retardé de $\frac{1}{2}$ seconde, de sorte que le résultat final était le même que si la température eût toujours été de 20°. Le même jour, d'ailleurs, la température se maintint à 20° depuis 6 heures jusqu'à 11 heures du soir, et la

marche de l'horloge resta, pendant ce temps, identique à celle du
chronomètre.

IV

Construction du diapason étalon $ut_5 = 512$ v. s. à $20°$ c.

Le diapason de l'appareil ainsi réglé, je m'en servis pour accorder, par le procédé optique, un autre diapason de manière qu'il
donnât à $20°$ la double octave ($ut_5 = 512$ v. s.). La précision obtenue fut telle que, les deux diapasons ayant même température,
leurs vibrations observées au comparateur jusqu'à la cessation du
mouvement du diapason isolé, c'est-à-dire pendant 80 ou 90 secondes, paraissaient toujours exactement dans le rapport de 1 à 4,
la figure optique ne montrant aucune trace de rotation.

On était ainsi assuré que le diapason ut_1 de l'appareil et le diapason étalon ut_5 faisaient exactement le premier 128, le second
512 v. s. à la température de $20°$ c.

Le fait que la figure optique n'éprouvait aucune rotation pendant toute la durée de l'expérience prouve encore que les vibrations du diapason auxiliaire ne cessaient jamais d'être isochrones.
C'est là un résultat important, car la détermination des différences
de tonalité très petites étant toujours fondée sur l'observation de
la figure optique ou sur celle des battements pendant un temps
plus ou moins long, cette détermination deviendrait illusoire, si
la tonalité des diapasons venait à changer pendant l'expérience.
Or on sait que des changements de tonalité ont été constatés par
Scheibler avec des diapasons d'une forme impropre, dont les
branches, au lieu d'être parallèles, s'écartaient ou se rapprochaient
vers les bouts : ils peuvent aussi, parfois, être occasionnés (quoique
à un moindre degré) par les caisses de résonance. Je dis *parfois*,
car l'influence de la caisse sur les vibrations du diapason se manifeste de plusieurs manières diverses.

V

Influence de la caisse de résonance et du résonateur sur les vibrations du diapason.

Quand le son propre de la caisse est encore assez éloigné de celui du diapason, bien que suffisamment voisin de ce dernier pour
le renforcer sensiblement, l'influence exercée sur les vibrations
du diapason paraît souvent tout à fait nulle : il vibre longtemps,
avec une intensité qui décroît régulièrement jusqu'à la fin du
mouvement. Il n'en est plus de même quand le son propre du système formé par la masse d'air et les parois de la caisse, y compris
le poids du diapason, se trouve trop voisin du son de ce dernier.
Dans ce cas, et en remplissant certaines autres conditions qui
favorisent une résonance énergique, le diapason qui, tenu librement à la main ou bien fixé sur un support solide, vibrerait pendant 60 ou 90 secondes avec une intensité régulièrement décroissante, fait d'abord entendre sous l'archet un son très fort, on
dirait un cri, mais l'intensité diminue rapidement, et au bout de
20 secondes, il ne reste déjà plus que des vibrations d'une amplitude trop faible pour exciter d'une manière perceptible la résonance de la caisse. Lorsque l'influence de la caisse altère ainsi la
durée des vibrations du diapason, elle ne manque jamais d'attirer
aussi l'isochronisme et le nombre des vibrations. Cette altération,
à la vérité, est si légère qu'on serait tenté de l'attribuer à des
erreurs d'observation, si l'on ne faisait l'expérience qu'en fixant le
diapason tour à tour sur un support solide et sur la caisse de
résonance, procédé qui, effectivement, ne serait pas à l'abri de
quelques sources d'erreur. Mais j'ai eu l'occasion de constater
l'influence en question quand le diapason n'était pas même touché
entre les deux comparaisons : je me contentais de changer le son
propre de la caisse en bouchant en partie l'ouverture avec la main,
et la figure optique, qui tournait une fois en 20 secondes quand
l'ouverture de la caisse était libre, ne mettait plus que 12 secondes
à faire la même rotation quand l'ouverture était bouchée, ce qui
indique un changement de tonalité de 0,033 v. s. par seconde.

L'influence de la résonance sur les vibrations d'un diapason se
manifeste encore si, au lieu de le monter sur une caisse, on le fixe

devant un résonateur à parois épaisses dont les vibrations peuvent être négligées, de sorte que la résonance n'est due qu'à la masse d'air confinée. Dans ce cas, le phénomène se présente même avec plus de netteté. Pour cette expérience, le diapason ut_5 était fixé sur une plaque de fer, à une distance de quelques millimètres d'un tube de cuivre de $0^m,12$ de diamètre, terminé d'un côté par un couvercle percé d'une ouverture de $0^m,025$ sur $0^m,110$, et de l'autre par un piston mobile qui permettait de faire varier le son propre de la masse d'air dans des limites assez étendues. Le résonateur était d'abord écarté, le diapason vibrait d'une manière satisfaisante pendant environ 90 secondes. J'en approchais ensuite le résonateur et, partant d'une note beaucoup plus grave que celle du diapason, j'élevais peu à peu le son propre du résonateur en faisant jouer le piston mobile. Voici ce que j'ai observé dans ces conditions. Le son propre du résonateur étant encore d'une tierce mineure plus bas que celui du diapason (il répondait alors au la_2), on pouvait déjà remarquer une légère diminution de la durée du mouvement vibratoire, et en même temps une augmentation du nombre des vibrations d'environ 0,011 v. s. par seconde. A mesure que le son propre du résonateur se rapprochait davantage de celui du diapason, cette diminution de la durée et cet accroissement du nombre des vibrations devenaient plus sensibles, jusqu'au voisinage immédiat de l'unisson; mais au moment où l'unisson était réalisé, l'altération de la tonalité du diapason disparaissait brusquement, et le nombre des vibrations était dès lors exactement le même qu'en l'absence du résonateur. En même temps, le son était puissamment renforcé; mais cette intensité factice diminuait rapidement, et les vibrations s'éteignaient au bout de 8 ou 10 secondes. La tonalité du résonateur ayant été de nouveau un peu haussée, le son du diapason commençait à s'altérer en sens inverse : il était maintenant trop bas de la même quantité dont il avait été trop élevé avant le moment de l'unisson; puis cette altération s'effaçait peu à peu, à mesure que la tonalité du résonateur s'éloignait davantage de celle du diapason, tandis que la durée du mouvement vibratoire augmentait jusqu'à redevenir égale à 80 ou 90 secondes.

Le tableau ci-après renferme les moyennes des nombres obtenus au cours de ces expériences :

Ton normal du diàpason : ut_3.

NOTE. DU RÉSONATEUR.	DURÉE DES VIBRATIONS DU DIAPASON.	ALTÉRATION DU DIAPASON.
la_2	80ˢ	+ 0,011 v. s.
$la\sharp_2$	60	+ 0,017 »
si_2	30	+ 0,033 »
496 v. s.	20	+ 0,071 »
ut_3	8 à 10	0
528 v. s.	18	— 0,071 »
$ut\sharp_3$	22	— 0,058 »
$ré_3$	45	— 0,030 »
$ré\sharp_3$	70	— 0,017 »

VI

Influence de la température sur les vibrations du diapason.

Les nombres de vibrations du diapason ut_4 de l'appareil et du diapason normal ut_3 ayant été ainsi déterminés avec une précision absolue pour la température de 20° c., il s'agissait de savoir ce qu'ils seraient à toute autre température.

Afin de déduire, de la différence de marche de l'horloge et du chronomètre, la variation du diapason ut_4 qui correspond à une élévation de température de 1 degré, j'ai fait, en 1879, depuis le mois de juillet jusqu'au commencement de décembre, de 300 à 400 observations, qui forment des séries dont quelques-unes embrassent une suite de plusieurs jours et nuits. Toutefois, comme les observations de nuit étaient peu nombreuses et souvent manquaient tout à fait, de sorte que l'évaluation de la température moyenne devenait incertaine pour les heures de nuit, j'ai finalement préféré n'employer que les observations de jour, divisées en 66 groupes. Comme la température n'a jamais varié que très lentement et fort peu dans le cours de chaque série, on pouvait admettre que la température du diapason s'accordait suffisamment, sinon avec la température actuelle de l'air, à tout instant, du moins avec sa température moyenne pour le milieu des séries. En supposant que, le matin, la température du diapason ait été en général un peu plus basse que celle de l'air, les erreurs dues à cette cause devraient se compenser à très peu près dans les résul-

tats déduits d'observations qui avaient été faites à des températures au-dessus et au-dessous de 20°.

Comme, dans les cas où la température différait trop peu de 20°,
la moindre erreur de lecture aurait sensiblement altéré le résultat,
j'ai laissé de côté toutes les séries dont la température moyenne
était comprise entre 19° et 21°, de sorte qu'il n'en est resté que 48
qui forment deux groupes, dont le premier comprend 14 séries
avec des températures comprises entre 21° et 26°,1, qui ont été
obtenues depuis la fin de juillet jusqu'à la fin d'août, le second
34 séries avec des températures comprises entre 3°,1 et 17°, obtenues depuis la fin de septembre jusqu'au 15 décembre. Les résultats de ces 48 séries sont résumés dans le tableau suivant, qui
donne A, le nombre des lectures; B, la durée de l'expérience; C,
la différence de marche de l'horloge et du chronomètre pendant
la durée de l'expérience; D, la différence de marche calculée pour
une heure; E, les températures extrêmes notées pendant chaque
expérience, F, l'excès de la température moyenne sur 20°; G, la
différence de marche pendant une heure qui correspond à 1° centigrade.

TABLEAU.

	A	B	C	D	E	$F_{20°}$	G
1	9	10^h	4,3^e	0,40^e	20,5 — 21,8°	+ 1,1°	0e 40
2	4	4	3,5	0,87	21,4 — 22,7	+ 2,2	0,40
3	9	10,5	7	0,67	21,3 — 22,3	+ 1,6	0,42
4	9	13	18	1,38	21,8 — 23,5	+ 3,0	0,46
5	11	15	20	1,35	22,8 — 24,3	+ 3,8	0,35
6	9	16,5	25	1,51	23,3 — 24,0	+ 3,6	0,42
7	10	14,5	27	1,86	24,0 — 25,5	+ 5,0	0,36
8	7	15	30,5	2,03	24,0 — 25,4	+ 5,1	0,40
9	5	7	15	2,14	25,0 — 27,0	+ 6,1	0,35
10	7	15	31,5	2,10	25,0 — 25,8	+ 5,4	0,39
11	2	4	7,5	1,87	24,3 — 25,6	+ 4,9	0,38
12	4	11	16,5	1,50	23,3 — 24,0	+ 3,7	0,40
13	5	14	17	1,21	22,3 — 23,8	+ 2,9	0,42
14	4	15,5	14	0,90	21,4 — 22,5	+ 2,0	0,45
							5,60
15	8	14,3	21,5	1,50	16,5 — 17,5	— 3,0	0,50
16	7	12	21	1,75	15,8 — 16,3	— 3,9	0,45
17	3	6	10	1,66	16,4 — 16,8	— 3,4	0,49
18	6	13	24,5	1,88	15,8 — 16,6	— 3,6	0,50
19	2	13	19	1,46	16,6 — 16,8	— 3,3	0,44
20	6	9	20	2,22	14,7 — 15,0	— 5,0	0,44
21	4	8	16,5	2,06	15,2 — 15,5	— 4,6	0,45
22	2	5	10	2,00	15,0 — 15,2	— 4,9	0,41
23	4	6	13,5	2,25	13,6 — 14,2	— 6,1	0,37
24	3	7	15	2,14	13,3 — 14,0	— 6,1	0,34
25	10	14	33	2,35	12,5 — 13,4	— 6,9	0,34
26	6	15	41	2,73	13,0 — 13,5	— 6,6	0,41
27	4	5	13	2,60	13,2 — 13,5	— 6,6	0,39
28	2	13,5	29	2,14	14,2 — 15,2	— 5,3	0,40
29	2	13	32,5	2,50	14,0 — 14,2	— 5,9	0,42
30	2	6	17,5	2,91	12,7 — 13,0	— 7,2	0,40
31	4	15	42	2,88	13,0 — 13,5	— 6,8	0,42
32	3	16	45	2,81	13,0 — 13,8	— 7,0	0,40
33	3	12	39,5	3,29	12,5 — 12,5	— 7,5	0,44
34	9	12	39,7	3,31	10,0 — 11,4	— 9,2	0,36
35	3	14	40	2,86	11,6 — 12,3	— 7,9	0,36
36	5	12	44	3,66	10,2 — 10,7	— 9,4	0,39
37	5	9	33,5	3,72	9,2 — 11,0	— 9,4	0,40
38	7	15	52	3,47	9,9 — 10,1	—10,8	0,35
39	6	14	48,2	3,45	9,8 — 10,2	—10,8	0,35
40	2	6	21	3,50	10,2 — 10,2	— 9,8	0,36
41	5	15	57	3,80	10,0 — 10,5	— 9,7	0,39
42	3	10	35,5	3,56	9,3 — 9,8	— 9,4	0,38
43	4	14	68	4,57	8,2 — 8,4	—11,5	0,42
44	2	3	16	5,33	6,6 — 6,8	—13,3	0,40
45	4	11	56,5	5,5	6,3 — 6,9	—13,4	0,41
46	3	12	67	5,6	5,2 — 5,9	—14,2	0,39
47	4	12	72	6	4,3 — 4,7	—15,4	0,39
48	3	12	79	6,6	2,2 — 3,5	— 3,1	0,39

$$\frac{5,60}{14} = 0,400 \qquad \frac{13,75}{34} = 0,404 \qquad \frac{5,60 + 13,75}{48} = 0,403 \qquad 13,75$$

On voit que la différence horaire pour 1° centigrade, déduite des 14 séries où la température dépassait 21°, est égale à 0ˢ,400; les 34 séries où la température descend au-dessous de 19° donnent 0ˢ,404: enfin la moyenne générale, fournie par l'ensemble des 48 séries, est 0ˢ,403. Or la variation du diapason $ut_1 = 128$ v. s. qui correspond à une différence de marche de 1ˢ par heure est de $\frac{128}{3600} = 0{,}0356$ v. s. ; une différence de 0ˢ,403 représente par conséquent $0{,}403 \times 0{,}0356 = 0{,}0143$ v. s., ou $\frac{1}{70}$ d'une vibration simple.

Afin de pouvoir étendre ce résultat à des températures dépassant les limites de celles qui avaient été observées, et à d'autres diapasons d'une épaisseur ou d'une tonalité différente, il fallait s'assurer par des expériences directes, 1° si l'influence de la chaleur ou du froid reste encore proportionnelle à la température lorsqu'on dépasse de beaucoup ces limites, entre lesquelles la proportionnalité ne paraît pas douteuse, 2° si l'influence de la température est la même pour deux diapasons de même tonalité, mais de dimensions différentes; 3° si deux diapasons de forme à peu près semblable, mais de tonalité différente, éprouvent des variations proportionnelles à leurs nombres de vibrations.

Pour ces expériences, j'ai fait usage d'une étuve à parois de bois très épaisses, dont le fond était formé par une plaque de fer qui pouvait être chauffée à volonté par des becs de gaz placés au-dessous.

Le devant était formé par une glace assez épaisse, et la paroi supérieure percée d'une ouverture où s'adaptait un fort tube de verre dont l'extrémité libre pouvait à volonté se fermer par un bouchon. La température de l'air à l'intérieur de cette étuve était très différente à des distances différentes de la plaque du fond; mais il était facile de la maintenir constante en un même point pendant un temps assez long, ou du moins oscillante autour du même degré dans des limites fort étroites; il suffisait pour cela de baisser ou d'élever les flammes du gaz, d'ouvrir ou de fermer la cheminée de verre, lorsque le thermomètre montait au-dessus ou tombait au-dessous du degré voulu.

Pour m'assurer, en premier lieu, si la proportionnalité de l'influence de la température était admissible dans des limites plus larges, j'ai d'abord fait usage d'un diapason $ut_1 = 128$ v. s. en tout semblable à celui de l'appareil, et muni de la même manière, d'un miroir avec contrepoids et de vis à têtes pesantes. Comme les dimensions de l'étuve ne permettaient pas de le disposer horizontalement au-dessus de la plaque du fond, j'ai dû le fixer verticalement à la paroi supérieure, les branches tournées en bas ; il traversait ainsi des couches d'air inégalement chaudes, de sorte qu'il ne pouvait être question de déterminations absolues, mais seulement d'expériences comparatives. Les vibrations du diapason, excitées dans l'étuve même par une disposition facile à imaginer, étaient observées par le procédé optique, en faisant tomber un rayon de lumière d'abord sur le miroir du diapason en question, puis de là sur le miroir d'un autre diapason, préalablement mis à l'unisson du premier, et fixé horizontalement à une distance convenable de l'étuve. La figure optique était donc l'ellipse, et ses oscillations indiquaient avec précision les changements de tonalité du diapason chauffé.

Quand le thermomètre placé près de la paroi supérieure, à la hauteur du talon de la fourchette, avait marqué pendant quelques heures 5 degrés de plus que le thermomètre de la salle, qui marquait environ 23°, le diapason perdait 1 vibration en 10 secondes. Quand la différence des deux thermomètres s'élevait à 25 degrés, le diapason perdait 1 v. s. en 2^s, 37, au lieu de la perdre en 2^s, 0, comme l'eût demandé l'hypothèse de la proportionnalité.

J'ai fait des expériences plus nombreuses avec un diapason ut_3 = 512 v. s. Ce dernier fut fixé horizontalement au-dessus de la plaque du fond, et les extrémités de ses branches touchaient presque la glace qui formait le devant de l'étuve, ce qui permettait d'observer les vibrations à l'aide du microscope. Il va sans dire que le microscope n'était approché de l'étuve que pendant les quelques instants que durait chaque observation. Le réservoir du thermomètre se trouvait placé entre les branches du diapason. La température de la salle a été en moyenne de 26°. Voici les moyennes des nombres fournis par ces expériences pour la diminution correspondant à 1° :

EXCÈS DE TEMPÉRATURE DE L'ÉTUVE.	DIMINUTION POUR 1°.
5°	0,059 v. s.
10	0,055 »
15	0,054 »

Deux fois seulement l'excès de température a été poussé jusqu'à

30°, et la variation correspondante a été, la première fois, de 0,053, la seconde fois de 0,055, en moyenne de 0,054 v. s., comme pour un excès de 15°.

On voit par ces résultats qu'il ne s'agit ici que de différences très petites qui rentrent déjà dans les limites des erreurs d'observation, et que dans la pratique il sera permis de considérer la variation thermique pour 1° c., comme sensiblement constante jusqu'à des températures de 50° ou 60° c. Je crois cependant que le grand nombre de mes expériences, le soin avec lequel elles ont été exécutées, et la petitesse des écarts des résultats isolés par rapport aux moyennes, autorisent cette conclusion, que l'influence de la chaleur n'est pas absolument constante, mais qu'elle décroît légèrement à mesure que la température s'élève.

Il s'agissait, en second lieu, d'examiner l'influence de la chaleur sur les diapasons de même tonalité, mais de masse différente. Deux diapasons $ut_3 = 512$ v. s. dont les branches avaient respectivement 6 millimètres et 4 millimètres d'épaisseur, et qui avaient été mis exactement à l'unisson à 20°, furent fixés dans l'étuve à un même niveau au-dessous de la plaque de fer et exposés pendant cinq heures à une température de 50° : ils donnaient au bout de ce temps, à peu près 1 battement en 6 secondes. Deux diapasons ut_4, dont les branches avaient 7 millimètres et 3 millimètres d'épaisseur, chauffés dans les mêmes conditions jusqu'à environ 45°, donnaient 1 battement en 5 secondes, et deux diapasons ut_5, avec des branches de 7 millimètres et de 5 millimètres, portés également à 45°, un battement en 4 secondes. Il s'ensuit que la différence de la variation thermique correspondant à 1° c. était, pour ces trois couples de diapasons, respectivement de 0,011, de 0,016 et de 0,020 v. s. — C'était toujours le plus massif des deux diapasons qui éprouvait l'altération la plus marquée.

Comme, dans ces expériences, je n'avais pas en vue une détermination très précise de la différence des nombres de vibrations des deux diapasons, je me suis dispensé de les faire vibrer à l'intérieur de l'étuve; on les ébranlait en les tenant à la main, soit séparément l'un après l'autre, soit ensemble, après les avoir retirés de l'étuve. Il s'est trouvé que dans les premiers moments après leur sortie de l'étuve la différence de hauteur semblait augmenter un peu, sans doute parce que la moins massive des deux fourchettes se refroidissait plus vite que l'autre, et revenait plus vite à son ton normal.

Afin d'examiner ces différences dans des limites de température plus étendues, j'ai encore institué une série d'expériences en plongeant les couples de diapasons dans l'eau glacée, puis dans l'eau bouillante, et en observant le changement de tonalité correspondant à cet intervalle de 100 degrés.

La difficulté principale que j'ai rencontrée dans ces expériences, c'est que, les diapasons étant portés à 100°, les vibrations n'ont plus qu'une durée excessivement courte et s'éteignent presque aussitôt après avoir été excitées. Les valeurs absolues des nombres de vibrations observés ne pouvaient donc prétendre à une grande précision ; elles sont encore moins certaines que celles qui se déduisent des expériences faites au moyen de l'étuve, cependant ces nouvelles expériences ont fait ressortir encore plus nettement le résultat déjà obtenu précédemment, à savoir que les diapasons les plus massifs éprouvent l'altération la plus marquée. Ainsi la différence de la variation thermique a été de 1,5 v.s. pour les deux diapasons ut_4, et de 1,8 v.s. pour le couple ut_5, et c'est toujours le plus massif des deux diapasons qui a éprouvé l'altération la plus forte.

L'action de la chaleur sur les diapasons est d'une nature assez complexe, puisqu'elle modifie les dimensions des branches en même temps qu'elle altère l'élasticité du métal. Mais l'influence de la dilatation est peu de chose à côté de la modification de l'élasticité ; les expériences qui viennent d'être exposées prouveraient que le coefficient d'élasticité de l'acier diminue d'environ $\dfrac{1}{4600}$ quand la température s'élève de 1° c.

Puisque deux diapasons de même tonalité, mais d'épaisseur différente, ne varient pas exactement de la même manière sous l'influence d'un changement de température, il est à prévoir que l'intervalle formé par deux diapasons de tonalité et d'épaisseur quelconques ne se conservera pas en général sans altération quand la température vient à changer. Toutefois cette altération des intervalles sera toujours très faible, et même complètement négligeable lorsqu'on fait usage de diapasons qui ne diffèrent pas trop sous le rapport de la forme et de l'épaisseur. Ainsi un diapason ut_1 qui, à 20°, avait été accordé exactement à la double octave du diapason de l'appareil, donnait encore avec ce dernier, à 12°, la figure optique de la double octave presque exacte, car elle ne faisait qu'une oscillation en 50 secondes ; à 9° il y eut une oscillation en 45 secondes, ce qui prouve que l'altération ne dépassait pas 0,020, puis 0,022 v. s. On peut donc admettre qu'en général *la variation thermique* de deux diapasons qui ne sont pas trop dissemblables sera *proportionnelle à leurs nombres de vibrations.*

La variation thermique trouvée pour le diapason $ut_1 = 128$ v.s. de l'appareil étant de −0,0143 v. s. pour 1° c., nous en conclurons qu'en général le nombre de vibrations d'un diapason est diminué de $\frac{1}{8943}$ lorsque la température s'élève de 1° c. Pour le diapason normal ut_3 (512 v. s. à 20°), la variation qui correspond à 1° c. est de −0,0572 v. s.

VII

Comparaison du nouveau diapason étalon ut_3 avec l'ancien.

Le diapason normal ut_3 établi au moyen de l'horloge à diapason s'est trouvé, à température égale, un peu plus grave que mon ancien étalon ut_3; comparé à ce dernier, il donne 11 battements en 62 secondes, d'où il suit que le nombre des vibrations exact de l'ancien étalon est de 512, 3548 v.s. à 20° c. La variation thermique étant de − 0,0572 v.s. pour 1° c., il est facile de voir que cet étalon fait exactement 512 vibrations à 26°,2 c.

Cette conclusion a été confirmée par quelques expériences faites *ad hoc,* avec beaucoup de soin. Un diapason ut_3, accordé par l'ancien étalon, a été chauffé lentement dans l'étuve, jusqu'à ce qu'il fût exactement à l'unisson du nouveau, puis je me suis efforcé de conserver cet unisson pendant un temps assez long. L'excès de température de l'étuve était alors compris entre 6° et 6°,5.

Dès lors, on aura le nombre de vibrations exact d'un diapason ut_3 à une température quelconque, en multipliant par 0,0572 l'excès de cette température sur 20° ou sur 26°,2, suivant qu'on fera usage d'un diapason accordé sur le nouvel étalon ou sur l'ancien, et en retranchant le produit de 512, si l'excès est positif, en l'ajoutant si l'excès est négatif.

Pour éviter ce calcul, j'ai eu l'idée de construire un diapason normal qui puisse donner exactement 512 v. s. à toute température. A cet effet, j'ai muni chacune des deux branches d'un petit disque pouvant tourner autour de son centre, et qu'on peut arrê-

ter dans l'une quelconque de ses positions; un petit poids fixé
contre le bord du disque fait varier le nombre des vibrations à
20° depuis 511,142 jusqu'à 512,858 v. s , quand le disque accom-
plit un demi-tour ; les poids étant au sommet des disques, le diapason fait 511,142 v. s. à 20°, ou bien exactement 512 v. s. si la
température s'abaisse de 15° ; de même, les poids étant au point
le plus bas, le diapason fera 512 v. s. si la température s'élève de
15° au-dessus de 20°. On a ainsi le moyen d'obtenir exactement
512 v. s. à toute température comprise entre 5° et 35° c.; il suffit
pour cela d'amener sous l'index la division de chaque disque en
regard de laquelle se trouve marquée la température à laquelle
on observe.

J'avais d'abord essayé d'arriver au même résultat avec des
curseurs; mais cette disposition s'est trouvée peu pratique, car il
n'est pas facile de construire les curseurs d'une manière solide en
les faisant aussi légers qu'il le faudrait pour obtenir de si faibles
variations par des déplacements d'une amplitude suffisante.

VIII

Comparaison du nouveau diapason étalon avec l'étalon du diapason officiel français.

En partant du diapason normal ut_3 (512 v.s. à 20°), il est facile
d'accorder avec précision un diapason qui donne 870 v. s. à 15°, ce
qui est, comme on sait, le nombre de vibrations attribué au diapason normal français qui existe au Conservatoire de musique et
de déclamation de Paris.

Il suffit pour cela d'accorder un diapason, par le moyen des
battements, de manière qu'il donne 10 v. s. de plus que le diapason
ut_3 (512 à 20°), et d'accorder ensuite, par le procédé optique, un
autre diapason de façon qu'il soit avec le diapason de 522 v. s.
dans le rapport de 3 : 5. Il fera alors exactement 870 v. s. à 20°.
Sa variation thermique étant de 0,0972 v. s. pour 1° c., il ferait,
à 15°, 870,486 v. s., et pour obtenir exactement 870 v. s. à 15°, il
faudrait le baisser de 0,486 v. s. On accordera donc un troisième
diapason de manière qu'il donne, à température égale, 0,486 v. s.
de moins que le précédent, ce qui aura lieu quand il fera, avec

ce dernier, 15 battements en $61^s,\frac{1}{2}$ ou 62 secondes. On aura ainsi un diapason donnant 870 v. s. à 15° [1].

Un diapason qui avait été établi par ce procédé ayant été comparé à l'étalon du Conservatoire, après qu'on l'avait laissé à côté de ce dernier pendant plusieurs jours pour lui donner exactement la même température, le nombre de vibrations de l'étalon du Conservatoire a été trouvé égal à 870,9 v. s. à 15°. La variation thermique étant ici de 0,0972 v. s., on peut admettre que l'étalon fait 870 v. s. à 24°,26 (en supposant toutefois que le coefficient d'élasticité des deux diapasons varie de la même manière avec la température).

Je n'ai pu d'ailleurs déterminer les nombres concernant l'étalon du Conservatoire avec la même précision que je l'ai fait pour mes diapasons, parce que cet étalon ne permet de bien compter les battements que pendant environ 20 secondes, ce qui doit tenir à l'influence de la caisse de résonance sur laquelle il est monté. En effet, à en juger par le son de ce diapason et par la manière dont les vibrations s'éteignent, il semble que les conditions mentionnées plus haut où la caisse exerce une influence sensible sur les vibrations du diapason, se trouvent ici réalisées à un degré très complet. Pour effectuer une comparaison très précise de l'étalon officiel avec un autre diapason, il faudrait probablement le séparer de sa caisse. Mais il n'y a peut-être pas grand intérêt à pousser la précision aussi loin, attendu que les détails des expériences sur lesquelles repose la détermination du nombre de 870 v. s. à 15° n'ont pas été publiés, de sorte qu'elle échappe à toute discussion approfondie.

Depuis quelques années, divers savants ont publié des déterminations du nombre de vibrations de mon diapason, marqué $ut_3 = 512$ v. s. sans indication de température. Ces déterminations s'écartent, en somme, assez peu les unes des autres. M. A. M. Mayer, professeur de physique à l'Institut technologique de Stevens à Hoboken [2], a trouvé par la méthode graphique $ut_3 =$

1. Pour obtenir directement le nombre 870 v. s. par une horloge à diapason comparateur, je donne au diapason de cet instrument 145 v. s., en sorte que la figure optique à observer est celle de l'intervalle harmonique 1 : 6.

2. *American Journal of science*. Août 1877.

255,96 v. d. à 60° F. (15°,55 c.), comme moyenne de six expériences dont les résultats extrêmes sont 255,94 et 256,2, et une variation thermique de $\frac{1}{22\,000}$ pour 1° F., ce qui donne $\frac{1}{12\,000}$ pour 1° c.

M. C. R. Cooley[1] a trouvé par quinze expériences, au moyen de son *electric register*, toujours 256 v. d. (sans indication de température). Lord Rayleigh[2], avec un harmonium ordinaire, a trouvé $ut_1 = 63,98$ à 64,06 v. d. (sans indication de température). Enfin MM. Mac Leod et Clarke[3], à l'aide de leur *cycloscope*, ont trouvé $ut_3 = 256,281$ à 256,287 v. d. (toujours sans indication de température), et par des expériences en étuve une variation thermique de 0,011 pour 100, correspondant à 1° c.

A côté de ces résultats, qui s'éloignent très peu de la vérité, il faut signaler comme une exception la détermination de M. Preyer, qui trouve $ut_3 = 258,2$ v. d. et déclare que « la première décimale de ce nombre doit être considérée comme absolument certaine[4] », tandis que le nombre des vibrations entières est en erreur de *deux unités*. Ce résultat inattendu s'explique par l'emploi d'un tonomètre formé d'anches d'harmonium au lieu de diapasons. Ces anches, disposées sur la même planche et confinées dans la même masse d'air, s'influencent mutuellement lorsqu'on les fait parler ensemble, à peu près comme les pendules dans les expériences, bien connues, de F. Savart, et il s'ensuit que l'instrument devient impropre à une détermination exacte des nombres de vibrations si l'on ne tient pas compte de cette source d'erreurs. M. A. J. Ellis[5] a publié, plus tard, des résultats analogues auxquels il était arrivé en se servant d'un tonomètre de la même nature; mais lord Rayleigh[6] lui ayant signalé la source d'erreur dont il vient d'être question, M. Ellis l'a déjà reconnue lui-même, et a déclaré que les nombres trouvés par lui exigent une correction[7].

1. *Journal of the Franklin Institute.* Septembre 1877.
2. *Nature*, p. 275. Londres, janvier 1879.
3. *Proc. of the Cambridge Phil. Soc.* Décembre 1877.
4. Preyer, *Ueber die Grenzen der Tonwahrnehmung*, p. 46. Iéna, 1876.
5. *Soc. of. Arts*, 23 mai 1877. — *Nature*, p. 85. Londres, 1877.
6. *Nature*, p. 12. Même année.
7. *Nature*, p. 26, 1877.

XIV

VIBRATIONS D'HARMONIQUES EXCITÉES PAR LES VIBRATIONS
D'UN SON FONDAMENTAL.

(*Annales de Wiedemann*, 1880.)

Tout le monde connaît le phénomène de la résonance provoquée par des sons à l'unisson, dont l'explication ne soulève aucune difficulté; mais on sait beaucoup moins qu'un son fondamental peut aussi exciter les vibrations de toute la série de ses harmoniques. Cette observation a été faite pour la première fois par A. Seebeck, qui l'a consignée dans le programme d'une école de Dresde (1843). Il y émet l'opinion que, si une corde fait vibrer par influence d'autres cordes qui répondent à ses harmoniques, il n'est pas nécessaire de supposer que ces harmoniques existent dans la corde même qui donne le son fondamental, et que chacun de ces harmoniques excite la corde qui est à son unisson. » En effet, dit-il, cette explication, admissible lorsque le son fondamental est produit par une corde, ne le serait plus lorsqu'il est produit par la voix, par une cloche, par une verge, ou tel autre instrument dont les sons supérieurs ne rentrent pas dans la série harmonique ; et cependant je me suis assuré par une foule d'expériences que les sons de cette catégorie excitent très bien par influence les vibrations de leurs harmoniques dans les cordes, les cloches, etc. »

A la rigueur, l'assertion de Seebeck, que des harmoniques excités par les vibrations d'une cloche ou d'une verge ne peuvent naître que des vibrations du son fondamental, parce que les sons supérieurs des corps excitateurs n'appartiennent pas à la série harmonique, cette assertion peut être discutée, car le mouvement vibratoire d'un corps peut s'éloigner assez du mouvement pen-

13

dulaire, pour qu'il soit possible de le décomposer en une série harmonique, sans que, pour cela, le corps sonore présente nécessairement en même temps des subdivisions correspondant à des harmoniques.

Toutefois cette objection contre l'opinion de Seebeck, importante lorsqu'il s'agit de cordes ou de diapasons très minces, ne peut plus, ce semble, être soutenue, quand la source sonore est un diapason d'une certaine épaisseur, qui vibre avec des amplitudes relativement très petites, car, autant que les méthodes d'observation les plus précises permettent de s'en assurer, les oscillations d'un pareil diapason paraissent être des oscillations pendulaires absolument simples. Néanmoins les avis sont encore partagés sur la vérité de l'assertion de Seebeck, « qu'un corps sonore résonne sous l'influence de tous ses harmoniques inférieurs, mais non sous l'influence de sons plus élevés », ou, ce qui revient au même, « qu'un son donné peut exciter les vibrations de tous ses harmoniques supérieurs, mais non celles d'un son plus grave ». C'est ce qui m'a engagé à entreprendre les recherches qui suivent, afin de décider quelle est celle des deux manières de voir qui s'accorde le mieux avec l'expérience.

Le phénomène de la communication des vibrations à l'unisson s'observe d'ordinaire avec des diapasons montés sur leurs caisses, et on y trouve cet avantage, que l'expérience peut se faire sur de grandes distances. C'est ainsi que j'ai eu l'occasion en 1866, au moment où M. Regnault poursuivait ses recherches étendues sur la propagation des ondes sonores, d'établir devant les deux extrémités de la conduite souterraine du boulevard Saint-Michel deux diapasons identiques ut_2 (256 v. s.), de telle façon que les ouvertures de leurs caisses se trouvaient en regard des bouches de la conduite, et les vibrations du premier diapason provoquaient toujours la résonance très distincte du second, bien que la distance fût ici de 1590 mètres[1]. Mais dans ce mode d'opérer, le premier diapason agit d'abord, par l'intermédiaire de la table qui le porte, sur la masse d'air contenue dans la caisse, d'où partent des ondes qui vont ébranler la masse d'air contenue dans la caisse du second diapason, laquelle à son tour agit sur ce diapason par l'intermédiaire de la table supérieure, de sorte qu'en somme on observe des effets assez compliqués. Pour des

1. V. Regnault, *Mémoires de l'Acad. des sciences*, 1868, p. 435.

recherches plus précises, il faut donc faire agir les diapasons directement l'un sur l'autre, soit en amenant presque au contact les faces latérales d'une branche du premier et d'une branche du second, soit encore (ce qui est généralement moins avantageux) en approchant les deux branches de l'une des deux branches de l'autre ; dans ce dernier cas, les ondes produites entre les branches du premier diapason sont chassées entre les branches du second. Ce diapason qu'il s'agit d'influencer peut d'ailleurs, le plus souvent, rester monté sur sa caisse, cette disposition permettant de constater immédiatement la plus faible vibration.

Remarquons en passant, au sujet des phénomènes d'influence dans le cas de l'unisson, que chez les corps qui, une fois ébranlés, continuent de vibrer assez longtemps, comme les diapasons, ces phénomènes peuvent encore s'observer quand l'intervalle des deux sons s'éloigne déjà beaucoup de l'unisson. En effet, il suffit ici que le nombre et l'intensité des impulsions que reçoit le corps à influencer dans le temps où les phases des deux sons passent de l'égalité à l'opposition des signes, soient assez grands pour produire des écarts capables d'imprimer un mouvement persistant. Quelques expériences instituées avec des diapasons qu'on faisait ainsi agir l'un sur l'autre par l'intermédiaire d'un coussin d'air, en rapprochant leurs branches le plus possible, ont montré que la limite de l'écart à partir de l'unisson, où l'influence réciproque cesse d'être perceptible, est proportionnelle au nombre des vibrations des diapasons. En effet, l'intensité de la résonance était à peu près la même pour les diapasons marqués ut_3, ut_4, ut_5, ut_6, ut_7, quand l'écart à partir de l'unisson était respectivement 4,8,16, 32,64 v. s., c'est-à-dire de 1 v. s. pour 128.

La résonance des harmoniques peut être constatée nettement, à l'aide d'un diapason ut_2 (256 v. s.) dont les branches ont une épaisseur de 15^{mm}, jusqu'à l'harmonique 8 (ut_5); et l'on réussit même encore à faire résonner faiblement ce dernier, si, après le coup d'archet, on a laissé les amplitudes d'oscillation du diapason excitateur décroître jusqu'à 1 millimètre, de sorte que, même dans son voisinage immédiat, il est impossible de percevoir aucune trace d'harmoniques concomitants.

Puisque, dans ce cas, ni la méthode optique ni la méthode graphique ne permettent d'observer directement la moindre perturbation du mouvement pendulaire dans les vibrations du diapason, j'ai essayé de construire la courbe du mouvement que devrait

exécuter le diapason, si les harmoniques jusqu'au huitième existaient dans son timbre avec des intensités suffisantes, afin de
comparer d'abord à cette courbe, puis à une sinusoïde simple,
le tracé des vibrations du diapason, tel qu'on l'obtient en y
fixant un style rigide. ,

A cet effet, j'ai d'abord noté les amplitudes qu'acquièrent, sous
l'influence d'un diapason de 15^{mm} d'épaisseur, qui donne le son
fondamental ut_2 (256 v. s.), les vibrations d'une série harmonique
de huit diapasons. Il s'est trouvé que les vibrations du diapason ut^1
atteignaient à peu près le quart de l'amplitude de celles du diapason excitateur, et qu'ensuite l'amplitude diminuait toujours de
moitié, de chaque diapason au suivant. Excitées par des diapasons
à leur unisson, et de même épaisseur, les mêmes fourchettes atteignaient toujours des amplitudes à peu près égales à celles des diapasons excitateurs. Il ne s'ensuit pas cependant que le diapason
influencé puisse toujours dans tous les cas acquérir une amplitude d'oscillation égale à celle du diapason excitateur, car en faisant usage de deux fourchettes de 15^{mm} d'épaisseur, qui donnaient
l'ut_2, j'ai constaté que les vibrations du diapason influencé n'a-
vaient que la moitié de l'amplitude de celles du diapason excitateur. En revanche, l'un de ces diapasons, agissant sur un autre
diapason ut_2 dont les branches n'avaient que 7^{mm} d'épaisseur, lui
communiquait des vibrations dont l'amplitude dépassait même
un peu celle des vibrations du premier.

J'ai admis, en conséquence, que pour susciter les amplitudes
observées des diapasons harmoniques influencés par le diapason
ut_2, il aurait fallu des vibrations à leur unisson d'amplitude à peu
près égale et, les amplitudes relatives du son fondamental et de
ses harmoniques supposés se trouvant ainsi déterminées, j'ai pu
construire les courbes du mouvement vibratoire qu'on obtiendrait
en ajoutant successivement au son fondamental les harmoniques
depuis 2 jusqu'à 8. Ces tracés, que reproduit la figure 48, montrent que les bosses que produit l'adjonction des premiers harmoniques s'effacent de plus en plus à mesure que le nombre des harmoniques augmente, de sorte que, finalement, la courbe résultante a
l'aspect d'une ligne simplement ondulée, mais de forme asymétrique. Cette courbe, construite sur une échelle assez grande
(0^m,84), a été ensuite réduite par la photographie à l'échelle de la
figure 48. Avec les mêmes éléments, j'ai encore construit une courbe
semblable, d'amplitude moitié moindre, donnant par conséquent

la composition des mêmes sons avec des intensités moitié moins fortes; enfin une troisième courbe analogue, de même longueur

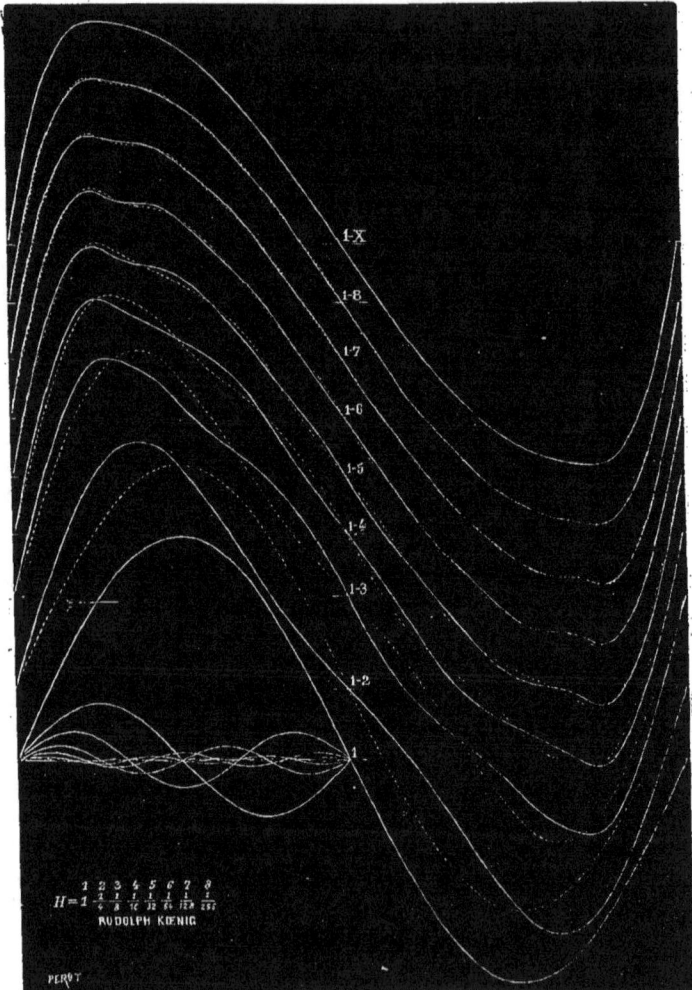

Fig. 48. Superposition d'une série de sinusoïdes qui représentent des sons harmoniques.

et de même hauteur, mais où l'écart entre le sommet de la courbe et celui de la sinusoïde simple est de moitié plus petit que dans la courbe précédente, de sorte qu'elle peut être considérée comme formée pour un son fondamental de même force et de sons supérieurs environ deux fois plus faibles. Les courbes 1 à 4 de la figure 49 représentent ces trois formes d'oscillations et une sinusoïde simple, réduites à l'échelle du tracé de mon diapason ut_2, qui est représenté par la courbe n° 5; le tracé n° 6 a été fourni par le même diapason sur un cylindre tournant plus lentement.

Comme le style aplati qui était fixé au diapason ne pouvait céder à aucune flexion dans le sens des vibrations, les tracés 5 et 6 peuvent être regardés comme représentant exactement la forme d'oscillation réelle du diapason, et il est visible qu'elle s'accorde

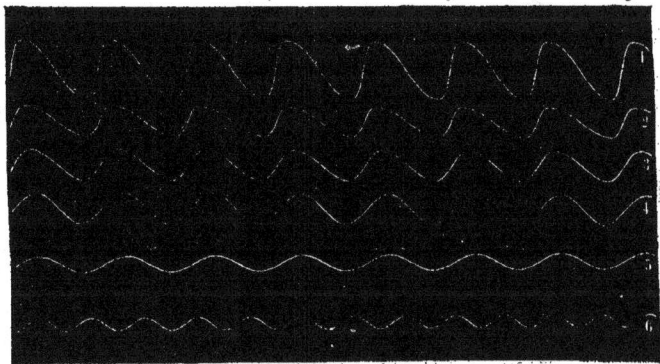

Fig 49. Vibrations d'un diapason inscrites en regard des courbes théoriques qui représentent un ton simple et deux sons fondamentaux accompagnés d'harmoniques. (Photogravure.)

beaucoup plus avec la sinusoïde simple (n° 4) qu'avec les courbes (1 — 3) qui représentent des timbres pourvus d'harmoniques, bien que dans la courbe n° 3 l'intensité des harmoniques ait été déjà prise bien au-dessous de ce qu'elle devrait être d'après les expériences citées plus haut.

Ce résultat ne confirme donc pas l'opinion que le mouvement vibratoire d'un fort diapason qui vibre sans produire des sons de subdivision pût s'écarter assez du mouvement pendulaire simple pour être regardé comme composé d'une série harmonique d'oscillations simples, d'une amplitude suffisante pour exciter les vibrations des diapasons harmoniques.

Encore moins soutenable est l'opinion émise par M. Preyer,

d'après laquelle le diapason exécuterait un mouvement où un certain nombre de subdivisions coexistantes produiraient toute la série des harmoniques.

« Je me représente la lame courbe, dit M. Preyer [1], comme composée de plusieurs lames qui vibrent en même temps, les unes avec deux, les autres avec un nombre plus grand de nœuds. » Cette opinion n'est pas seulement par elle-même contraire à tous les résultats que fournit l'expérience, puisque, sous le microscope du comparateur, tous les points de la surface d'un diapason paraissent toujours exécuter des mouvements identiques; elle ne pourrait même pas, si elle était exacte, expliquer la formation d'un timbre pourvu d'harmoniques, car les sons partiels d'une lame courbe n'appartiennent pas à la série harmonique; un faisceau de lames de même longueur, de même épaisseur et de même courbure ne donnerait donc pas non plus un timbre composé d'harmoniques, même en supposant qu'elles vibrent avec des nombres de nœuds différents [2].

A son tour, M. Bosanquet a essayé de ramener la résonance des harmoniques à une autre cause que l'influence directe du son fondamental, en admettant que le diapason lui-même exécute des vibrations pendulaires simples, mais que l'air les transforme en les propageant.

Afin de voir si cette transformation des vibrations du diapason par l'air ambiant se révèle à l'observation directe, j'ai examiné une série de tracés fournis par un diapason ut_5 qui, monté sur sa caisse et installé devant le paraboloïde du phonautographe, écrivait ses vibrations par l'intermédiaire du style fixé sur la membrane, à côté de celles d'un diapason semblable, appliqué directement contre le cylindre tournant; mais je n'ai pu découvrir aucune différence entre les deux sortes de tracés. J'ajouterai que j'ai obtenu des images identiques de mes flammes manométriques, soit que le diapason fût placé librement devant la membrane de la

---

1. Preyer. *Recueil de mémoires pysiologiques*, livr. 4, p. 20.

2. Il résulte d'un passage du mémoire de M. Preyer, qui malheureusement m'avait échappé, qu'il n'avait pas voulu expliquer l'origine des harmoniques, mais seulement la coexistence de sons de subdivision avec le son fondamental dans le diapason, en le supposant composé de plusieurs lames d'acier, qui vibraient avec différentes subdivisions ; mon observation, que ces lames ne pouvaient jamais produire la série des harmoniques, même si elles vibraient toutes séparément, n'avait donc pas de raison d'être; mais l'hypothèse en elle-même d'un tel mouvement chez le diapason ne reste pas moins inacceptable.

capsule, soit que l'une de ses branches fût mise en communication avec cette dernière par un fragment de caoutchouc interposé, de manière à lui transmettre directement ses vibrations. Il va sans dire que, dans ce cas, l'amplitude d'oscillation du diapason devait être notablement réduite, pour obtenir des images de même dimension que celles que donnait le diapason libre.

On pourrait objecter que la différence entre les vibrations primitives et les vibrations transformées est trop peu sensible pour être révélée par la méthode graphique ou par les flammes. Mais l'on va voir que le phénomène de la résonance des harmoniques sous l'influence du son fondamental n'est nullement lié à la transmission des vibrations par l'air. C'est ce que prouvent les expériences suivantes.

L'une des branches du diapason ut_2 ayant été reliée à l'une des branches du diapason harmonique par un fil très fin, de 1^m de longueur, on arrive, en déplaçant les deux diapasons, à tendre le fil de telle sorte qu'il vibre avec une série de nœuds nettement marqués pendant qu'on fait résonner l'ut_2. Dans ce cas, les fuseaux qu'il dessine entre les nœuds ne montrent aucune trace de déformation qui pût faire soupçonner l'existence d'harmoniques. Or, dans ces conditions, les diapasons harmoniques vibrent par influence (jusqu'au cinquième), soit que le fil se trouve tendu dans le sens même de leurs vibrations, ou dans le sens perpendiculaire; seulement avec cette dernière disposition, l'effet est un peu moins marqué. Comme le nombre des vibrations de l'ut_2 n'est altéré, par le poids et la tension du fil, que d'un peu moins d'un trentième de vibration simple, on ne peut guère supposer que le fil exerce aucune influence appréciable sur la forme des oscillations du diapason[1].

Quand le fil ne vibrait pas avec des nœuds parfaitement tranchés, les harmoniques résonnaient avec une force incomparable

[1]. On sait que M. A. M. Mayer (*American Journ. of science and arts*, 8 août 1874) a relié ainsi par des fils une série de diapasons harmoniques à une membrane qui vibrait sous l'influence d'un tuyau à anche, afin de décomposer le mouvement complexe de la membrane en ses éléments simples, par voie de résonance élective. Mais tout en admettant que, dans cette expérience, les sons partiels contenus dans le mouvement vibratoire de la membrane devaient ébranler les diapasons harmoniques plus fortement que s'il n'y avait eu que le son fondamental, on peut conclure des expériences rapportées plus haut que ce dernier seul eût déjà suffi à produire l'ébranlement. On ne serait donc pas à l'abri de toute erreur, en faisant usage de cette méthode pour analyser le mouvement vibratoire complexe d'un corps sonore.

ment plus grande ; le huitième était encore excité sans difficulté, et le quatrième résonnait aussi fortement que si le diapason eût été ébranlé par un coup d'archet. Il est clair que, dans ce cas, il se produisait dans le fil un mouvement très complexe, où devaient entrer les périodes des diapasons harmoniques, et qui mériterait d'être soumis à une analyse plus approfondie, qui pour le moment nous éloignerait trop de notre sujet.

Lorsqu'on faisait agir les diapasons l'un sur l'autre par l'intermédiaire d'une communication solide, en les vissant aux deux faces opposées d'une caisse de résonance, ou d'une planche, la résonance ne s'obtenait que jusqu'à l'harmonique 3, sans doute parce que les vibrations des queues ont beaucoup moins d'amplitude que celles des extrémités des branches.

J'ai encore étudié l'influence d'un diapason sur les diapasons de sa série harmonique par le moyen de la transmission téléphonique. Chaque diapason était disposé près d'un téléphone Bell, l'une des faces tournée contre l'aimant. Le diapason excitateur donnant l'ut_2, l'influence se manifestait nettement jusqu'au quatrième harmonique (ut_4), et pouvait encore être constatée pour le cinquième (mi_4), où l'intensité de la résonance frisait déjà la limite de la perceptibilité. En partant de l'ut_3, l'influence ne se manifestait nettement que jusqu'au troisième harmonique (sol_4), et très faiblement jusqu'au quatrième (ut_5). Dans les deux cas, on reculerait probablement les limites de la résonance, en disposant chaque diapason entre deux téléphones, de manière à agir sur les deux branches à la fois.

Il résulte de ces expériences que les vibrations d'un diapason, qui, autant qu'on puisse en juger par les méthodes d'observation connues, ne sont que des oscillations pendulaires simples, excitent toujours la résonance des sons de leur série harmonique, que la transmission ait lieu par l'air, par un corps solide, ou par l'intermédiaire d'un téléphone. Nous sommes donc placés dans l'alternative d'admettre que les vibrations pendulaires peuvent directement exciter la résonance des vibrations harmoniques, ou bien que cette résonance est provoquée par des sons partiels, à l'unisson des harmoniques, d'une intensité tellement faible qu'ils échappent à tous les moyens d'investigation. Ce qui ôte toute sa valeur à cette dernière explication, c'est qu'on ne comprend pas comment des sons aussi faibles pourraient, alors qu'ils accompagnent le son fondamental, produire des effets qui exigent d'ordinaire des sons d'une intensité nullement minime.

Après avoir étudié l'influence réciproque des vibrations sonores, j'ai pensé qu'il était intéressant de voir si les oscillations d'un pendule pouvaient également susciter des oscillations harmoniques. Voici la disposition à laquelle je me suis arrêté pour ces expériences.

La tige métallique T (fig. 50), lestée d'une sphère mobile du poids de 5 kilogrammes, était vissée à un crochet soutenu par deux pointes horizontales PP', qui formaient l'axe de rotation du pendule.

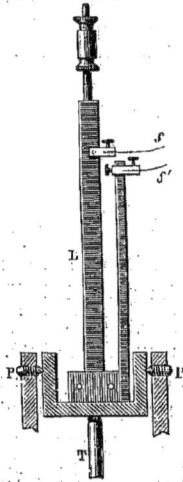

Fig. 50. Fixation d'une lamelle flexible et d'une baguette rigide au-dessus d'un pendule, qui portent des styles inscripteurs.

Ce crochet portait une pince destinée à maintenir une lame [d'acier L, dont le point d'attache se trouvait exactement dans l'axe de rotation PP', de sorte que la lame et le pendule oscillaient ensemble autour du même axe. A son extrémité libre, la lame était prolongée par une petite tige formant écrou, sur laquelle on pouvait visser des poids mobiles, choisis de manière à obtenir les périodes d'oscillation voulues. Cette lame était assez flexible pour pouvoir osciller seule, sans communiquer le moindre ébranlement au pendule très massif, qui, dans mes expériences, faisait toujours une oscillation simple par seconde. En dehors de la lame en ques-

tion, le crochet portait encore une petite tige rigide qui était en-
traînée par le mouvement du pendule. Cette tige, aussi bien que
la lame flexible, étaient munies de styles ss', destinés à enregistrer les oscillations du pendule et celles de la lame sur un cylin-

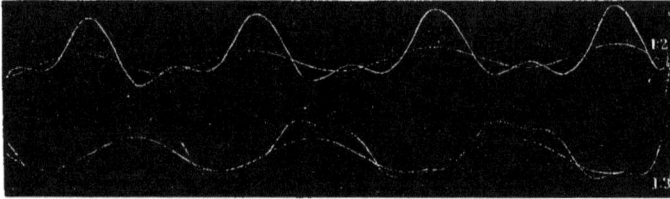

Fig. 51. Inscriptions des mouvements du pendule et de la lamelle flexible quand les deux sont
séparément mis en mouvement.

dre auquel un mouvement d'horlogerie imprimait une rotation
lente et suffisamment régulière.

Lorsque le pendule et la lame étaient ébranlés en même temps,
cette dernière prenait, comme on pouvait s'y attendre, un mouve-

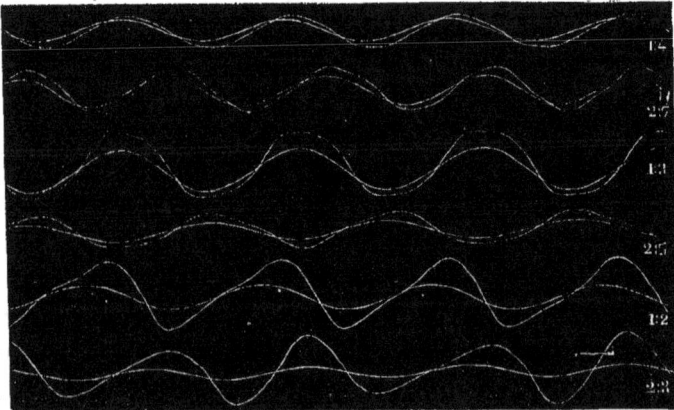

Fig. 52. Inscriptions des mouvements du pendule et de la lamelle flexible quand le pendule seul
est mis brusquement en mouvement.

ment complexe, formé de la réunion des oscillations propres de
la lame et de celles du pendule. On obtenait ainsi, pour les intervalles 1 : 2 et 1 : 3, les courbes de la figure 51.

Cette fusion des oscillations avait encore lieu, que l'intervalle fût harmonique ou non, toutes les fois que le pendule était ébranlé seul, mais en lui donnant tout de suite une grande amplitude; c'est ce qui s'obtenait en le tirant par un fil de sa position d'équilibre, et en brûlant le fil dès que la lame était revenue au repos. Les tracés de la figure 52 représentent les oscillations de la lame, dans ces conditions, pour les intervalles 2 :3, 1 : 2, 2 : 5, 1 : 3, 2 : 7, 1 : 4.

Les résultats, étaient très différents quand le pendule était ébranlé seul et de manière à passer progressivement d'une amplitude très petite à des amplitudes de plus en plus grandes. On y parvenait en disposant à une certaine distance de la tige du

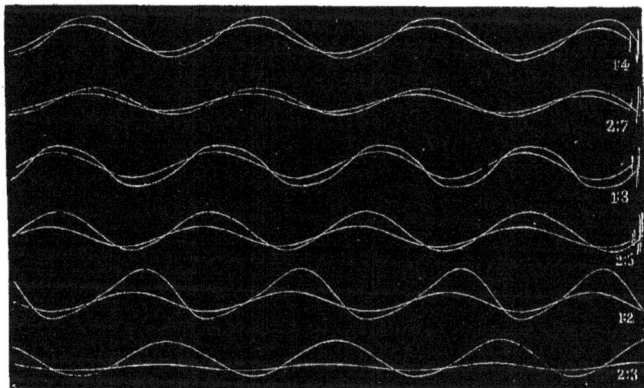

Fig. 53. Inscriptions des mouvements du pendule et de la lamelle flexible quand le pendule seul est mis en mouvement par des petites impulsions isochrones qui le font passer lentement du repos à une excursion convenable.

pendule, qui était en fer, un petit électro-aimant dans lequel un interrupteur, commandé par un pendule à secondes, lançait, de deux secondes en deux secondes, un courant d'une très faible durée. Lorsque, sous l'influence de ces impulsions périodiques, le pendule avait pris, au bout de quelques minutes, une amplitude suffisante, on l'abandonnait d'abord à lui-même pendant quelques secondes, puis on commençait à enregistrer ses oscillations et celles de la lame flexible. J'ai toujours constaté que, dans le cas des intervalles anharmoniques 2 : 3, 2 : 5, 2 : 7, la lame avait simplement suivi le mouvement du pendule, tandis que, dans le cas des intervalles harmoniques les oscillations propres de la lame avaient été également provoquées, comme le montre la figure 53.

Pour me mettre à l'abri de toute erreur, j'ai répété l'expérience un grand nombre de fois, mais j'ai toujours trouvé les même résultats. Au reste, l'aspect seul de la lame suffisait à faire immédiatement reconnaître la différence entre les modes de vibration relatifs aux intervalles harmoniques et aux intervalles anharmoniques. En fixant sur la lame un petit miroir, on pourrait mettre ces phénomènes en évidence par les méthodes de projection.

Dans les tracés originaux des figures 51, 52 et 53, chaque oscillation double du pendule occupait une longueur de 0^m,14. Ces tracés ont été d'abord réduits par la photographie, puis ensuite gravés. Comme les deux styles de la lame et du pendule se trouvaient à une petite distance l'un au-dessus de l'autre, comme le montrent les traces laissées par les styles sur le cylindre encore au repos (fig. 53, 2:5; 1:3; 2:7; 1:4), les tracés respectifs se trouvent légèrement déplacés l'un par rapport à l'autre. Dans les figures 52 et 53, les amplitudes d'oscillation de la lame excèdent de beaucoup celles du pendule, pour les intervalles étroits, parce que (à l'exception de l'intervalle 1:4) c'est toujours la même lame qui a servi pour tous les intervalles, et qu'il a fallu, par conséquent, la lester d'un poids d'autant plus lourd que ses oscillations devaient être plus lentes; or plus le curseur était lourd, et plus, à épaisseur égale, la lame devait s'incliner en oscillant.

XV

MÉTHODE POUR OBSERVER LES VIBRATIONS DE L'AIR
DANS LES TUYAUX D'ORGUE.

(*Annales de Wiedemann*, 1881.)

Lorsque, pour des recherches sur les vibrations de l'air dans les tuyaux d'orgue, on emploie des tuyaux de petites dimensions, on ne peut y introduire une menbrane ou tel autre appareil indicateur, sans troubler d'une manière sensible les mouvements de la colonne d'air; en outre, dans ce cas, les longueurs d'ondulation des sons partiels supérieurs sont déjà très petites; d'autre part, des tuyaux ordinaires de grandes dimensions, et surtout les tuyaux fermés, ne permettent pas de mettre un point quelconque de leur intérieur en communication très directe avec les instruments d'observation extérieurs ou bien avec l'oreille de l'observateur, tout en assurant constamment la fermeture hermétique de la colonne d'air. C'est pour éviter ces difficultés que j'ai imaginé l'appareil suivant.

Un grand tuyau d'orgue, de 2^m,33 de longueur et de 0^m,12 de largeur et de profondeur, est couché horizontalement dans une auge sur deux pieds à vis calantes qui permettent d'en assurer l'horizontalité.

La paroi inférieure présente dans toute sa longueur une fente large de 0^m,01 qui par le creux ménagé sous le tuyau communique avec l'espace vide qui reste entre ce tuyau et l'une des parois latérales de l'auge.

Que l'on verse maintenant de l'eau dans cette auge jusqu'à un certain niveau, la fente du tuyau se trouvera fermée par le liquide, et il suffira d'un petit tube de laiton recourbé pour mettre en communication très directe avec l'extérieur, à travers la fente et les

interstices remplis d'eau, un point quelconque de l'intérieur du
tuyau, qui pourra d'ailleurs être ouvert ou fermé à ses extrémités.
Cette disposition est indiquée dans la figure 55 qui représente la section du tuyau. Le tube de laiton est fixé contre un support, formé

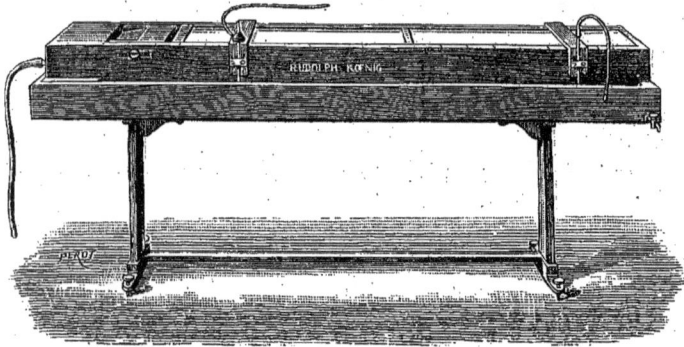

Fig. 54. Tuyau d'orgue à fermeture hydraulique.

de deux planchettes garnies de cuir et assemblées à angles droits,
qui peut glisser sans bruit tout le long de la paroi supérieure du
tuyau d'orgue. Cette paroi est formée presque entièrement de deux

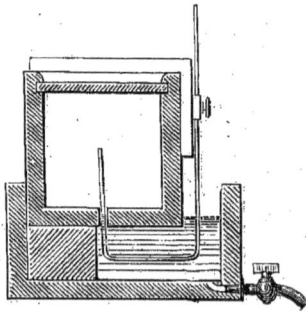

Fig. 55. Coupe transversale du tuyau d'orgue à fermeture hydraulique.

fortes glaces, qui laissent voir tout l'espace intérieur ; elle porte
en outre, dans toute sa longueur, une division qui commence au
noyau, et sur laquelle on peut lire directement la distance du support, et par suite celle du tube, comptée à partir du noyau. Sa

lèvre supérieure est mobile, et peut être fixée à une distance convenable de la lumière, pour obtenir, avec toute la force et toute la pureté possibles, un son partiel quelconque du tuyau. Les parois du tuyau sont vernies à l'extérieur et à l'intérieur, et celles de l'auge sont doublées de zinc. Un robinet permet de vider l'auge quand l'expérience est terminée.

En mettant en communication avec l'oreille, par un tube de caoutchouc, l'extrémité extérieure d'un tube de laiton recourbé de 5 millim. de diamètre, dont l'autre extrémité pénètre jusqu'au milieu de la section du tuyau d'orgue, et en promenant le support du tube tout le long du tuyau pendant que ce dernier donne un de ses sons partiels, on constate que le son s'enfle puissamment dans les nœuds, et qu'il s'affaiblit dans les ventres. Cependant la transition entre ces points d'intensité maxima et d'intensité minima n'est pas, comme on pourrait le croire, parfaitement continue. En effet, le son ne s'accroît graduellement, pour diminuer ensuite de la même manière, que dans l'intervalle compris entre deux ventres; mais dans les ventres mêmes la chute est très brusque, et l'affaiblissement très sensible; les sons partiels supérieurs notamment semblent y disparaître tout d'un coup. Aussi, tandis qu'il serait difficile de déterminer par l'oreille avec quelque précision les endroits des nœuds, la position des ventres se détermine ainsi avec la plus grande facilité et la plus grande précision.

Lorsque le tube d'exploration, par un mouvement de va-et-vient passe et repasse par un ventre, le renforcement subit du son, des deux côtés du ventre, s'entend comme des coups de cloche : on marque alors les deux points où se produit ce renforcement, et le milieu de leur intervalle indique la position du ventre. Pour les sons partiels de plus en plus élevés, ces deux points se rapprochent de plus en plus, l'intervalle diminuant en valeur absolue et en valeur relative, avec la longueur d'onde, et paraissant aussi de mieux en mieux marqué; l'écart étant, par exemple, de $0^m,14$ pour le deuxième son du tuyau ouvert, soit de $\frac{1}{4}$ ou $\frac{1}{7}$ de la demi-longueur d'onde, il ne sera plus que de $0^m,02$ pour le huitième son, c'est-à-dire d'environ $\frac{1}{6}$ de la longueur d'onde correspondante.

J'ai réuni dans le tableau I les résultats des observations que j'ai faites, à la température de 15°,5 c., avec une série de sons partiels du tuyau ouvert de $2^m,33$. Le tableau II renferme les observations concernant les sons partiels du même tuyau bouché, la longueur de colonne d'air étant alors de $2^m,28$; elles ont été faites à une température un peu plus élevée. Pour chacun de ces sons partiels, la lèvre supérieure était mise en position séparément, de manière à le produire d'une manière isolée et avec toute la pureté possible. Je dois cependant ajouter qu'en dépit de cette précaution il m'a toujours été difficile d'obtenir le septième son du tuyau ouvert avec la même pureté que le sixième ou le huitième, et que j'ai trouvé encore plus de difficultés à produire, avec la pureté et la durée désirables, le son 13 du tuyau bouché, tandis que les sons voisins 9 et 11, aussi bien que 15 et 17, étaient remarquablement beaux. Je n'ai pu découvrir la cause pour laquelle ces deux sons, qui ont à peu près la même longueur d'onde, se sont toujours montrés si rebelles.

Les nombres de vibrations des sons partiels du tuyau ouvert, aussi bien que du tuyau fermé, s'écartent assez sensiblement, et d'autant plus qu'ils sont plus élevés, des nombres théoriques sur lesquels ils sont en excès, et cet écart ne saurait être attribué au rétrécissement graduel de la bouche, qui aurait dû plutôt produire l'effet contraire.

Dans les deux tableaux, les lettres placées en tête des colonnes ont la signification suivante :

A. Numéro d'ordre du son partiel.
B. Pression sous laquelle on a fait parler le tuyau.
C. Distance entre la lèvre supérieure et la lumière.
D. Nombre des vibrations.
E. Distance des ventres, à partir de la lumière.
F. Intervalles des ventres.
G. Intervalle moyen des ventres.
H. Différence entre la distance E du premier ventre à la lumière et l'intervalle moyen des ventres G.
I. Différence entre la distance du dernier ventre à l'extrémité ouverte du tuyau, et l'intervalle moyen G.
J. Différence entre la distance du dernier ventre à l'extrémité bouchée du tuyau et la moitié de l'intervalle moyen G.
K. La vitesse de propagation du son, déduite de l'intervalle moyen des ventres et du nombre des vibrations.

Les positions des ventres indiquées dans ces tableaux sont généralement la moyenne de trois lectures, dont les écarts n'étaient le plus souvent que de quelques millimètres, rarement de $0^m,01$, une seule fois de $0^m,02$, et l'on voit aussi que les intervalles directement observés des ventres du même son ne diffèrent jamais entre eux ou de leur moyenne que de quantités très petites.

14

Dans les deux tableaux, le raccourcissement absolu de la première demi-onde des sons partiels diminue quand les sons s'élèvent, moins vite cependant que leur longueur d'onde, d'où il suit que ce raccourcissement relatif de la première demi-onde est d'autant plus grand que le son est plus élevé. Dans le tuyau ouvert, le raccourcissement relatif de la première demi-onde s'élève de 0,31 à 0,45 en allant du troisième son au huitième ; dans le tuyau fermé, il s'élève de 0,26 à 0,40 en allant du son 5 au son 17.

TABLEAU I.

A	B	C	D	E	F	G	H	I	K
	m.	m.	v. s.	m.	m.	m.	m.	m.	m.
III	0,04	0,27	376	0,620 1,520	0,90	0,90	0,28	0,09	338,40
IV	0,06	0,23	512	0,412 1,073 1,728	0,661 0,655	0,658	0,246	0,056	336,90
V	0,07	0,20	656	0,315 0,836 1,350 1,853	0,521 0,514 0,513	0,513	0,198	0,036	336,53
VI	0,08	0,17	800	0,263 0,688 1,110 1,537 1,962	0,425 0,422 0,427 0,425	0,425	0,162	0,057	340,00
VII	0,09	0,16	936	0,208 0,575 0,937 1,297 1,660 2,032	0,367 0,362 0,360 0,363 0,372	0,365	0,157	0,067	341,64
VIII	0,10	0,15	1080	0,173 0,488 0,808 1,122 1,438 1,750 2,059	0,315 0,320 0,314 0,316 0,312 0,309	0,314	0,141	0,043	339,12
									338,77

Tableau II.

A	B	C	D	E	F	G	H	I	K
	m.	m.	v. s.	m.	m.	m.	m.	m.	m.
V	0,05	0,28	332	0,765 1,800	1,035	1,035	0,270	0,075	343,62
VII	0,06	0,22	476	0,516 1,222 1,930	0,706 0,708	0,707	0,191	0,007	336,53
IX	0,07	0,18	620	0,367 0,905 1,465 2,015	0,538 0,560 0,550	0,549	0,182	0,019	340,38
XI	0,08	0,16	768	0,275 0,730 1,170 1,620 2,070	0,455 0,440 0,450 0,450	0,449	0,174	0,029	344 83
XIII									
XV	0,09	0,16	1048	0,180 0,510 0,832 1,150 1,480 1,805 2,125	0,330 0,322 0,318 0,330 0,325 0,320	0,324	0,144	0,014	339 55
XVII	0,11	0,15	1198	0,170 0,450 0,730 1,010 1,295 1,580 1,860 2,145	0,280 0,280 0,280 0,285 0,285 0,280 0,285	0,282	0,112	0,012	337,84
									340,46

Quant au raccourcissement de la dernière demi-onde, à l'extrémité du tuyau ouvert, ce n'est qu'avec les premiers sons, c'est-à-dire avec les plus graves, dont les longueurs d'onde diffèrent beaucoup, qu'on peut reconnaître que sa valeur absolue diminue, tandis que sa valeur relative augmente avec l'élévation des sons, ensuite les différences deviennent si faibles que les plus petites erreurs d'observation suffisent pour en masquer la loi.

En ajoutant, pour chaque son, le raccourcissement de la première et celui de la dernière demi-onde, on trouve que, pour le son 3, cette somme est égale à $0^m,37$, ou bien aux 0,411 de la demi-longueur d'onde; elle descend pour le son 8, à $0^m,184$, ce qui représente les 0,59 de la demi-longueur d'onde.

Il n'y a d'exception à cette diminution graduelle de la somme H + I que pour le son 7, pour lequel d'ailleurs tous les nombres notés sont un peu moins sûrs, à cause de la difficulté déjà mentionnée de le produire avec pureté et de le faire durer.

D'après Wertheim, la somme des raccourcissements qui ont lieu aux deux extrémités d'un tuyau devrait être indépendante de la longueur du tuyau, et par suite, sans doute, aussi de la longueur d'onde des divers sons partiels du même tuyau, en supposant, il est vrai, que la bouche a toujours la même largeur; mais il paraît peu probable que le faible rétrécissement que la bouche a subi, dans mes expériences, d'un son partiel au suivant, ait pu être la cause, ou du moins la cause unique, des variations de la somme en question.

Ce qui peut surprendre, c'est que, dans le tuyau fermé, le dernier quart d'onde, compris entre le nœud de l'extrémité fermée et le dernier ventre, a été constamment trouvé un peu plus court que la moitié de la moyenne des autres demi-longueurs d'onde du même son partiel. Le raccourcissement n'est pas très sensible, mais cependant trop marqué pour être expliqué par l'incertitude de la position du dernier ventre. On admettra difficilement, d'une part, que les erreurs d'observation aient été toujours commises dans le même sens; et il est visible, d'autre part, que le dernier ventre se trouve, pour tous les sons partiels étudiés, en position concordante avec celle des autres ventres du même son; il faudrait d'ailleurs que l'erreur commise dans la détermination du dernier ventre eût été, pour tous les sons, beaucoup plus grande que ne permettent de le supposer les limites des écarts des autres déterminations.

Si, au lieu de faire communiquer l'extrémité libre du tube d'exploration avec l'oreille, on la fait déboucher dans une petite cavité fermée par une capsule manométrique, on peut rendre visibles à l'œil, au moyen d'une flamme, les résultats précédemment obtenus par l'oreille. L'aspect de la flamme ne laisse pas non plus reconnaître avec certitude les endroits des nœuds, où elle vibre le plus fortement, tandis que la position des ventres peut encore être déterminée avec une très grande précision. En effet, à une très petite distance du ventre, on aperçoit encore dans l'intérieur de la flamme un trait lumineux, qui disparaît dans le ventre même, et qui reparaît aussitôt que ce dernier a été dépassé. Le ventre est situé au milieu du très petit intervalle où la flamme cesse de présenter le trait lumineux et semble ne plus vibrer du tout.

Une série de déterminations de la position des ventres, que j'ai faites par l'observation des flammes, offre un accord si complet avec les moyennes obtenues par l'oreille, que je n'ai pas cru nécessaire de répéter toutes les déterminations par la seconde méthode.

Pour les recherches qui demandent une grande précision, il y a lieu d'employer de petites flammes de $0,^m015$; mais pour les expériences de cours, on pourra les prendre d'une hauteur double. En promenant la flamme tout le long du tuyau, on la voit, même d'une distance considérable, devenir subitement très lumineuse à chaque ventre, tandis que dans les intervalles elle reste bleue et beaucoup moins visible. Il va sans dire qu'on pourra aussi, à l'aide de plusieurs flammes, mettre en évidence l'état vibratoire de l'air tel qu'il existe simultanément en plusieurs points du tuyau, les tubes de laiton qui pénètrent dans la colonne d'air occupant trop peu de place pour altérer d'une manière perceptible les vibrations de cette colonne.

Je n'avais pas eu l'intention de faire, à cette occasion, des déterminations très précises de la vitesse de propagation du son, et ce n'est que plus tard que j'ai eu l'idée d'examiner les nombres fournis directement par les longueurs d'onde et les nombres de vibrations observés, sans avoir égard aux autres conditions; je ne m'étais donc pas attaché à déterminer les nombres de vibrations avec la dernière précision, ce qui aurait sans doute augmenté l'accord des valeurs obtenues pour cette vitesse. Néanmoins les valeurs trouvées avec le tuyau ouvert, à la température de 15^o5, sont comprises entre $336^m,53$ et $341^m,64$, moyenne $338^m,77$; et celles obtenues avec le tuyau fermé à une température un peu plus élevée, entre $336^m,53$ et $344^m,83$, moyenne $340^m,46$. On voit que les résultats sont assez exacts pour que l'appareil puisse être employé avec avantage à la détermination directe de la vitesse du son par la longueur d'onde et le nombre de vibrations dans un cours public. Comme les sons 4, 5, 6, 8 du tuyau sont voisins des notes ut_3, mi_3, sol_3, ut_4, pour lesquelles on trouve des diapasons dans presque tous les cabinets de physique, il sera toujours facile d'en déterminer les nombres de vibrations avec une assez grande approximation, et la longueur d'une ou de plusieurs demi-ondes peut être mesurée sous les yeux de l'auditoire par le simple déplacement de deux flammes.

Une membrane libre des deux côtés, que l'on introduit dans l'intérieur d'un tuyau d'orgue, vibre, comme on sait, dans les ventres, parce que le mouvement de l'air s'y fait dans le même sens en avant et en arrière de la membrane, et elle reste en repos dans les nœuds, parce qu'elle y reçoit, sur ses deux faces, des pressions agissant en sens opposé. Il n'en est pas de même d'une membrane dont une seule face est exposée à la pression de la colonne d'air vibrante, l'autre étant protégée par une capsule à fond solide; dans ce cas, c'est l'influence des changements de pression qui se fait sentir davantage, et la membrane vibre fortement dans les nœuds, où l'air est périodiquement comprimé et dilaté, tandis qu'elle reste presque tranquille dans les ventres, où la densité de l'air change fort peu. Deux membranes tendues sur un anneau, de manière à former un tambour plat, vibreront par conséquent dans tous les points d'une colonne d'air sonore, dans les ventres sans différence de phase, et dans les nœuds avec une différence de phase d'une vibration simple.

Si d'abord on fait communiquer l'intérieur du tambour par le tube de laiton, avec une capsule manométrique placée en dehors du tuyau, on constate que la flamme donne les mêmes indications que lorsque le tube débouche directement dans le tuyau ; les vibrations sont seulement plus fortes dans les nœuds, parce que les deux membranes offrent à la pression une surface plus large ; mais, comme dans les ventres les vibrations de la flamme sont aussi faibles qu'en l'absence des membranes, il est clair que les membranes y vibrent de manière que le volume d'air contenu entre elles reste toujours le même. J'ai pensé qu'il serait intéressant de mettre en évidence le changement de la différence de phase des deux membranes, qui a lieu en passant d'un ventre à un nœud, et j'y suis parvenu au moyen de la disposition suivante, représentée en section dans la figure 56.

En dehors du tube de raccord (a) qui sert à fixer le tambour à l'extrémité du tube d'exploration, et par lequel on y fait entrer le courant de gaz, il porte encore deux petits tubes recourbés (b, b')

qui pénètrent jusqu'au centre de la cavité en traversant deux
montures hermétiques (c, c′). Deux vis micrométriques permettent
de les placer de manière que leurs orifices touchent les centres
des deux membranes, qui les ferment comme feraient des soupapes. Ces deux tubes communiquent avec un bec de gaz à l'extérieur, où ils conduisent un jet de gaz emprunté au tambour toutes
les fois que les membranes laissent les orifices à découvert, ensemble ou tour à tour.

Comme dans les nœuds les deux membranes sont poussées en
même temps vers l'intérieur du tambour à chaque compression,
et tirées au dehors à chaque dilatation, de sorte que, pendant
chaque vibration complète les deux orifices sont simultanément
ouverts une fois et fermés une fois, on pouvait s'attendre à voir,
dans le miroir tournant, une série de flammes hautes et également espacées. Dans les ventres au contraire, on pouvait s'attendre à voir le nombre des images doublé, puisque, au même

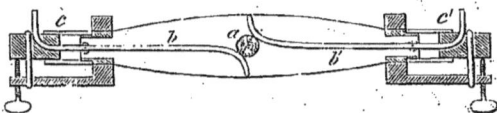

Fig. 56. Tambour indicateur des phases des vibrations de l'air dans le tuyau d'orgue, au moyen
de flammes de gaz.

moment où l'une des membranes vient fermer l'un des orifices,
l'autre laisse le second orifice à découvert deux fois pendant une
vibration complète. La pression de plusieurs centimètres d'eau,
avec laquelle le gaz d'éclairage dans la capsule tend les membranes en dehors, est la cause que cette prévision n'a pu être
complètement justifiée par l'expérience, car il s'est trouvé que,
dans les nœuds, aux moments où le mouvement des membranes
est renversé, la dilatation de l'air ambiant n'a pas assez de force
pour les tirer encore plus en dehors et les détacher en même temps
des deux orifices où elles restent comme collées. Mais cette circonstance même fait que les flammes à soupapes deviennent des
indicateurs d'une merveilleuse sensibilité pour la détermination
directe des nœuds, qui, ainsi que je l'ai dit, ne peut se faire d'une
manière très précise ni par l'oreille, ni par les flammes manométriques ordinaires, et encore moins, ajouterai-je, au moyen des
membranes libres.

Il faut, à l'aide des vis micrométriques, amener les deux tubes au contact des membranes de telle sorte que le bec de gaz, alimenté par un seul des tubes, ne présente plus qu'un globule bleu, et qu'alimenté par les deux tubes à la fois, il montre une petite flamme bleue à pointe jaune. Cette petite flamme s'allonge déjà visiblement, des deux côtés du nœud, quand le déplacement n'atteint pas encore 0^m,003, de sorte que, par exemple, pour le son 6 du tuyau ouvert, j'ai trouvé immédiatement l'intervalle de tous les nœuds égal à 0^m,425, valeur identique à la demi-longueur d'onde moyenne déduite de la position des ventres.

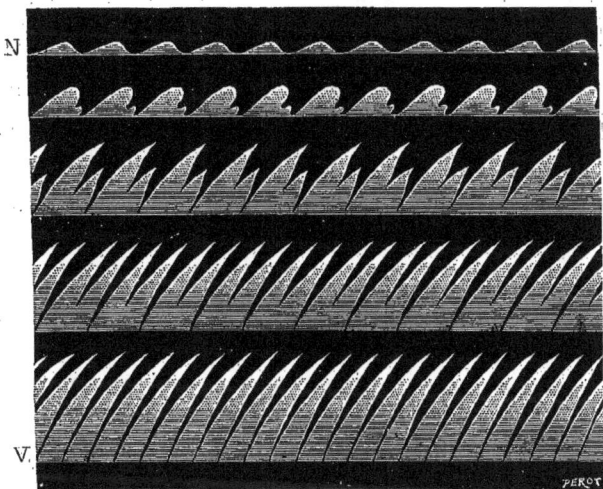

Fig. 57. Images des flammes indiquant les différentes phases des vibrations de l'air dans un tuyau d'orgue, d'un nœud jusqu'à un ventre.

Dans le miroir tournant, cette petite flamme présente, à l'endroit précis du nœud, une ligne lumineuse à peine ondulée, mais dont la sinuosité s'accuse dès qu'on s'écarte un peu du nœud, en même temps qu'on voit apparaître la trace d'une seconde petite onde à côté de la première. Ensuite on voit naître deux flammes accouplées, de hauteurs inégales, qui peu à peu deviennent égales et finissent par se séparer, de manière qu'elles forment alors une série de flammes également espacées. Lorsqu'on a dépassé le ventre, les mêmes aspects se reproduisent dans l'ordre inverse jusqu'au nœud suivant. Entre deux nœuds, la flamme atteint une hauteur de 0^m,03.

Tels sont les phénomènes que l'on observe dans la plupart des cas; mais il arrive aussi, dans le voisinage des ventres, que les flammes, au même endroit, se montrent tantôt de même hauteur, tantôt de hauteur un peu différente, accouplées ou bien séparées, ce qui tient évidemment à l'extrème sensibilité de l'appareil, qui est influencé par les plus petites variations de la pression dans la conduite qui fournit le gaz. Cette sensibilité des flammes à soupape n'est nullement gênante pour les expériences, car si l'on remarque qu'au passage d'un nœud la flamme reste plus haute et plus brillante que lorsqu'elle a été réglée, il suffit de l'amener à l'extrémité du tuyau et de la ramener à la hauteur normale par les vis micrométriques.

Pour que ces expériences réussissent bien, il faut que le tuyau rende un son fort et pur, et qui ne soit pas un des sons partiels trop graves; j'ai obtenu les meilleurs résultats avec les sons situés au-dessus de l'ut_5.

XVI

REMARQUES SUR LE TIMBRE.

(*Annales de Wiedemann*, 1881.)

I

Harmoniques et sons partiels.

Parmi les sons dans lesquels peut être décomposée la masse sonore qui émane d'un corps vibrant, il faut distinguer les harmoniques et les sons partiels. Ces derniers prennent naissance lorsque le corps en question exécute simultanément plusieurs modes de vibration qu'il peut aussi adopter séparément, tandis que les harmoniques sont dus à la décomposition en mouvements pendulaires simples des oscillations imparfaitement pendulaires du même corps exécutant un seul mode de vibration. Les sons partiels et les harmoniques se distinguent, quant à leur nature, en ce que les harmoniques représentent toujours la série des nombres entiers dans toute sa pureté, tandis que les nombres de vibrations des sons partiels ne font, en réalité, que se rapprocher plus ou moins de leurs valeurs théoriques. Cette différence essentielle entre les deux espèces de sons peut être constatée dans tous les corps sonores, que leurs sons partiels soient anharmoniques, ou théoriquement représentés par des nombres de la série harmonique.

Pour s'assurer de la pureté absolue des intervalles harmoniques des sons dont se compose le timbre des corps exempts de sons partiels, par exemple celui des anches libres, il suffit de désaccorder de la valeur d'un battement deux sons fondamentaux à l'unisson, et de compter les battements des sons supérieurs.

On constate alors que la fréquence de ces derniers augmente exactement dans le rapport des nombres exprimant l'ordre de ces sons. De même, en observant les harmoniques de même ordre dans le concours de deux sons fondamentaux accordés exactement à l'unisson, on les trouve toujours, eux aussi, exactement à l'unisson. Au contraire, cette méthode d'observation étant appliquée à des sons partiels, on reconnaît dans tous les cas qu'ils s'écartent des valeurs que leur assigne la théorie.

Des exemples de sons partiels anharmoniques sont fournis par les diapasons et les plaques. Dans ces deux cas, on remarque toujours que les sons partiels ne sont dans des rapports absolument fixes ni avec le son fondamental, ni entre eux, car les sons partiels de même rang de deux diapasons dont les sons fondamentaux sont à l'unisson donnent toujours des battements plus ou moins rapides. De même, lorsqu'on a mis exactement à l'unisson les sons de deux plaques correspondant à la même figure, il se trouve encore qu'elles ne vibrent plus à l'unisson pour d'autres figures.

Des sons partiels qui théoriquement coïncident avec des harmoniques se rencontrent d'abord dans tous les tuyaux d'orgue; mais dans les tuyaux ouverts comme dans les tuyaux fermés, ils s'écartent notablement des nombres de la série harmonique, en laissant reconnaître une surélévation qui augmente progressivement avec l'élévation de leur rang, par rapport aux nombres de cette série. Déjà Wertheim a fait remarquer qu'en déterminant le son fondamental d'un tuyau par l'un de ces sons partiels on obtient toujours, pour le premier, un nombre d'autant plus grand qu'on a fait usage d'un harmonique plus élevé. J'ai trouvé moi-même, avec un tuyau de 2^{m},33 de longueur et de 0^{m},12 de largeur et de profondeur, que l'excès du huitième son partiel sur l'harmonique correspondant s'élevait déjà à près d'une seconde, de sorte qu'il coïncidait presque avec l'harmonique 9.

Les sons partiels des cordes coïncident aussi, théoriquement, avec les harmoniques, et ici encore on constate des écarts de la pureté absolue des intervalles, qui, à la vérité, sont très faibles pour des cordes métalliques longues et minces, et ne peuvent être observés qu'avec difficulté. En effet, la corde, abandonnée à elle-même après avoir été excitée, parcourt presque toujours une orbite elliptique, d'où résultent des variations d'intensité du son, qui rendent à peu près impossible la détermination de diffé-

rences de hauteur très petites par le moyen des battements avec un
diapason auxiliaire, et le même mode de mouvement se prête
mal à l'observation au moyen du microscope du comparateur
optique. Il n'en est plus de même lorsqu'il s'agit de cordes qui
remplissent moins bien les conditions théoriques d'un fil élastique
sans épaisseur, telles que les cordes à boyau des instruments
musicaux. Prenons encore un fil d'acier très mince, de 1ᵐ de longueur, et fixons à peu près au tiers de sa longueur une boulette
de cire de la grosseur d'une tête d'épingle ; cette faible irrégularité
artificielle produira déjà une altération sensible des intervalles
harmoniques des sons partiels, et si, ayant accordé une autre
corde d'acier à l'unisson de celle-ci, nous excitons dans les deux
cordes des sons partiels de même rang, nous constatons qu'ils
battent d'une manière très distincte ; de même, après avoir mis à
l'unisson deux sons partiels de même rang, nous trouverons que
les sons fondamentaux ne sont plus d'accord. Or les irrégularités
qui existent dans la forme aussi bien que dans la densité des
cordes à boyau sont toujours beaucoup plus sensibles que cette
irrégularité locale que nous avons provoquée artificiellement
dans une corde d'acier ; car entre les deux moitiés d'une corde de
violon on constate souvent des différences d'un demi-ton et même
d'un ton entier. Il est donc permis de supposer que dans les cordes
à boyau des instruments musicaux les sons partiels s'éloignent
toujours sensiblement des intervalles harmoniques purs. Quand
le son fondamental d'une telle corde est accompagné d'un des
sons partiels, la forme du mouvement vibratoire de la corde
devra donc éprouver un changement continuel, et c'est ce qu'on
observe en effet, si l'on inscrit ce mouvement d'une manière directe.

    La figure 7 reproduit une inscription de ce genre. Elle a été
obtenue avec une corde d'acier dans laquelle avaient été excités
simultanément le son fondamental et l'octave ; ces deux sons ne
s'éloignaient ici que très peu de l'intervalle juste, mais cependant déjà assez pour montrer nettement le changement progressif
de la différence de phase. Afin de faciliter l'insertion dans le
texte de la longue ligne qui représente cette inscription, on l'a
découpée ici en cinq tronçons superposés. D'autres exemples de
la transformation progressive du mouvement vibratoire de cordes
qui donnent simultanément plusieurs de leurs sons propres, se
rencontrent parmi les nombreuses inscriptions des mouvements

de cordes excitées par l'archet qui ont été publiées par M. A. Neumann[1].

Or, si, comme le montrent toutes ces inscriptions, l'existence simultanée du son fondamental et d'un ou plusieurs sons partiels provoque, dans les cordes qui ne satisfont pas aux conditions d'une corde idéale, des mouvements vibratoires qui changent continuellement de forme, il s'ensuit évidemment que, dans le cas où les vibrations successives de ces cordes ne présentent pas de tels changements, mais s'écartent néanmoins de la forme d'une sinusoïde simple, cet écart ne peut être attribué à la coexistence d'une série de sons partiels, et que la corde doit vibrer dans toute sa longueur sans subdivisions.

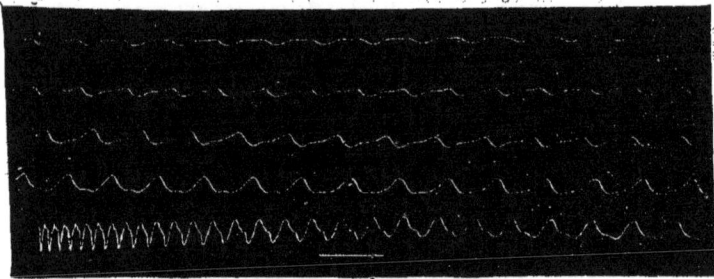

Fig. 7. Inscription des vibrations d'une corde donnant le son fondamental et l'octave.

En général, les vibrations d'un corps qui n'émet qu'un seul de ses sons propres, s'écarteront d'autant plus de la vibration pendulaire simple, et son timbre se composera, en conséquence, d'harmoniques d'autant plus nombreux et plus forts, que les amplitudes de ses oscillations seront plus considérables par rapport à sa section transversale. Ainsi les harmoniques des diapasons ne peuvent s'observer que lorsque ces derniers ont des branches longues et minces et qu'ils vibrent avec des amplitudes relativement très grandes; tandis que, dans les diapasons courts, à branches épaisses, les harmoniques sont si faibles qu'il devient impossible de les constater. Les cordes faisant d'ordinaire des oscillations d'une amplitude très grande relativement à leur épaisseur, et l'effet de l'archet qui les excite devant y produire un mouvement vibratoire bien différent d'un mouvement pendulaire,

1. *Bulletin de l'Acad. des sciences de Vienne*, 1870, t. I, fig. 1-4.

il n'y a rien d'étonnant à ce que leur timbre renferme presque
toujours des harmoniques nombreux et d'une grande intensité,
qui ne doivent pas plus être confondus avec les sons partiels, que
les harmoniques très forts qui existent dans le timbre d'une anche
libre ne sont dus à une subdivision quelconque de l'anche. Cela ne
veut point dire, évidemment, que les vibrations des sons partiels
ne puissent accompagner dans les cordes celles du son fondamental, et contribuer, pour une large part, à leur timbre ; grâce à
la facilité avec laquelle les cordes un peu longues adoptent un
mode vibratoire avec subdivisions, c'est même ce qui arrivera très
souvent, surtout lorsque les cordes sont frappées ou pincées.
Cependant les considérations qui précèdent montrent que l'on ne
doit pas confondre ces sons avec les harmoniques qui résultent
de la décomposition en vibrations pendulaires simples des vibrations qui répondent à un seul son propre de la corde, ainsi qu'on
le fait habituellement.

II

Influence de la différence de phase des harmoniques sur le timbre.

Si le timbre n'était produit que par le concours des sons partiels
d'un corps vibrant, il n'y aurait pas lieu de s'occuper spécialement
de l'influence des différences de phase, le changement continuel
des différences de phase entre les sons composants étant précisément ce qui caractériserait un pareil mélange de sons. Mais les
harmoniques dans lesquels se décomposent les vibrations isolées
qui s'éloignent des vibrations pendulaires forment des intervalles
parfaitement purs, et c'est là ce qui fait l'importance de la
question de l'influence des différences de phase pour la théorie du
timbre, car il est clair que, si cette influence existe, l'hypothèse
qui avait cours avant les travaux de M. Helmholtz sur ce sujet, et
d'après laquelle le timbre dépend de la forme des vibrations,
devra être conservée, tandis que, si cette influence n'existe pas,
on sera obligé de la modifier comme l'a fait M. Helmholtz, en
admettant que le même timbre peut résulter de formes très diverses, pourvu seulement que ces formes, décomposées en vibrations pendulaires simples, donnent les mêmes sons élémentaires,
avec les mêmes intensités.

Déjà dans le cas de deux sons à l'unisson, où l'influence de la différence de phase est telle, qu'elle peut détruire toute la masse sonore, on sait qu'il faut recourir à des dispositions particulières, très délicates, pour rendre le phénomène d'interférence nettement observable, et si on voulait l'étudier avec un plus grand nombre de sons, par exemple en faisant résonner ensemble huit diapasons à l'unisson, on obtiendrait des résultats d'une netteté douteuse. Lorsqu'il s'agit de recherches sur l'influence de la différence de phase dans le concours de toute une série de sons harmoniques, il sera encore plus nécessaire de se placer dans les conditions les plus favorables, qui permettent d'observer les différences de phase les plus propres à mettre en évidence l'influence dont il s'agit ici. Ajoutons que, si les différences de timbre qu'on veut étudier sont peu sensibles, il faudrait, pour bien faire, les étudier, non pour un seul son fondamental, mais pour toute une série de sons fondamentaux, car la faculté de l'oreille de percevoir de légères différences de timbre ne se manifeste guère que si l'expérience est faite sur une suite de sons composant une mélodie. Que l'on joue, par exemple, le même air sur deux violons de qualité très différente, la différence de timbre deviendra immédiatement très sensible, tandis qu'on aura de la peine à la constater en tirant une seule et même note des deux instruments. De même les différences de timbre d'une série de tuyaux d'orgue accordés pour le même son fondamental, mais appartenant à des registres différents, paraîtront souvent insignifiantes, ce qui n'empêche pas que ces registres n'aient un caractère sensiblement différent dans l'exécution d'un morceau. Notre jugement du timbre dépend donc de conditions analogues à celles qui interviennent dans le jugement de la hauteur de sons d'une très courte durée, comme ceux des morceaux de bois, qui, jetés par terre les uns après les autres font nettement entendre la gamme, tandis qu'il faut déjà une oreille très exercée pour reconnaître la note propre de chaque morceau isolé.

Que la différence de phase des harmoniques doive exercer une influence sur le timbre, c'est ce qui résulte déjà de ce seul fait, que les intervalles harmoniques troublés font entendre des battements, quelle que soit d'ailleurs l'origine qu'on assigne à ces derniers.

En effet, l'oreille qui perçoit les battements d'un intervalle harmonique reçoit une impression qui change périodiquement; or le

concours de deux sons harmoniques, qui ne donne jamais naissance à des sons de battements, ne peut produire cette impression
que si les deux sons changent périodiquement d'intensité, soit
ensemble, soit tour à tour, ou bien si l'un des deux éprouve seul
de tels changements. Dans les deux derniers cas, les rapports d'intensité entre les deux sons, et par suite le timbre, changeraient
continuellement pendant un battement en même temps que la différence de phase; et si c'était un changement périodique simultané
des deux sons qui fût la cause de l'impression reçue, le timbre
pourrait bien rester le même pendant toute la durée du battement, en supposant qu'il ne fût composé que de ces deux sons,
mais il changerait aussitôt qu'à ces sons il s'en ajouterait un
troisième dont l'intensité resterait constante pendant que les deux
autres feraient des battements. M. Helmholtz, à la vérité, en parlant du changement de timbre qui s'observe pendant un battement de deux sons qui forment une octave légèrement inexacte,
n'y voit « qu'une exception purement apparente » à la règle établie
par lui, d'après laquelle la différence de phase est sans influence
sur le timbre, « puisque ce changement peut se ramener à un
changement d'intensité de l'un des deux sons [1]; mais si le timbre
dépend précisément de l'existence des harmoniques et de leur intensité relative, et si cette intensité relative est modifiée par la
différence de phase, il est clair que l'influence de cette dernière
sur le timbre n'est pas seulement apparente, mais très réelle.
D'après ce qui vient d'être dit, il ne s'agit donc plus de chercher
si la différence de phase peut exercer une influence sur le timbre,
mais seulement de déterminer cette influence et de voir ce qu'elle
peut être suivant les circonstances, et jusqu'à quel point l'oreille
est capable de l'apprécier.

   L'emploi de diapasons avec des tuyaux de résonance rencontre
ici de grandes difficultés, parce que, même en suivant la règle
donnée par M. Helmholtz [1], il est malaisé d'évaluer avec quelque
certitude la différence de phase des deux sons, que l'on fait naître
en désaccordant les tuyaux de résonance. Ces règles se fondent,
en effet, sur l'hypothèse que le mouvement des diapasons eux-mêmes a toujours lieu sans différence de phase, et n'est jamais influencé par les résonateurs, hypothèse qui ne paraît pas à l'abri
de toute contestation. Les expériences que j'ai faites à cet égard

---

1. Helmholtz, *Théorie physiol. de la musique*, p. 163.

n'ont pas été assez étendues pour mettre aussi complètement en lumière la loi générale du mode de mouvement d'un électro-diapason sous l'influence d'un résonateur plus ou moins désaccordé, que mes expériences antérieures ont permis de le faire pour l'action qu'une masse d'air résonnante exerce sur un diapason qui vibre librement ; mais elles suffisent à démontrer l'existence d'une pareille influence, ainsi qu'on le verra par l'exemple suivant.

Un électro-diapason ut_3 que l'on observait à l'aide du microscope d'un comparateur ut_2, qui vibrait librement, se trouvait exactement à l'octave de ce dernier quand le résonateur disposé immédiatement derrière le diapason restait fermé ; mais dès qu'il était ouvert, on voyait l'amplitude des vibrations du diapason diminuer brusquement de près de moitié, et en même temps la figure optique commençait à tourner, et même assez rapidement, de manière qu'elle avait accompli un demi-tour en six secondes, puis de moins en moins vite, de sorte qu'au bout de vingt secondes elle avait fait environ $\frac{3}{4}$ de tour, après quoi elle revenait au repos. Le résonateur ayant été alors fermé de nouveau, les vibrations du diapason reprenaient leur amplitude primitive, sans qu'on pût constater une rotation quelconque de la figure (par exemple en sens contraire).

La première idée qui se présente à l'esprit serait de supprimer les résonateurs et de conduire les sons des deux diapasons directement à l'oreille par deux tuyaux de même longueur, qu'il suffirait d'allonger convenablement pour obtenir une différence de phase voulue, comme dans l'appareil d'interférence bien connu. Mais, sans compter que ces tuyaux pouvaient, à l'occasion, jouer le rôle de résonateurs, l'oreille placée à l'extrémité d'un tel conduit ne reçoit pas des ondes de propagation qui défilent devant elle, mais, dans le cas où la longueur du tuyau est égale à un nombre impair de demi-longueurs d'ondulations, il s'y produit toujours des ondes fixes, et l'oreille se trouve alors dans un nœud, d'où il résulte que le même son est perçu dans ce cas avec une intensité beaucoup plus grande que lorsque le tube rentrant occupe d'autres positions ; on ne peut donc modifier la longueur du conduit sans altérer en même temps l'intensité du son. Pour s'en convaincre, il suffit de disposer un diapason ut_4 devant l'une des extrémités du tube à glissant de l'appareil d'interférence déjà cité, et de mettre l'extrémité opposée en communication avec l'oreille par un tuyau de caoutchouc ; en modifiant la longueur du. conduit, on découvre aisément les positions où l'intensité est maxima, et l'on constate que ces positions sont espacées d'environ 0^m,32.

Pour toutes ces raisons, il vaut mieux, dans les recherches concernant l'influence de la différence de phase des sons supérieurs sur le timbre, remplacer les électro-diapasons munis de résonateurs par la sirène à ondes.

Ainsi que je l'ai expliqué dans un précédent travail [1], la sirène à ondes est destinée à produire dans l'air un mouvement ondulatoire déterminé, par le moyen d'une courbe, représentant la loi de ce mouvement, qui, découpée dans le contour d'une bande de métal, glisse sur la fente étroite d'un porte-vent, et l'allonge ou la raccourcit périodiquement suivant la loi qu'elle exprime. Un timbre composé d'une série d'harmoniques déterminée peut donc être produit, soit en exécutant d'avance la composition des sinusoïdes qui correspondent à ces harmoniques et en soufflant contre la courbe ainsi obtenue, soit en construisant les sinusoïdes simples qui correspondent à chacun de ces harmoniques, et en soufflant simultanément contre les courbes en question, de manière à produire en même temps les divers harmoniques qu'il s'agit de combiner.

Pour toutes les courbes que j'ai construites en vue des expériences d'après la première méthode, la longueur de la sinusoïde du son fondamental était de 0^m,84, les courbes résultant de la composition des harmoniques ont été ensuite réduites par la photographie aux dimensions convenables. Ces courbes, découpées dans le contour de bandes de laiton qui s'appliquaient sur des roues, tournaient devant les fentes de porte-vent en communication avec un vaste réservoir d'air et pouvant être ouverts à volonté en appuyant sur des touches.

Dans les figures 58, 59, 60, chaque ligne horizontale contient, réduites à une échelle plus petite, quatre courbes obtenues par la composition des mêmes sinusoïdes harmoniques, coïncidant respectivement à l'origine, au quart, à la moitié et aux trois quarts de leur longueur; dans ce qui suit, je distinguerai ces quatre cas en disant simplement que la différence de phase est 0, $\frac{1}{4}$, $\frac{1}{2}$, $\frac{3}{4}$. Au-dessous de chaque courbe sont indiqués, avec leurs intensités res-

---

1. *Sur l'origine des battements et des sons de battements des intervalles harmoniques*, p. 157.

pectives (J) les harmoniques qui correspondent aux sinusoïdes
dont elle a été composée. Dans la figure 59 c, d, la lettre H si-
gnifie la hauteur absolue des sinusoïdes combinées.

Toutes les courbes ont dû, nécessairement, être découpées dans
les bandes de façon que leurs sommets devenaient des creux, et
les creux des sommets, puisque ce sont les creux qui, en décou-
vrant les fentes, produisent les maxima d'intensité des ondes
aériennes, tandis que les parties saillantes les rétrécissent et produisent les minima. En ne tenant pas compte de ce renversement
des courbes, on peut facilement se tromper d'une vibration simple dans l'évaluation de la différence de phase, de manière à confondre, par exemple, une combinaison de sinusoïdes à phases $\frac{1}{4}$ avec
une combinaison à phase $\frac{3}{4}$.

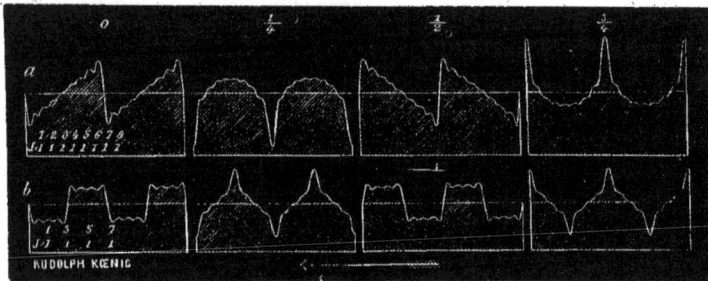

Fig. 58. Courbes résultant de la superposition de sinusoïdes qui représentent des sons harmoniques
de même intensité.

En n'associant d'abord au son fondamental que l'octave, avec
une intensité égale, on obtient le son le plus fort pour la diffé-
rence de phase $\frac{1}{4}$, le plus faible pour la phase $\frac{3}{4}$, les intensités
moyennes correspondant aux phases 0 et $\frac{1}{2}$.

En combinant les huit premiers harmoniques, avec des intensités égales (fig. 58 a), les différences d'intensité et de timbre
deviennent encore plus sensibles pour les quatre phases en question. La masse sonore a le plus de force et d'éclat pour la
phase $\frac{1}{4}$, le moins de force et le plus de douceur pour la phase $\frac{3}{4}$,
les phase 0 et $\frac{1}{2}$ correspondent toujours à des qualités moyennes.

Dans la combinaison des sons 1,3,5,7, avec intensités égales
(fig. 58 b), la forme des ondes est la même pour les différences de
phase 0 et $\frac{1}{2}$, et pour les différences $\frac{1}{4}$ et $\frac{3}{4}$. Dans ce dernier cas,

on obtient un son fort et nasillard, dans le premier, un son très
faible, plus doux et moins nasillard.

On conçoit qu'il n'est pas facile de donner une description exacte
et claire de ces différences de timbre; mais on peut, faute de mieux,
comparer le timbre variable du même son fondamental à telles
voyelles, dont la ressemblance avec le timbre en question est aisément constatée lorsqu'on cherche à le reproduire en chantant.

Ainsi le timbre obtenu par la combinaison des harmoniques
1,3,5,7 pouvait, pour une certaine hauteur du son fondamental,

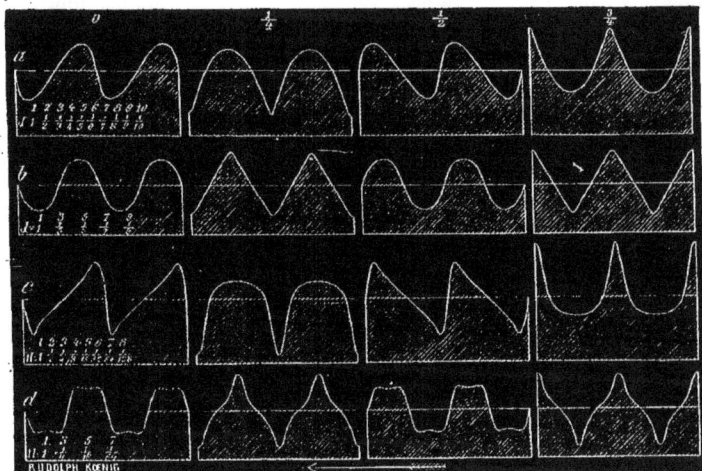

Fig. 59. Courbes résultant de la superposition de sinusoïdes qui représentent des sons harmoniques
dont l'intensité décroît régulièrement.

être comparé à un Æ, qui se rapprochait d'un É quand la différence
de phase était zéro, et d'un A quand elle était $\frac{1}{4}$.

Des timbres comme ceux qui viennent d'être étudiés, où tous
les harmoniques ont la même intensité que le son fondamental,
ne sont probablement jamais produits directement par les corps
sonores que l'on rencontre dans la nature; lorsqu'on a besoin de
les employer en musique, on se les procure en produisant simultanément une série de sons harmoniques, comme dans les registres mixtes de l'orgue.

Ce ne sont donc pas, à proprement parler, des timbres, mais
plutôt des mélanges de sons. Il arrive très souvent, au contraire,

que les corps sonores naturels produisent des timbres où l'intensité des harmoniques décroît régulièrement suivant une loi déterminée ; c'est le cas des anches qui ne sont pas surmontées de tuyaux de résonance, des cordes qui ne donnent qu'un seul de leurs sons propres, des diapasons à branches longues et très minces, qui vibrent avec de grandes amplitudes.

Les courbes qui résultent de la combinaison des sinusoïdes correspondant à une telle série de sons, d'intensité régulièrement décroissante, deviennent toujours finalement des lignes ondulatoires d'un aspect très simple, qui montent et descendent périodiquement. L'échelle considérable à laquelle j'ai construit les épures de mes courbes, m'a forcé d'aller jusqu'à l'harmonique 11 quand l'intensité des harmoniques était supposée en raison inverse de leur rang (figure 59 a); pour approcher pratiquement de cette forme simple de la courbe résultante[1]. Mais en diminuant toujours de moitié les intensités relatives des harmoniques successifs, la forme simple était déjà pratiquement réalisée en arrivant au son 6. La courbe obtenue par cette dernière combinaison n'a pas été indiquée dans la figure 59 parce qu'elle diffère si peu de la précédente (figure 59 a), que, vu la petitesse de l'échelle, la différence eût été à peine visible.

Ces combinaisons d'harmoniques d'intensité décroissante ont encore présenté, comme les mélanges d'harmoniques d'intensités égales, le maximum de force et d'éclat pour la différence de phase $\frac{1}{4}$, le minimum pour la différence $\frac{3}{4}$, les différence 0 et $\frac{1}{2}$ correspondant aux qualités moyennes.

Avec les courbes figure 59 c, obtenues par la composition d'une série de 8 sinusoïdes harmoniques dont l'amplitude absolue diminue de moitié d'un harmonique au suivant, on arrive à des résultats tout semblables, c'est-à-dire que les phases $\frac{1}{4}$ et $\frac{3}{4}$ correspondent respectivement au maximum et au minimum de force et d'éclat.

Les timbres figure 59 b et e, composés exclusivement d'harmoniques de rang impair, ont plus de force et d'éclat pour la différence de phase $\frac{1}{4}$ ou $\frac{3}{4}$ que pour la phase 0 ou $\frac{1}{2}$.

Une troisième catégorie est formée par les sons complexes où les

---

1. Les figures 60, 61, 62, 63, sont les réductions obtenues par la photogravure, des tableaux originaux, qui montrent la formation des courbes des figures 60 a et b, par la superposition des sinusoïdes.

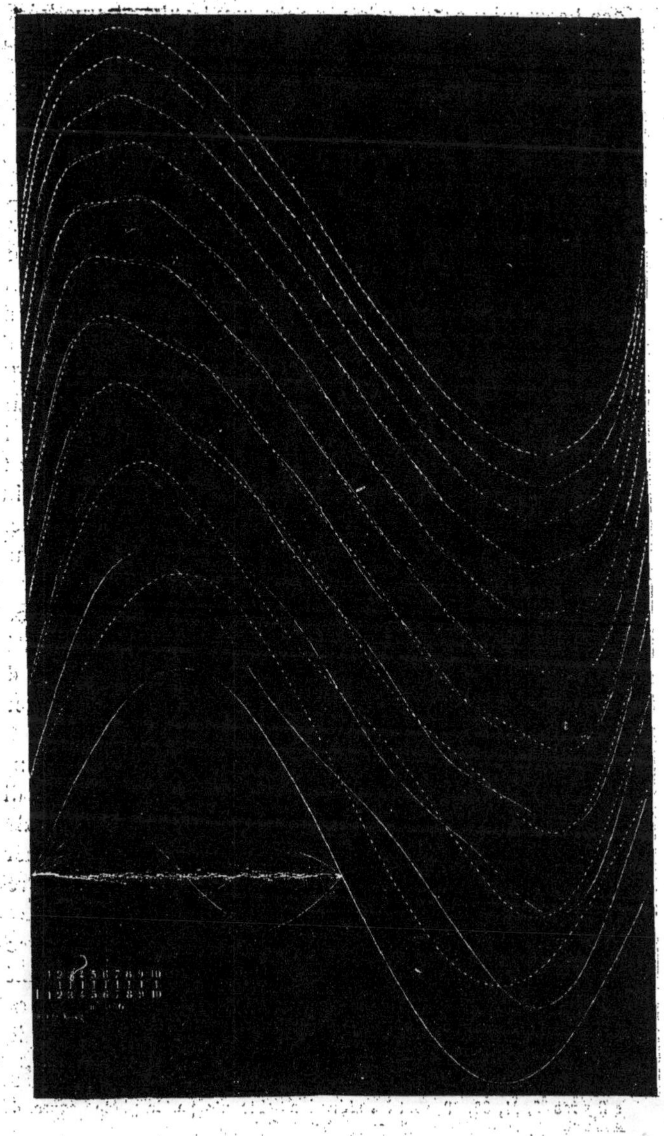

Fig. 60. Superposition d'une série de sinusoïdes qui représentent des sons harmoniques sans différence de phase.

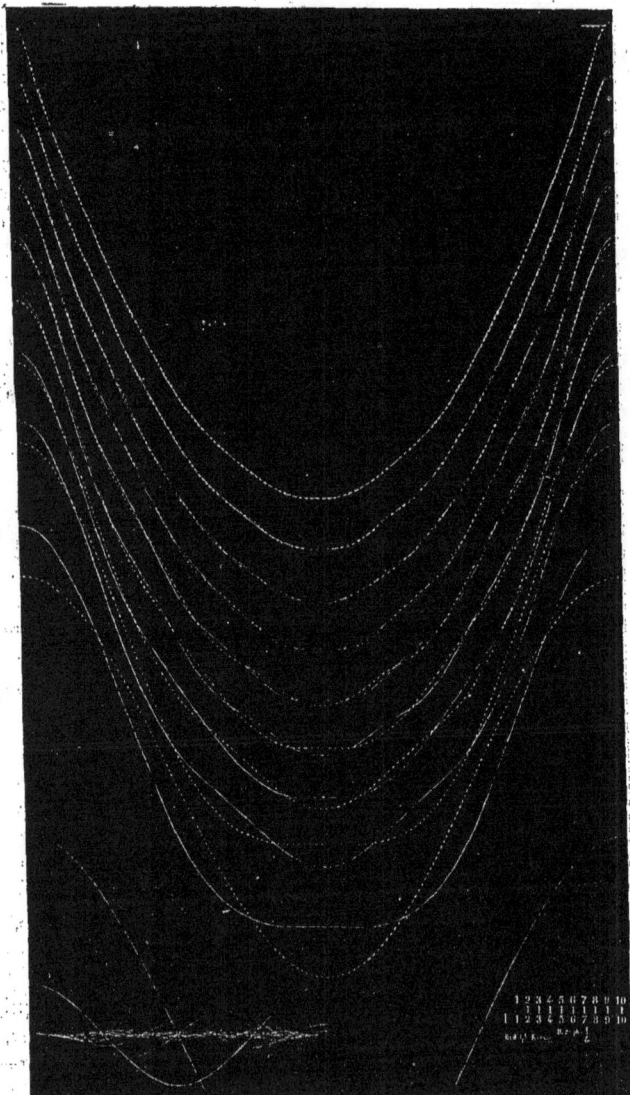

Fig. 61. Superposition d'une série de sinusoïdes qui représentent des sons harmoniques, avec différence de phase 1/4.

harmoniques, au lieu d'offrir des intensités régulièrement décrois-
santes, sont alternativement plus forts et plus faibles.

Cette espèce de sons n'est pas d'ordinaire produite directement
par les corps vibrants, mais résulte plutôt du renforcement acci-
dentel de quelques termes d'une série d'harmoniques régulière-

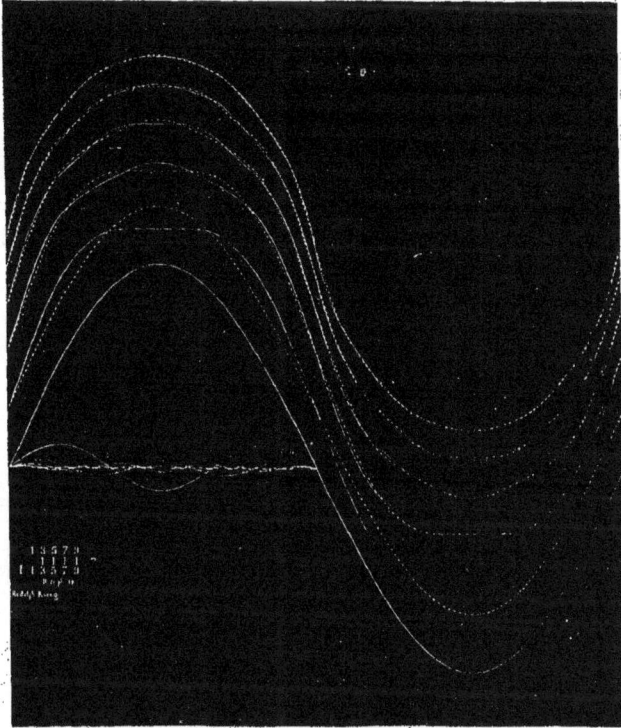

Fig. 62. Superposition d'une série de sinusoïdes qui représentent des sons harmoniques impairs,
sans différence de phase.

ment décroissante par la résonance d'un corps étranger; c'est ce qui
a lieu, par exemple, pour les tuyaux à anche munis de pavillons,
ou pour la voix humaine qui, née dans le larynx, est modifiée par
la résonance de la masse d'air confinée dans la cavité buccale. A
ces sortes de sons complexes répondent les courbes a, b, c (fig. 64),

pour la construction desquelles j'ai attribué aux harmoniques les

Fig. 63. Superposition d'une série de sinusoïdes qui représentent des sons harmoniques impairs, avec différence de phase 1/4.

intensités qu'ils possèdent, d'après M. Auerbach, dans les timbres des voyelles OU, O, A, le son fondamental étant l'ut_2, à savoir, l'intensité totale de la masse sonore étant prise égale à 100,

OU, *fig.* 65 a.	Harmoniques	1	2	3	4	5	6	7		
	Intensités	27	25	14	22	7	4	1		
O, *fig.* 65 b.	Harmoniques	1	2	3	4	5	6	7	8	
	Intensités	9	16	36	14	12	9	4	1	
A, *fig.* 65 c.	Harmoniques	1	2	3	4	5	6	7	8	9
	Intensités	5	7	12	20	15	30	7	4	1

Je n'ai étudié ces trois timbres qu'avec les différences de phase 0 et $\frac{1}{4}$, et j'ai toujours trouvé le son plus fort et plus strident pour la

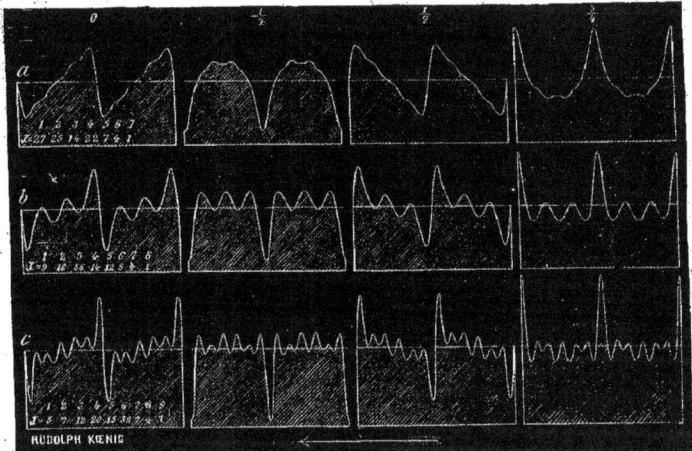

Fig. 64. Courbes résultant de la superposition de sinusoïdes qui représentent des sons harmoniques dont l'intensité ne suit pas une loi régulière.

phase $\frac{1}{4}$ que pour 0; cependant la différence n'était pas également sensible dans les trois cas; elle était le plus sensible dans le premier cas, et le moins dans le dernier.

J'ajouterai, en passant, que les trois courbes en question m'ont donné des résultats insuffisants quant à la reproduction des voyelles. Seule la courbe figure 65 c a donné un A assez bien caractérisé, quand le son était émis d'une manière brève, saccadée, et en prenant pour son fondamental non pas l'ut_2, mais une note située entre le fa_2 et le sol_2.

Pour la reproduction de ces expériences, on pourra se servir

avec avantage d'un appareil à trois roues et six courbes découpées,
dont quatre représentent la composition des mêmes huit harmo-
niques, avec les différences de phase 0, $\frac{1}{4}$, $\frac{1}{2}$, $\frac{3}{4}$, et deux la composition des harmoniques 1, 3, 5, 7, avec les différences de phase 0 et $\frac{1}{4}$
(fig. 65). On peut alors, d'une part, observer les changements de
timbre qui résultent des différences de phase seules, et de l'autre,
comparer entre eux deux timbres composés d'harmoniques différents. Les six tubes munis de porte-vent qui servent à souffler
contre les courbes sont fixés sur un sommier commun au-dessus
de tiroirs qui permettent de les ouvrir et de les fermer à volonté,

Fig. 65. Sirène à ondes pour l'observation des différents timbres produits par le concours des mêmes harmoniques combinés sous différentes phases.

et il n'est pas nécessaire de conserver à ce réservoir d'air les
grandes dimensions que je lui avais données en vue de mes recherches.

Comme le montrent les figures 59, 60, 65, la composition d'une
série de sinusoïdes harmoniques produit souvent des lignes d'une
pente très raide, presque droites, et l'on pourrait, pour cette rai
son, être porté à croire que la forme des ondes aériennes, telles
qu'elles sont produites par cette méthode, ne devait pas exactement répondre aux courbes contre lesquelles on dirige les porte-
vent. Mais les bandes découpées ne s'approchent pas des fentes
assez près pour qu'elles puissent en réalité faire obstacle à l'écou-

lement de l'air, même aux moments du passage des sommets les plus élevés, et il semble que les petits changements de pression qui pourraient en résulter dans le réservoir soient pratiquement négligeables. Cette objection contre la précision de la méthode est

Fig. 66. Appareil pour les recherches sur le timbre des sons par la synthèse.

d'ailleurs écartée complètement, si les sons complexes qu'ils'agit d'étudier sont obtenus par la combinaison d'harmoniques qu'on produit séparément au moyen de leurs sinusoïdes respectives.

Le premier appareil que j'ai construit d'après ce principe, avec seize sons simples, pour les recherches sur le timbre, dans les

années 1867 et 1868, devait être mû par un mouvement d'horlogerie ; il avait donc fallu donner beaucoup de légèreté à la partie
tournante, qui consistait dans un cylindre creux, percé d'ouvertures dont les contours étaient découpés en sinusoïdes, et je l'avais
exécutée en aluminium ; dans l'appareil nouveau, la légèreté a été
sacrifiée à la solidité indispensable. Il est représenté dans la
figure 66, sans le support où se trouvent le volant, la manivelle et
la pédale.

Les sinusoïdes qui représentent les seize premiers harmoniques
sont découpées dans les contours de seize anneaux de laiton dont
les diamètres vont en croissant du premier au dernier, et qui sont
fixés, à de petites distances les uns des autres, sur un cône de
fonte à gradins, vissé lui-même sur un axe. Le mouvement de
rotation fait passer ces courbes devant les fentes des porte-vent,
dont elles reçoivent le jet d'air. On obtient ainsi des sons simples,
tant que les fentes restent dans leur position primitive, c'est-à-
dire dirigées suivant le rayon, et des sons complexes dont le son
fondamental est accompagné d'une série d'harmoniques d'intensité régulièrement décroissante, lorsque les fentes sont dans une
position inclinée.

Les porte-vent sont montés sur une plaque où ils peuvent
glisser dans des rainures concentriques, pour obtenir des différences de phase quelconques entre les divers harmoniques. On les
déplace à l'aide de plaques découpées en forme de peigne qu'on
fixe sur un levier qui peut tourner autour du centre de l'appareil,
et contre les dents desquelles les porte-vent sont pressés par des
rubans de caoutchouc. Le levier étant amené à un certain niveau,
tous les porte-vent se trouvent placés dans les situations respectives déterminées d'avance par la forme du peigne.

Les porte-vent communiquent avec un sommier par des tuyaux
de caoutchouc qui n'empêchent pas leurs déplacements, et le courant d'air qui est envoyé dans les tuyaux en appuyant sur les
touches du clavier, traverse, dans l'intérieur du sommier, des
trous que des tiroirs permettent de fermer plus ou moins complètement afin de régler à volonté l'intensité des sons.

Pour donner plus de force au son fondamental, qui, produit par
une seule fente, paraît d'autant plus faible qu'il est plus grave, on
peut diriger le vent contre sa sinusoïde non seulement par une
fente disposée comme les autres, mais encore par quatre tubes

fixés sur un même sommier qui communique directement à la
soufflerie par un tuyau spécial.

On peut obtenir des sons qui s'écartent des intervalles harmoniques et permettent d'imiter les sons partiels, en fixant les porte-
vent sur un levier mobile autour du centre de l'axe de l'appareil,
et en faisant marcher ce dernier dans le sens de la rotation des anneaux, si l'on veut baisser les sons des courbes contre lesquelles
on souffle, ou en sens contraire, si l'on veut les élever.

L'appareil est monté sur un solide support en fonte, et mis en
mouvement à l'aide d'un volant que l'on fait tourner à la main par
une manivelle, ou bien en appuyant le pied sur une pédale. On
commence par le faire tourner très doucement à la main, puis on
augmente progressivement la vitesse de rotation jusqu'à ce que
les sons aient atteint la hauteur voulue ; il devient alors facile de

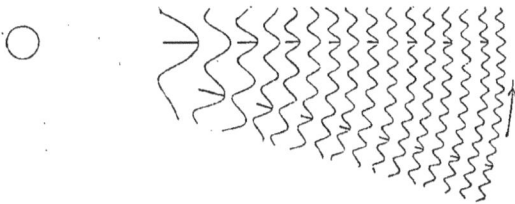

Fig. 67. Position des fentes porte-vent devant les sinusoïdes de l'appareil (fig. 66) pour la
composition des sons avec différence de phase 3/4.

maintenir cette vitesse au moyen de la pédale, et l'on réussit
même à la conserver remarquablement constante, grâce au poids
considérable du cône de fonte.

Rien n'empêche d'ailleurs d'employer tout autre moteur pour
mettre l'appareil en rotation.

La figure 67 montre la disposition primitive des fentes, sur deux
rayons, en regard des sinusoïdes des harmoniques de rang pair
et de rang impair. Lorsque le cône est tourné de manière qu'en
regard de la fente du son fondamental, qui ne change jamais de
place, il se trouve un sommet de la sinusoïde, toutes les autres
fentes se trouvent également en regard de sommets, et seront par
conséquent fermées aux mêmes instants, de sorte que les sons
coïncideront aux $\frac{3}{4}$ de leurs ondulations.

Veut-on faire coïncider les maxima de compression pour tous
les harmoniques, on n'a qu'à tourner le cône de manière que la

fente du son fondamental arrive en regard d'un creux de la sinusoïde découpée ; les fentes de tous les harmoniques de rang impair
alors se trouvent également en regard d'un creux des courbes correspondantes, et seront par conséquent ouvertes en même temps
que celle du son fondamental. Les fentes de rang pair, restées en
place, se trouveraient au contraire, au même instant, en regard

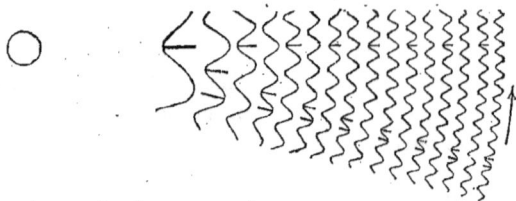

Fig. 68. Position des fentes porte-vent devant les sinusoïdes de l'appareil fig. 66, pour la
composition des sons avec différence de phase 1/4.

d'un sommet de leurs courbes, et seraient par conséquent fermées ;
il faudra donc les faire avancer chacune d'une demi-longueur
d'ondulation, jusqu'aux points marqués sur la fig. 48. Ce déplacement opéré, tous les harmoniques coïncident au $\frac{1}{4}$ de leurs ondulations.

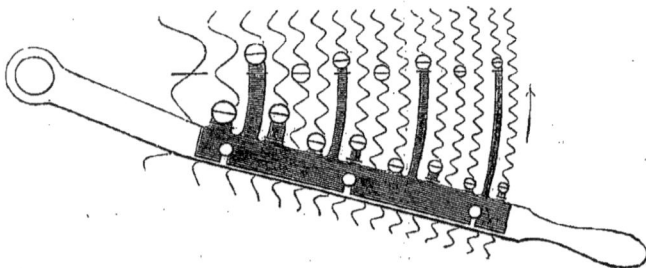

Fig. 69. Position des fentes porte-vent devant les sinusoïdes de l'appareil fig. 66, pour la
composition des sons avec différence de phase 0.

S'il s'agit d'annuler la différence de phase de tous les sons, la
première fente ayant été mise en regard de l'origine de la première
courbe, il n'y aura, parmi les autres fentes, que la cinquième, la
neuvième et la treizième, qui se trouveront déjà dans les positions
convenables ; toutes les autres devront être avancées jusqu'aux
points marqués sur la figure 69, où se trouve aussi représenté le
peigne préparé pour cette expérience, avec le levier qui le porte.

En renversant le sens de la rotation, on aurait, avec la même distribution des fentes, la combinaison des mêmes sons qui répond à la différence de phase $\frac{1}{4}$. Mais pour faciliter la comparaison des timbres du même son complexe correspondant aux différences 0 et $\frac{1}{2}$, il faut que les fentes puissent encore être amenées de la disposition précédente à celle qui est indiquée dans la figure 70.

Les fentes de rang impair ont ici les mêmes positions que pour la différence 0, on n'aura donc à déplacer que les fentes de rang pair ; ce déplacement a été indiqué pour les fentes 8, 12 et 16 en avançant d'une longueur d'ondulation entière les points où il faudrait les amener strictement pour les mettre en position pour la différence $\frac{1}{2}$; c'est que, si l'on commence par mettre toutes les fentes en position pour la différence 0, en fixant le peigne de la fig. 69 sur la plaque-support, ce dernier cache les trois points en

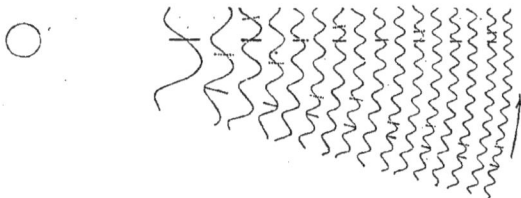

Fig. 70. Position des fentes porte-vent devant les sinusoïdes de l'appareil fig. 66, pour la composition des sons avec différence de phase 1/2.

question, et on ne pourrait pas, au moyen d'un peigne disposé pour la différence $\frac{1}{2}$ et fixé sur le levier, amener les trois fentes à ces mêmes points.

Si d'abord on n'associe au son fondamental que l'octave seule, la masse sonore a le plus d'intensité pour la différence de phase $\frac{1}{4}$, et en même temps on dirait qu'il y a dans son caractère quelque chose de plus grave, comme si le son fondamental y dominait davantage ; l'intensité est minimum pour la phase $\frac{3}{4}$. Si l'on fixe l'attention sur l'octave pendant qu'on exécute le changement de phase, on la trouve à peu près de même intensité pour les différences de phase $\frac{1}{4}$ et $\frac{3}{4}$, mais sensiblement plus faible dans les positions intermédiaires.

Les sons complexes formés exclusivement d'harmoniques de rang impair, dont les intensités peuvent être quelconques, ont toujours plus de force et d'éclat pour les différences de phase

¼ et ¾ que pour 0 et ½; mais on ne remarque aucune différence entre les timbres correspondants aux phases 0 et ½, pas plus qu'il n'y en a entre ceux qui correspondent aux phases ¼ et ¾. Ce fait n'a en soi rien qui ne soit prévu, puisque dans ces cas les courbes résultant de la composition des harmoniques sont identiques, comme le montrent les figures 59 *b*, 60 *b*, *d*; mais il n'est pas sans importance parce qu'il prouve le degré de confiance qu'on peut accorder à l'appareil employé.

Les sons complexes composés d'harmoniques appartenant à la série des nombres pairs et à celle des nombres impairs, ont une intensité minima pour la différence de phase ¾, et un maximum d'intensité et d'éclat pour la différence ¼, résultat qui s'accorde avec celui que nous avons obtenu en soufflant contre les courbes représentant le timbre complet.

Les sons correspondant aux phases 0 et ½, qui se rangent entre les extrêmes représentés par les phases ¼ et ¾, sous le double rapport de l'intensité et de l'éclat ou de la stridence, ne paraissent pas être non plus tout à fait identiques entre eux, comme on aurait dû s'y attendre, puisqu'ils sont représentés par la même courbe, tournée seulement en sens opposés (fig, 59, 60, 65). Dans les expériences faites avec les courbes du timbre complet, la différence en question m'avait paru douteuse, et ce que j'en apercevais semblait pouvoir être attribué à quelques imperfections de l'appareil employé. Mais parmi les sons complexes très nombreux composés d'harmoniques séparés, que j'ai pu étudier avec le second appareil, beaucoup ont présenté, en passant brusquement de la phase 0 à la phase ½, une différence fort sensible qui ne pouvait s'expliquer par une imperfection de l'appareil. En effet, en supprimant d'un coup tous les harmoniques de rang pair et en répétant l'expérience avec les harmoniques impairs seuls, on ne retrouvait plus trace de la différence en question. Il semblerait donc que l'action sur l'oreille ne soit pas la même, si un maximum de compression produit brusquement dans l'onde aérienne se détend lentement, ou si la compression s'élève lentement jusqu'à ce maximum, pour disparaître ensuite brusquement. Toutefois ce résultat aurait besoin d'être vérifié encore sur d'autres sons complexes d'une composition bien déterminée; mais ce qui ressort avec évidence de ces recherches, c'est la loi suivante[1]:

1. Depuis que ce mémoire a été envoyé aux *Annales*, j'ai réussi à mettre en évidence

Le son complexe obtenu par la composition d'une série de sons harmoniques, de rang pair aussi bien que de rang impair, a toujours, toute abstraction faite de l'intensité relative des harmoniques, le maximum de force et le timbre le plus plein quand la coïncidence des phases a lieu au $\frac{1}{4}$ des ondulations, le minimum de force et le timbre le plus doux quand la coïncidence a lieu aux $\frac{3}{4}$ des ondulations; les sons correspondant aux différences de phase 0 et $\frac{1}{2}$ sont compris entre ces deux extrêmes, sous le double rapport de l'intensité et du timbre.

La composition d'une série de sons harmoniques pris dans la série des nombres impairs donne le même son pour les différences de phase $\frac{1}{4}$ et $\frac{3}{4}$, et aussi le même son pour les différences 0 et $\frac{1}{2}$; mais dans le premier cas, le son est plus fort et plus éclatant que dans le second.

Si donc le timbre dépend en effet principalement du nombre et de l'intensité relative des harmoniques dans lesquels on peut le décomposer, l'influence de la différence de phase de ces harmoniques n'est pas tellement faible qu'on puisse la négliger complètement. Il sera permis de dire que, si des changements dans le nombre et l'intensité relative des harmoniques donnent lieu à des différences de timbre, telles qu'on les remarque dans les instru-

qu'il n'existe pas seulement une différence entre les timbres produits par la même courbe dont le sommet s'éloigne du milieu de la courbe soit d'un côté, soit de l'autre, mais encore, que cette différence est très sensible, en employant une disposition qui permet de passer subitement du timbre donné par la courbe inclinée d'un côté, au timbre de la même courbe inclinée au côté opposé, sans autrement rien changer aux conditions de l'expérience.

Comme je l'ai déjà démontré d'autre part (p. 161), on obtient, en soufflant par une fente inclinée contre une sinusoïde, exactement le même résultat que lorsqu'on souffle par une fente normale contre une courbe dont le sommet s'éloigne du centre de cette courbe, comme le montre la figure 44, qui représente un timbre formé par un ton fondamental accompagné d'une série d'harmoniques dont l'intensité décroît régulièrement. Selon que la fente est inclinée dans le sens de la rotation du disque, ou en sens contraire, on produit alors un timbre dans lequel les harmoniques coïncident tous à leur point de départ, 0; ou dans lequel les mêmes harmoniques coïncident tous à la moitié de leur longueur d'onde, de sorte qu'on peut examiner si dans ces deux cas l'impression que l'oreille reçoit est la même ou non, en donnant à la fente successivement la même inclinaison d'un côté ou de l'autre de sa position radiale. En procédant de cette façon, j'ai constaté pour toutes les inclinaisons semblables dans les deux sens, un son plus rond et plus pur avec la différence de phase 0, et un son plus strident et plus nasillard avec la différence de phase $\frac{1}{2}$. Cette différence entre les deux timbres, qui peuvent être très bien caractérisés en les comparant aux voyelles O et Æ, devient d'autant plus prononcée que l'inclinaison de la fente augmente, et finit par devenir si grande que les deux timbres ne se ressemblent pas plus que ceux des deux voyelles citées.

ments appartenant à des familles différentes, ou telles que les montre la voix humaine dans les différentes voyelles, les changements de la différence de phase entre les mêmes harmoniques sont encore capables de produire des différences de timbre au moins aussi sensibles que celles qu'on peut constater dans des instruments de la même espèce ou dans les mêmes voyelles chantées par des voix différentes.

Je crois que la simple description de l'appareil de la figure 66, dont je me suis servi pour ces recherches, suffira à faire reconnaître qu'il est également approprié à une foule d'autres expériences, et notamment à la reproduction artificielle des divers timbres par la composition d'harmoniques simples et de sons partiels. Il met en effet à la disposition de l'expérimentateur seize harmoniques simples pour un son fondamental quelconque, et dont chacun peut aussitôt être converti en un son complexe à harmoniques d'intensité régulièrement décroissante. On pourra, en outre, régler à volonté l'intensité de chacun de ces sons, et réaliser entre ces sons des différences de phases voulues. Enfin l'appareil permet, dans une certaine mesure, de changer chacun de ces sons harmoniques purs en harmonique imparfait, ou même en un son anharmonique, comme on a besoin de le faire pour la composition de masses sonores contenant des sons partiels anharmoniques ou imparfaitement harmoniques.

En réalisant, avec cet appareil, des mélanges arbitraires très divers, j'ai obtenu plus d'une fois des sons très semblables aux voyelles ; mais jusqu'à présent mes recherches plus approfondies sur le timbre n'ont eu pour objet que l'influence de la différence de phase des harmoniques composants.

FIN.

TABLE DES MATIÈRES

I

Pages.

SUR L'APPLICATION DE LA MÉTHODE GRAPHIQUE A L'ACOUSTIQUE 1

   I. Détermination du nombre des vibrations par la méthode graphique.
      — Application du diapason à la mesure du temps 2

  II. Composition de deux mouvements vibratoires parallèles, exécutés
      par deux corps différents. 12

 III. Composition de deux ou plusieurs mouvements vibratoires paral-
      lèles dans un même corps 16

 IV. Composition de deux mouvements vibratoires rectangulaires dans
      deux corps différents. 17

  V. Composition de deux mouvements vibratoires rectangulaires dans le
      même corps 18

 VI. Vibrations excitées par influence. 20

VII. Vibrations de l'organe de l'ouïe 28

II

APPAREIL POUR LA MESURE DE LA VITESSE DU SON A PETITE DISTANCE. 30

III

EXPÉRIENCES RELATIVES A L'EXPLICATION DES FIGURES DE CHLADNI
DONNÉE PAR WHEATSTONE. 32

    Remarques sur la communication des vibrations entre différents
    sons qui existent dans le même corps 37

IV

Pages.

NOUVEAU STÉTHOSCOPE 40

V

EXPÉRIENCES POUR CONSTATER L'INFLUENCE DU MOUVEMENT DE LA SOURCE
DU SON SUR SA HAUTEUR 41

VI

SUR LES NOTES FIXES CARACTÉRISTIQUES DES DIVERSES VOYELLES . . . 42

VII

LES FLAMMES MANOMÉTRIQUES. 47

    I.   État de l'air aux nœuds et aux ventres d'une colonne d'air sonore. 49
    II.   Moyen de comparer et de combiner plusieurs sons. 50
    III. Coexistence de deux sons dans la même colonne d'air. 55
    IV. Représentation des divers timbres. 56
    V.   Décomposition d'un timbre en sons élémentaires 70
    VI. Phénomènes d'interférence. 76

VIII

DIAPASON A SON VARIABLE. 84

IX

SUR LES PHÉNOMÈNES PRODUITS PAR LE CONCOURS DE DEUX SONS . . . 87

    I.   Battements primaires et sons de battements primaires. 89
    II. Battements et sons de battements secondaires 105
    III. Sons différentiels et sons additionnels. 124
    IV. De la nature des battements et de leurs effets comparés à ceux d'une série de chocs. 131

X

Pages.

SUR L'ORIGINE DES BATTEMENTS ET SONS DE BATTEMENTS D'INTERVALLES
HARMONIQUES. 14

 I. Sur les harmoniques des diapasons vibrant fortement. 15
 II. Sur les harmoniques que fait naître dans l'oreille un son simple
   très fort. 153
 III. Observation des battements des intervalles harmoniques avec des
   sons simples très faibles. 154
 IV. Recherches sur les battements et les sons de battements des intervalles harmoniques, exécutées au moyen de la sirène à ondes . . 157

XI

DESCRIPTION D'UN APPAREIL A SONS DE BATTEMENTS CONTINUS POUR
EXPÉRIENCES DE COURS 163

XII

RECHERCHES SUR LA DIFFÉRENCE DE PHASE QUI EXISTE ENTRE LES VI-
BRATIONS DE DEUX TÉLÉPHONES ASSOCIÉS 167

XIII

RECHERCHES SUR LES VIBRATIONS D'UN DIAPASON NORMAL. 172

 I. Description de l'appareil. 173
 II. Temps que le diapason met à prendre la température ambiante. . . 175
 III. Influence de la durée de la marche de l'appareil sur les vibrations
   du diapason. 177
 IV. Construction du diapason étalon $ut_5 = 512$ v. s. à 20° c. 179
 V. Influence de la caisse de résonance et du résonateur sur les vibra-
   tions du diapason 180
 VI. Influence de la température sur les vibrations du diapason 182
 VII. Comparaison du nouveau diapason étalon ut_5 avec l'ancien. 189
 VIII. Comparaison du nouveau diapason étalon avec l'étalon du diapason
   officiel français 190

XIV

Pages.

VIBRATIONS D'HARMONIQUES EXCITÉES PAR LES VIBRATIONS D'UN SON
FONDAMENTAL   193

XV

MÉTHODE POUR OBSERVER LES VIBRATIONS DE L'AIR DANS LES TUYAUX
D'ORGUE.   206

XVI

REMARQUES SUR LE TIMBRE   218

   I. Harmoniques et sons partiels   218
   II. Influence de la différence de phase des harmoniques sur le timbre.   222

4618. — Imp. A. Lahure, 9, rue de Fleurus, à Paris.

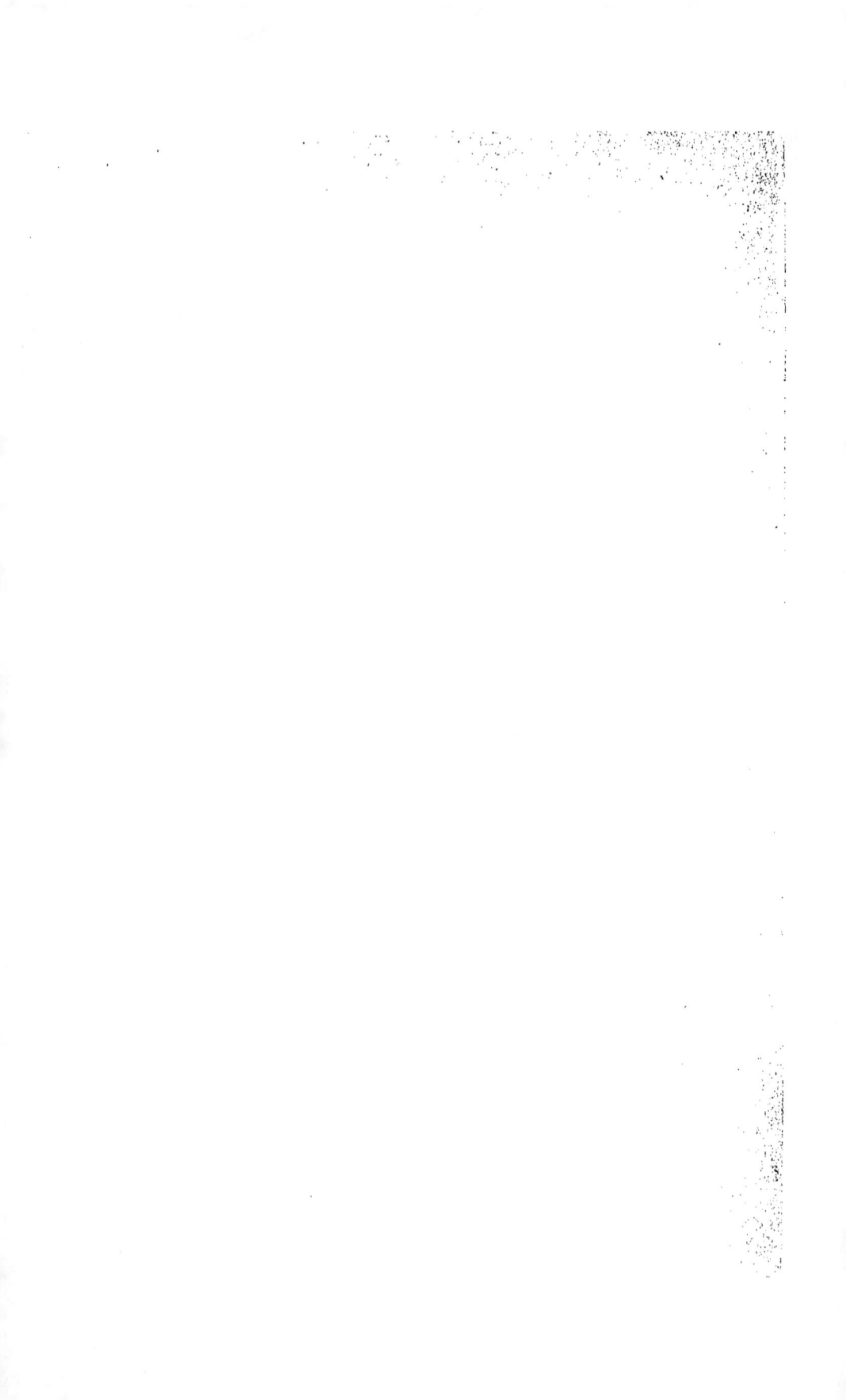

www.ingramcontent.com/pod-product-compliance
Lightning Source LLC
Chambersburg PA
CBHW071629200326
41519CB00012BA/2219